U0228457

数字环保系列丛书

数字环保理论与实践

李小文　刘　锐　姚　新　张义丰　主编

科学出版社

北　京

内 容 简 介

本书是集中国科学院遥感应用研究所、北京师范大学、中科宇图天下科技有限公司多年来在数字环保领域的研究和实践成果，在国内出版的首本"数字环保"专著。本书对"数字环保"的定义、发展历程及理论基础进行了深入阐释，从核心业务体系、技术支撑体系、体系架构以及总体技术路线等方面对数字环保的构成体系进行了论述，提出一套完整的数字环保体系，并概要介绍了数字环保关键技术及标准规范体系。另外，本书还从实践角度介绍了数字环保网络硬件、支撑平台、环境综合业务系统、环境监测监控体系、环境应急指挥体系建设要求及方法，并以五个典型案例展示建成效果。

本书可作为环保机构环境信息化业务工作人员以及高等院校相关专业师生的参考书。

图书在版编目（CIP）数据

数字环保理论与实践／李小文等主编. —北京：科学出版社，2010
（数字环保系列丛书）

ISBN 978-7-03-026766-5

Ⅰ.①数… Ⅱ.①李… Ⅲ.①数字技术-应用-环境-保护 Ⅳ.X-39

中国版本图书馆 CIP 数据核字（2010）第 021457 号

责任编辑：周 杰 张 震／责任校对：陈玉凤
责任印制：徐晓晨／封面设计：耕者设计工作室

科 学 出 版 社 出版
北京东黄城根北街 16 号
邮政编码：100717
http://www.sciencep.com

北京京华虎彩印刷有限公司 印刷
科学出版社发行 各地新华书店经销

*

2010 年 2 月第 一 版 开本：B5（720×1000）
2015 年 6 月第五次印刷 印张：19 1/2
字数：393 000

定价：**168.00 元**
（如有印装质量问题，我社负责调换）

作 者 简 介

李小文

中国科学院院士。1968 年毕业于成都电讯工程学院，1985 年在加利福尼亚大学圣巴巴拉分校获地理学硕士、博士以及电子与计算机工程硕士学位。曾任中国科学院遥感所所长，现任北京师范大学地理学与遥感科学学院教授、遥感与地理信息系统研究中心主任，是长江学者特聘教授。专长于遥感基础理论研究，是李小文-Strahler 几何光学学派的创始人，成名作被列入国际光学工程协会"里程碑系列"，在国内外遥感界享有盛誉，并使我国在多角度遥感研究领域保持着国际领先地位。

刘　锐

北京师范大学教授，博士生导师，中科宇图资源环境科学研究院常务副院长，1990 年和 1994 年分别获美国纽约州立大学资源管理硕士和地理信息科学博士学位。曾任美国保护国际（Conservation International）中国项目资深主任、地理信息系统及遥感实验室主任、弗吉尼亚州林业部资源信息管理处处长、弗吉尼亚大学环境科学系兼职教授。具有在中国和美国多年的资源环境和信息技术开发、研究、教学和项目管理经验，在计算机模拟、地理信息系统、遥感技术、自然资源管理和环境科学领域发表论文/著 50 余篇。

姚　新

中科宇图天下科技有限公司总裁，是 3S 技术应用及数字环保建设方面的专家，2006 年出任由科技部、国家环保总局支持的中国科学院遥感所、北京师范大环境学院、宇图天下公司共同成立的数字环保实验室常务副主任，拥有丰富的数字环保实践经验。先后在行业内多个专业刊物上发表重要文章，组织开发了"环境污染事故应急系统"、"放射源监控与管理系统"、"环境地理信息系统"等 10 多项环保软件产品，获得多项著作权登记证书和一项专利证书，并成功组织实施了多项数字环保建设项目。

张义丰

男，1955 年生，江苏丰县人，毕业于北京大学，现任中国科学院地理科学与资源研究所城市与乡村发展研究室研究员，主要从事区域发展、农业与乡村发展、生态城乡建设、山区发展、区域旅游等方面的研究与规划。先后主持重点项目 10 余项，出版学术专著 10 余部，完成区域规划 50 余项，发表学术论文 60 余篇，获得重要科研奖励 10 余项。现担任中国科学院地理所区域农业与乡村发展研究中心副主任、建设创新型国家战略推进委员会专家、首批中国农业科技园区专家、中国区域经济发展研究院专家、北京地理学会常务理事、中国科学院北京分院首都山区新农村发展中心主任等职务。

《数字环保理论与实践》编委会

主　编　李小文　刘　锐　姚　新　张义丰

副主编（按姓氏笔画排序）

马红银　王　桥　朱重光　刘高焕

杨志峰　李纪人　郭　锋

参加编写人员（按姓氏笔画排序）

才　健　师旭颖　朱小弟　刘　舰

刘艳民　刘艳尼　孙世友　李志鹏

吴永志　陆　菲　苑赫磊　屈宝锋

孟昭位　赵国强　顾伟伟　柴　莹

郭站君　凌子燕　姬云峰　曹世凯

董　青　童　元　谢　涛

序

　　全球气候变化、生物多样性减少、土地荒漠化、水资源短缺、环境污染与生态退化等环境与资源问题并没有因为 2008 年的金融危机而淡出人们的视野。反而随着对环境问题严峻性的感受日益加深，人类在逐渐摒弃"牺牲环境，换取发展"的传统发展模式，以低能耗、低污染为基础的"低碳经济"成为全球热点，继农业文明、工业文明之后的"生态文明"成为社会所推崇的文明形态。如何改善环境、保护生态、节约资源已成为生态文明建设道路上亟须解决的问题。

　　"数字环保"概念来自于"数字地球"。"数字地球"是美国前副总统戈尔于 1998 年 1 月在加利福尼亚科学中心开幕典礼上发表的题为"数字地球——新世纪人类星球之认识"演说时，提出的一个与 GIS、网络、虚拟现实等高新技术密切相关的概念。"数字环保"是"数字地球"在资源和环境管理、社会可持续发展中的应用，其出现使分散、局域性的环境问题的解决更趋于系统性、整体性、有效性和协调性，为资源和环境管理提供了一种强有力的技术支撑手段。

　　《数字环保系列丛书》作为国内首套系统阐述数字环保的丛书，正契合我国当前环境管理的需要，对指导我国环境信息化建设有着十分重要的现实意义。该丛书集合了中国科学院遥感应用研究所、北京师范大学、中科宇图天下科技有限公司多年来在数字环保领域的研究和实践成果，涵盖数字环保理论与应用实践的各方面内容。该丛书的主要作者都是数字环保相关领域的专家，他们不论是在研究成果还是在实践经验方面都有丰富的积累。我相信该丛书会对环境管理者和数字环保建设者有很强的吸引力，对数字环保建设具有重要的参考价值。

　　我国的数字环保之路刚刚起步，之后的建设还任重道远！今后还需要不断提高数字环保的理论研究和数据挖掘能力、加强行业应用深度。只有在理论研究与实践中不断创新，数字环保才能在我国环境保护中发挥更大的作用。

2009 年 12 月

前　言

　　21 世纪是一个信息化全面推进的时代。随着环境问题的日益突出和全球化，信息技术在环境保护中应用的必要性和迫切性正在广泛地被世界各国所认识。随着数字环保的发展，它已不仅仅是一个新技术概念或时髦的口号，而是正以迅猛的势头将各种高科技手段应用于环境保护管理工作和研究中，使各种环保工作变得省人、省时、省力，给环保工作带来了一场意义深远的技术革命。

　　我国是发展中国家，正处在经济高速发展时期，环境问题日渐突出，空气污染、水污染、水土流失、物种减少、地下水位下降、海洋污染等问题逐渐受到国际社会的关注。面对不断恶化的生态与环境，传统的监测、研究与办公手段已远不能满足环境管理与研究的需要。正因为如此，在 1998 年戈尔提出"数字地球"概念后，"数字环保"很快在国内得到环境保护专家、学者和管理者的关注，特别是 2005 年"松花江污染事件"之后，国务院于 2005 年 12 月 3 日发布了《关于落实科学发展观加强环境保护的决定》（国发〔2005〕39 号），提出："要完善环境监测网络，建设'金环工程'，实现'数字环保'，加快环境与核安全信息系统建设，实行信息资源共享机制。"这对数字环保的快速发展给予了很好的政策支持。数字环保本身就是一个政府主导型产业，在得到政府的大力支持后，其在国内得到了迅速发展。

　　近几年，数字环保被广泛应用于环境质量监测、污染源监控、总量减排、环境影响评价、生态环境变化研究等方面，环境网络的不断完善、政府门户网站的建设也给环境信息的传播与共享作出了重大贡献。环保本身涉及面广，数字环保更是一个涵盖广泛而复杂的系统工程。目前，我国的数字环保建设多集中在实践层面，取得了一定成绩，但同时也存在一些问题。随着国家对数字环保需求的日渐强烈，迫切需要加深数字环保的行业应用，培养数字环保人才。考虑到我国至今还没有一本系统介绍数字环保理论、方法、技术与应用的书籍，我们在总结相关研究的基础上，结合多年来的数字环保建设经验编写本书，希望能够抛砖引玉，推动数字环保的系统研究和建设。

　　数字环保的概念内涵很广，它包括如何界定和选择数字环保建设内容，采用何种步骤和方法开展数字环保建设，如何进行数字环保建设管理，如何评价和维护数字环保的建设成果等问题。由于受到地域环境、经济发展水平、组织协调能力、领导重视程度等方面因素影响，以及由于数字环保本身的应用性、复杂性、综合性等特点，所以很难以一本书的内容来对数字环保体系加以概括，因此，我们在对数字环保进行系统总结分析的基础上，决定以《数字环保系列丛书》来系统阐述数字环保体系。

本书作为《数字环保系列丛书》之一，是国内第一本理论结合实践、系统介绍数字环保的图书。本书偏重于对数字环保内容体系的介绍，较少涉及建设管理、评价维护、建设方法等方面的内容。全书共分为十章，分别介绍了数字环保的理论基础、技术体系、网络硬件、支撑平台、数据中心、综合业务、监测与监控、应急指挥体系和典型案例等数字环保理论、技术以及应用实践内容。

本书由中科宇图天下科技有限公司、中科宇图资源环境科学研究院、北京师范大学、遥感科学国家重点实验室、中国科学院遥感应用研究所、中国科学院地理科学与资源研究所、中国水利水电科学研究院、中国环境科学研究院等多家单位的专家共同编著。本书在编著过程中还得到了北京高技术创业服务中心的经费资助。在此，对编著和出版本书作出过贡献以及表示关心的所有人员致以衷心感谢。

由于数字环保还是一个新的学科领域，涉及的专业领域很广，更兼编著工作匆促，所以本书可能有很多不足之处，欢迎批评指正。

作者
2009 年 11 月

目　　录

第一章 数字环保的基本理论

第一节 数字环保的基本概念

一、数字环保的定义

数字环保是在近年来快速发展起来的数字地球、地理信息系统、遥感、全球定位系统等技术基础上衍生的概念。自这一概念诞生以来，有很多专家学者和管理者对其进行过定义。

2002 年，张宝春、琚鸿在其发表于《广州环境科学》的题为《"数字环保"体系及战略意义探讨》的文章中将数字环保定义为："数字环保就是利用数字技术、信息技术和虚拟现实技术手段，对环保的数据要求和业务要求进行深入的挖掘和整理，实现对环保业务的严密整合和深度支持，从而最大程度地提高环保信息化水平、监管执法水平、工作协同水平和创新水平，使环境信息系统空间化、感性化，使环保工作科学化、规范化、公众化的一项系统工程。"

2002 年，富雪非、李刚在其发表于《北方环境》的题为《推进环境信息化建设数字环保——哈尔滨市环境信息化工作构想》的文章中将数字环保定义为"对环境状态信息、环境管理信息和环境目标信息的量化描述"。

2005 年，王雁耕、林宣雄在其发表于《环境保护》的题为《"数字环保"工程实施方法研究》的文章中将数字环保定义为"环境保护的活动信息化"，将数字环保工程定义为"利用数字地球技术实现数字环保的过程"。

随着业务应用的不断加深，人们对数字环保的理解也不断加深，但同时疑惑也不断增加：数字环保与环境信息化究竟有什么区别？数字环保到底是一个目标还是一个过程？通过比较以上定义我们可以看出，其实业内对这些问题的理解并不统一，人们更多的时候是将数字环保与环境信息化混为一谈。

2007 年 12 月 29 日发布的《环境信息术语》（HJ/T416—2007）中对数字环保和环境信息化作了一定的区分，对数字环保的定义是"采用数字化手段整体性地解决环境问题并最大限度地利用信息资源"，对环境信息化的定义是"在环境保护工作中推动信息技术应用和依托信息技术推动环境信息资源的传播、整合和再创造的过程"。其中明确了环境信息化概念，但是对两者之间的关系却并没有明确，而且对数字环保的定义也有些狭隘。

源自数字地球概念的数字环保经过多年的发展，其概念已远不只是简单地对环境信息的量化描述、管理和利用。如今的数字环保含义既包含利用信息技术使环境管理与研究等活动实现数字化、网络化、自动化与智能化的目标，也包含实现这个目标的过程。简单地讲，数字环保就是信息技术在环境保护中的应用。应该说环境信息化是推动数字环保的过程，但同时数字环保也是环境信息化的结果。针对环保工作的现状和要求，数字环保对环保的数据和业务进行挖掘和整理，利用先进的信息技术和手段，实现对环保业务的深度支持和信息的安全共享，最大限度地提高中国环境信息化水平和环保业务水平。

数字环保具体体现在，将各种信息技术融进环境保护，为环境管理、研究等相关工作提供各种信息化便利。例如，环境监察人员足不出户便可以了解污染源排放的详细情况，并在线对排污事件进行相关处理；可形成县—市—省—国家，乃至全球的信息共享、污染控制或决策支持系统，如我国的重点污染源管理、污染物排放及总量减排、环保办公自动化系统等；环境监测机构可实时获取大气、水、辐射环境等各种监测数据；环境管理机构可实现"视频会议"、"无纸作业"、"网上沟通"；监测者、操作者和决策者可同时在数字化多维图像里，用声控或其他感应交互工具，直接调用、分析数据，用模型模拟事态发展，监控环境的动态变化，制定优化的环境治理方案；生态专家可利用数字技术模拟环境变化对濒危物种的影响，并制定保护生物多样性的有效措施；学者们还可利用数字环保开展其他学术研究，包括了解人类和环境之间的相互依赖关系等。

二、数字环保的意义

（一）数字环保是科技环保的要求

改革开放以来，我国每一个"五年计划"的经济指标都能超额完成，唯独环保指标折扣不断。究其原因，环保机制不健全、监管能力薄弱、污染治理水平不高这些问题都值得我们关注。要解决这些问题，加强科技环保能力建设是实现环保跨越式发展的根本出路，而数字环保是科技环保的重要组成部分。

数字环保的出现将使分散的、局域性环境保护研究及管理趋于整体性与系统性，将为环境保护事业的发展提供科技平台，为环保提供"科技血液"，成为我国环保发展新的动力。

（二）有助于提高环保部门的业务水平

首先，数字环保有助于规范环保业务的基础数据和基本业务，实现环保业务和环保数据的有效管理，减轻环保工作所面临的科学化、规范化、公众化的发展压力。

其次，数字环保有助于实现环保部门业务的有效分解和整合，实现业务部门间的全面协作。不同层次、水平的数字环保建设将实现部门内信息共享，环保部门间行业信息共享，与农林、建设、规划部门间的信息共享，环保部门与公众信息间的信息共享，促进部门沟通及信息共享，提高办公效率。

再次，数字环保有助于提高环保部门的办公效率，降低业务运行成本。环保自动化办公将促进环保部门对业务的深入梳理，精简及规范办公流程，信息化及网络化办公将大大降低环保的监督成本以及业务运行成本。

最后，数字环保有助于提高环保部门的决策准确性。数字环保支撑下的专家互动，模型模拟，知识库、案例库的支持，将大大提高从业务人员至领导的决策水平，提高环保部门的威信。

（三）实现环境信息的系统化管理

环境研究与环保工作涵盖十分广泛，环境信息浩如烟海，大到全球气候变化，小到各种污染因子。土地、水、气、声、辐射、企业、法律规范、矿产、海洋等各种信息看似毫无关系却又相互联系，形成有机的环境信息体系。但是，如何将这些信息系统管理，以便快速、有效地利用，是信息时代环保工作、研究必须面临且亟须解决的问题。

目前最普遍、最实用的方法就是将信息加工成数据库，建立环境相关的数据库系统，进而形成环境数据中心，统一管理一定范围内所有相关的环境信息。数据库技术的出现和发展使环境信息能够有序存储，随时调用，快速共享，并进一步整合、挖掘，极大地促进了环保工作成效和环境科研能力。

（四）促进政府机构改革和工作方式革新

正如数字环保研究的内容体系所提到的，数字环保的实施以环保政府部门为主导单位，涉及多部门、多行业。如此复杂的系统工程，充分考验政府的综合协调能力。

数字环保实现自动化、网络化管理和调控，实现信息系统支持下的环境管理决策、环境数据共享和环保业务创新，提高环保工作协同水平、监管执法水平、工作效率和管理成效，必将推动政府人员的结构调整和机构改革，从而促进政府工作方式的革新。

第二节　数字环保的发展

一、数字环保的产生背景

数字环保概念来自于数字地球计划。了解了数字地球，我们才能更清楚地认识数字环保的由来。"数字地球"是美国前副总统戈尔于 1998 年 1 月在加利福尼亚科学中心开幕典礼上发表的题为"数字地球——新世纪人类星球之认识"（The Digital Earth：Understanding Our Planet in the 21st Century）演说时，提出的一个以 GIS、网络、虚拟现实等高新技术与基础设施为基础的可实现不同分辨率水平上对地球三维浏览的虚拟地球系统。数字地球概念在被提出后立刻得到世界各国的响应。随着数字地球的发展，其概念已远远超出戈尔原来定义的范围。数字地球就是要求对地球上的信息全部数字化，实现以信息高速公路与空间信息系统为基础的全球资源、环境、经济、社会等各方面信息的应用与共享。

人与环境的关系对社会发展的影响日渐增强，呼唤着适合时代的环境保护方式的产生。20 世纪以来，人类创造了前所未有的物质财富，加速了文明发展的进程，但人口剧增、资源消耗过度、环境污染和生态恶化等问题严重影响了人类的生存与发展。21 世纪，人类社会进入以知识经济为主导的信息时代，谁拥有知识，谁就将主宰世界。传统的环保方式远不能满足覆盖全球、涉及各种信息、涵盖各个领域的环境与发展研究。尤其在政府决策、环境保护研究领域，亟须一种新的、适合时代的环保方式，这时，数字环保便顺应时代的需要而产生。

二、数字环保的国内发展现状

我国的环保事业起步较晚，1973 年 8 月，国务院召开的第一次全国环境保护会议被普遍认为是中国环保事业的开始。改革开放后，全国以经济建设为重心，对环保的科技投入不足、政府重视不够使环境信息化工作远远落后于其他领域，作为原国家环保总局环境信息化工作技术支持单位的国家环保总局信息中心直到 1996 年才成立，环境信息化步伐十分缓慢。

1998 年戈尔提出数字地球后，得到世界各国响应，并很快被应用于各个领域，我国也相继提出数字城市、数字国土、数字交通等概念，数字环保就是在这个时期被提出的。但是，这时期的数字环保并没有一个明确的定义和内涵，还主要以口号的形式进行传播，没有实质性的实施工作。但是，概念的热炒也是数字环保发展所经历的特定阶段，对后来数字环保的快速发展起到了十分重要的作用。

经过概念热炒阶段之后，2002 年数字环保建设内容被纳入我国环保"十五计划",标志着我国数字环保进入实用阶段。原国家环保总局信息中心提出了打造"四平台两体系"的工作目标,即建立网络平台、应用平台、共享平台和服务平台,并建立环境信息标准体系和环境信息安全体系。

2005年11月,"松花江污染事件"引起国际社会对中国环保问题的进一步关注,成为我国环境保护事业的一个转折点,同时也成为我国重视环境信息化的开端。2005年12月3日,国务院发布了《关于落实科学发展观加强环境保护的决定》(国发〔2005〕39号),其中明确提出:"要完善环境监测网络,建设'金环工程',实现'数字环保',加快环境与核安全信息系统建设,实行信息资源共享机制。"这对后续数字环保的快速发展给予了很好的政策支持。至此,数字环保在我国得到了快速发展,并取得了一系列成绩。

2006年,国内首家数字环保实验室成立。该实验室由中国科学院遥感应用研究所、北京师范大学环境学院与北京宇图天下科技发展有限公司(现更名为"中科宇图天下科技发展有限公司")联合成立,目的是集合各家单位的优势,"产-学-研"一体,利用3S、计算机、通信、网络、数据库、视频等各种高科技手段建立环保业务全方位信息系统。数字环保实验室的成立成为数字环保系统研究和研发的开端,为我国数字环保发展提供了一种良好模式,很快在全国范围内得到推广。

《国家环境保护"十一五"规划》将数字环保建设作为"十一五"期间的重要建设内容之一,将"建设先进的环境监测预警体系、完备的环境执法监督体系,增强环保科技与产业支撑能力"作为环保投资重点。至2008年底,各省市环保局基本完成国家、省、部分重点地市三级环保信息机构建设、环保网络建设、监控中心的基础建设,实现对辖区内重点污染源的自动监控。与此同时,各级环境保护管理部门也在互联网上建立了各自的政府网站,向社会提供了大量的环保信息和政务信息。绝大多数省级环保局、多数地市级环保局已经建立当地环保门户网站,各省级环保局以及大部分地市环保局已建成局域网办公系统。部分重视数字环保建设的地区则已基本完成数字环保的基础架构建设及核心业务信息化建设,如焦作市、广州市、北京市、上海市、唐山市等。

近几年,我国的数字环保建设在取得一系列可喜成绩的同时,也逐渐暴露出一些问题。

1. 数字环保缺乏统筹规划

目前出台的环境信息化建设标准、规范在系统性和实效性上还远不能满足国内数字环保发展的需要。与其他行业信息化发展过程中所遇到的问题一样,数字环保过程中同样出现了"信息孤岛"等问题。而实际上环保业务本身是一个特别要求统筹协调能力的行业,对信息共享的要求甚至比其他行业更高。而信息共享问题解决的基本前提是需要一套能统筹全国数字环保建设的规范标准体系，这也对我国数字环保管理部门提出了更高的要求。

2. 数字环保建设管理水平落后于数字环保发展需求

近几年，随着对数字环保建设的需求增加，先后涌现出一批数字环保软硬件建设服务公司，市场竞争十分激烈。部分公司为追求市场占有率，各自设定标准。例如，监测设备与数据采集设备以及软件系统间数据传输格式就各不相同。类似这类现象经常引起资源浪费，阻碍数字环保建设效率，但是依靠企业自觉行为却不切实际，只能依靠管理部门提高管理水平，增强管理能力予以杜绝。

3. 数字环保建设重硬件轻软件

参照发达国家信息化建设情况，后续投资主要包括数据库建设、应用软件开发、人员技术培训和系统维护费用等，要保证后续投资是硬件建设投入的 1.5 ~ 2.0 倍，才能使信息化建设形成能力。从国内"十五"和"十一五"期间的数字环保建设情况来看，软件投入仅是硬件投入的 0.8 倍左右，远不能满足需求。

4. 数字环保重视建设，忽视日常管理

从数字环保前端监测设备安装以及监控中心的运行情况看，在线监测监控装置的安装与其使用情况不平衡，总体运行情况不佳，监控中心的使用效率低下。在已安装的在线监测仪器中，正常使用率低下，与管理部门联网率也远远不能满足在线监控的要求，而且因难于确认设备运行状态，数据的可靠性也受到置疑，难以作为环境监督管理的依据。如何做好数字环保建设已有成果的运营维护工作，成为全国数字环保工作者需要重点考虑解决的问题。

在数字环保发展过程中出现的以上问题已逐渐受到国内专家学者及相关管理部门的重视，相信随着数字环保的不断发展，这些问题将逐步得到解决。

第三节　数字环保的理论基础

数字环保是以环境信息系统理论、生态系统理论和可持续发展理论为基础，利用数字技术、信息技术和虚拟现实技术发展起来的一项系统工程。

一、环境信息系统理论

（一）定义

环境信息系统是系统化和科学化地对各种各样的环境信息及其相关信息加以处理的信息体系。

（二）类别

从功能来看，环境信息系统分为五类：①环境资源信息系统；②环境检测与信息采集系统；③环境信息处理系统；④环境业务信息系统；⑤环境政务管理系统等。

从地域范围来看，环境信息系统又可划分为三类：①全球环境信息系统；②国家环境信息系统；③区域环境信息系统（如省级环境信息系统、地市级环境信息系统等）。

从具体的应用行业来看，还可分为四类：①大气环境信息系统；②水体污染信息系统；③固体废弃物监测信息系统；④噪声污染信息系统等。

（三）功能

环境信息系统的基本作用是为信息使用者提供环境信息的输入、修改、添加、删除、处理、传输、维护等数据管理功能，并提供查询、公布等多途径的信息访问功能。总的来讲，环境信息系统建设可以达到以下目标。

1. 有效利用信息资源

信息资源的有效利用体现在两个方面：一是有针对性的信息利用，从而对特定管理决策问题提供相关的、全面的支持信息；二是充分利用先进的信息技术工具和相关的数据分析、处理模型和方法，加深信息利用的程度。

2. 促进国内、国际环境信息交流

通过发达的计算机网络，建立与相关国际组织和国家的联系，同时保证环境信息系统与国内其他部门信息系统的信息交流渠道畅通，为环境决策提供支持。

概括而言，建立环境信息系统的根本目的是辅助环境管理。环境信息系统在环境监测、应急、统计和保护等方面体现出来的都是环境管理的功能。此外，它还具有辅助环境业务管理、环境政务管理以及环境决策支持等方面的功能。

环境信息系统在环境管理方面的作用具体表现在：

（1）为各种环境管理职能提供充足、有效的信息支持。通过集中统一的数据管理，为各种环境管理职能提供充足的基础数据支持，从而提高环境管理的科学性。

（2）提高管理效率。通过统一且高速度地完成环境管理过程中的大量数据处理，包括数据的收集、统计、指标值计算等，可以大大提高环境管理的效率，减少重复工作量。

（3）加强过程监督。通过对环境管理全过程的信息进行有效的管理，可以发现管理过程中存在的问题，从而达到强化监督措施、改善管理效果的目的。

（4）实现高效控制。可以利用先进的技术手段进行数据的比较分析、预测和评价，为管理的前馈控制和反馈控制提供信息支持，从而有助于提高控制的科学性、合理性和有效性。

（5）有利于协调各级管理。在环境管理的具体职能上，通过计算机网络，可以实现信息的高效传输，进而使各级管理机构的管理人员之间可以进行及时有效的协调。

（四）特征

环境信息系统是一般信息系统在环境领域中的应用，因此与一般信息系统相比，它还具有开放性和集成性两大特征。

1. 开放性

环境信息系统的开放性要求系统建设者在建成开放系统的基础上集成各个部分，形成功能更加完整的系统。首先，根据环境机构设置的不同，环境信息系统一般是按不同的级别建立的，即不同环境管理部门都有适合于自身工作需要的环境信息系统。其次，从环境信息系统的功能来看，它涉及各种各样的领域和专业，因此，相应的环境信息系统也应当是有领域和专业的区别。最后，环境信息的获取途径广泛、涉及面大、内容丰富，这也决定了环境信息系统是一个开放性的系统。

环境信息系统的开放性特点也有其不利的一面，即由于应用需求的差异，各级环境信息系统从功能设置、人机界面、软硬件配置等方面都不尽相同，因而就存在各级系统之间的沟通障碍。

2. 集成性

系统集成就是把一个应用部门或行业的计算机应用软件，在该行业计算机总体设计的指导下，围绕基础数据库，依靠网络支撑，结合硬件平台、操作系统和开发工具等，通过计算机接口技术把这些计算机应用软件连接成为一个有机的整体，各应用软件间互相支持、互相调用，可以发挥出单项软件应用系统所达不到的整体效益。

鉴于此，近年来我国一些行业纷纷开始进行系统集成工作。而且，集成性特点也是一个功能完善的环境信息系统的必要条件。这是节省资源、避免重复设计、减少各级环境信息管理机构之间信息沟通障碍的要求。

环境信息系统在地域和模块功能上的分布性是系统建设过程中无法避免的现象，而系统的开放性也为集成性的形成提供了技术基础。

要建设一个具有良好集成性的环境信息系统，需要从功能模块互相支持、共享数据库、分布式计算三个方面来完成。决定系统集成成败的关键因素则包括总体设计、软件接口、软硬件平台的开放性等多个方面。此外，系统集成质量的高低也与环境信息规范化编码和环境信息系统的规范化设计密切相关。

二、生态系统理论

（一）基本观点

生态系统理论的基本观点可概括如下：首先，包括自然生态系统和人类生态系统在内的生态系统是客观存在，它具有不以人类的意志为转移的客观规律；其次，人类的经济活动和社会行为对生态系统具有反作用，并改变着生态系统的结构和功能；再次，人类必须深刻认识生态规律，有意识地掌握和运用生态规律去改造环境，使其更适合人类的生存和发展。

上述生态系统的基本观点是人类在长期的社会实践中总结出来并逐步深入认识的。1935年，英国生态学家泰斯利提出了生态系统的概念，他比较全面地高度概括了生物与环境的关系，即生物群落与其生存环境在特定空间的组合即是生态系统（自然生态系统）。1975年以后，随着人类对人与环境系统的研究逐步深入，生态专家们提出了人类生态系统的概念，"以人为主体的生命系统与其生存的环境系统在特定空间的组合即是人类生态系统"，也叫社会生态系统。那么，以上两类生态系统综合起来，即"生态系统是生命系统与环境系统在特定空间的组合"。

生物是地球环境发展到一定阶段的产物，地球上各种类型的群落就是在这种产物下逐步形成的，而生物群落与其生存的环境组成了各种类型的自然生态系统。其中，生物圈是地球上最大的自然生态系统，它由地球表面的大气圈、水圈和土壤岩石圈构成，绝大多数生物集中生活在三圈相邻的区域内。生物圈内又包含有各式各样的自然生态系统，小至一个小池塘、小河沟、一块草地，大至大江、大河、海洋、湖泊、森林和大草原等，它们都是自然生态系统。地球环境经过生物进化阶段，在距今200万～300万年前出现了古人类，逐步形成了以人为主体的生命系统与其生存环境系统在特定空间组合成的人类生态系统。

由此可以看出，无论是自然生态系统，还是人类生态系统，都是地球环境发展变化的产物，是物质运动的结果。因此，生态系统是客观存在的，不以人的意志为转移。所以，人类的经济活动和社会行为只要违背了生态规律，就会使生态系统的结构和功能发生不良变化，使生态环境恶化。例如，沙尘暴肆虐北方使森林生态系统、草原生态系统遭到破坏，削弱了防风固沙、保持水土、调节气候的生态功能，使土地沙化、退化，破坏了土地生态系统的结果。所以，人类应该善于学习，要深刻理解和掌握、运用生态规律，利用和改造环境以使之适合人类的生存和发展。

（二）生态规律

由于目前对人类生态系统的研究还比较浅，所以下面仅介绍自然生态系统的几个生态规律，这些规律有的也适用于人类生态系统。

1. 物物相关律

组成自然生态系统的生物群落及其生存环境之间，生物群落的不同物种之间和同一物种的个体之间，环境系统中各个子系统、各种环境要素之间，都广泛存在着相互联系、相互制约、相互依存的关系。生物群落及其生存环境的辩证关系显示，生物群落是环境变化的产物，环境是生物生存的物质基础和制约条件；生物的进化繁衍、生活活动影响环境，受影响而变化的环境又会反作用于生物群落。由此可以看出，自然生态系统中的各种事物之间存在着相互联系、相互制约、相互依存的关系是带有普遍性的规律。人类生态系统也存在着类似的规律。因此，为了保护和改善生态环境，在开发利用环境时，应以物物相关律为指导，充分考虑到各种事物之间变化的相关关系，调查、研究、预测该项开发建设活动对生态环境可能产生的影响，以便统筹兼顾、全面规划，采取切实有效的对策。

2. 相生相克律

在生态系统中，每一种生物都是物质和能量的流动的环节，它们相互依赖、彼此制约、协同进化。被捕食者为捕食者提供生存条件，因而捕食者要受制于被捕食者；同时被捕食者又被捕食者所控制。相生相克，既相互依赖又相互制约，使整个生态系统成为一个协调的循环整体。相生相克律表明：生态系统中某一种群的过度繁殖，或某一物种的锐减或灭绝，都可能破坏生态平衡、导致生态环境恶化。因此，为了保护和改善生态环境，维护生态平衡，不得任意向生态系统引进原来没有的物种，也不应随意消除生态系统中的某一物种。

3. 能流物复律

物质是生态系统组建的基础，能量是生态系统运转的前提，在任何一个正常的生态系统中，能量流动和物质循环总是不断进行着的。在生态系统中，能量是单向流动的，在流动中一部分转化为热而逸散入环境，不构成循环；而物质一旦进入环境，便会在环境中不断地进行循环。生态系统的能量流动和物质循环，较长时间保持稳定运行及信息的传递畅通，这种相对的稳定状态被称为生态平衡。能流物复律是为维护生态平衡需要，使能量流和物质流持续稳定运行的重要的生态规律。

4. 负载有额律

任何生态系统的负载能力都是有限的，它包括：一定的生物生产能力，当生态系统所需供应的生物资源超过它实际的生产能力时，它就会退化甚至解体；一定的容纳污染物的能力，当向生态系统排放的污染超过它的自净能力时，生态系统将遭到污染和破坏；忍受一定周期性外部冲击的能力，当对生态系统施加的外界冲击的周期短于它的自我恢复周期时，或外界冲击超过生态系统的耐受能力时，生态系统都将遭到破坏。

5. 协调稳定律

生态系统能否稳定发展，依赖于生态系统的结构功能是否相对协调。只有协调才能稳定，只有稳定才能持续。因此，我们应该正确处理生态系统中各组分的关系，尤其是人类与环境的关系、发展与环境的关系，只有协调好各组分的关系，才能维护生态平衡，才能确保人类生活高效、和谐。

6. 时空有宜律

任何区域都有其特定的自然、社会、经济条件和不尽相同的生态特征，从而构成了独特的区域生态系统；然而同一生态系统也随时间发生变化。例如，由于地域、文化等自然和历史人文条件的差异，我国西部大开发提出的时间和战略就不同于东部沿海地区或海南省，这就是时空有宜律的典型体现。

三、可持续发展理论

（一）可持续发展的含义

可持续发展包含了可持续和发展。持续，对于资源与环境而言，就是保持或延长资源的生产使用性和资源基础的完整性，保证自然资源能够永远为人类所利用，不至于因其耗竭影响后代人的生活和生产。发展的狭义概念，一般是指经济领域的活动，其目标是产值和利润的增长及物质财富的增加。然而随着人类社会的进步，人们意识到发展不应狭义地被理解为经济增长。经济增长只是发展的必要条件，但并不是充分条件。只有使得社会和经济结构同时得到进步的发展才是真正的发展。发展的目标是要改善人们的生活质量，因此，人们在追求经济效益的同时，也要承认环境的价值。发展只有使人们生活的所有方面都得到改善，才是真正的发展。

联合国环境与发展委员会（WECD）在对环境与发展问题深入研究后，于1987年在《我们共同的未来》的报告中，首次提出可持续发展的定义："既满足当代人的需求，又不影响后代人满足其需求的发展。"这个定义表达了两层意思：一是要发展，以满足全人类的基本需求；二是发展要有限度，不能危及后代人满足其需求的发展。

（二）可持续发展的基本原则

1. 必须转变经济增长方式，坚持环境原则

可持续发展不否定经济增长，但它并不是纯粹的经济增长，需要我们重新审视如何实现经济增长。投入大、排污量大、浪费资源、损害环境的粗放型经济增长模式，只考虑了眼前利益，难以实现经济持续增长。要达到具有可持续意义的经济增长，必须将经济增长方式从"粗放型"转变为"集约型"，减少每单位经济活动造成的环境压力。例如，推行清洁生产、实现生态持续性工业发展，已成为工业发展的环境原则。

2. 以生态环境为基础，同环境承载力相适应

可持续发展是经济、社会与生态可持续的综合统一体，《中国 21 世纪议程》在"中国可持续发展战略与对策"中提出"建立可持续发展的经济体系、社会体系和保护与之相适应的可持续利用的资源与环境基础"，清楚说明了良好的生态环境是可持续发展的基础。所以，可持续发展是受限制的发展，必须与环境承载力相适应。这主要是指：所需供应的生物资源不超过生态系统实际的生产能力；排放的污染不超过生态系统的自净能力；人类活动施加的外界冲击的周期长于生态系统自我恢复的周期时，或外界冲击不超过生态系统的耐受能力。

3. 坚持以提高生活质量为目标，与社会进步相适应

发展是超脱于经济、技术和行政管理的现象。发展所覆盖的面极其广泛，它不仅表现为经济的增长，物质生活水平的提高；它还表现为文学、艺术、科学的昌盛，道德水平的提高，社会的和谐，国民素质的改进等。所以，可持续发展应以提高生活质量为目标，与社会进步相适应。

4. 切实承认并充分体现出环境的价值

人类是环境发展到一定阶段的产物，是物质运动的结果；人是大自然的一个客体，环境是人类生产发展的物质基础和制约条件。由此可以看出，人类和地球上其他微不足道的生物物种一样，都只是自然界的一个客体，都受到自然规律的无情制约，任何违背自然规律去利用、改造环境的行为，最终都会导致人类生存发展环境的恶化，进而使人类蒙受灾难。只有充分认识人是环境运动、发展的产物，环境是人类生存发展的物质基础，才会真正理解保护环境就是保护人类的生存和发展，就是保护人类的未来。

5. 正确认识人与自然的关系

协调人与自然的关系是实现可持续发展的关键，而其前提又是对人与自然关系的正确认识。人类的生存和发展离不开生产，人类所需求的物质、能源、环境和信息完全取自人类赖以生存的现实的自然环境，人类只不过是人与自然这个大系统中的一个组成部分。技术是人类发明创造的开发自然的工具，人类应该在开发自然的同时保护自然，今天的人类生存环境就是人类用技术开发自然资源以后的状态。

（三）环境与发展综合决策

实施可持续发展战略是人类历史上的一次重大转折，需要对"人与自然"、"环境与发展"的辩证关系有正确的认识，并对这些组合起来的大系统进行全面调控，使人与自然相和谐、环境与发展相协调。这就必须从综合决策做起，要建立环境与发展综合决策制度，这是有深远意义的，是实现可持续发展的有力保证。

实行环境与发展综合决策目前的难点在于，决策层没有正确认识环境与发展的辩证关系，环境保护没有进入经济技术决策的综合平衡，以至于我们所遇到的相当一部分环境问题是因为在作经济技术决策时没有考虑环境原则而造成的。如果一代人的决策失误要几代人来补偿，那么这个代价实在太大了。既然我们已经觉醒，世界也已进入可持续发展的时代，那么我们就不能再走只顾追求经济利益、牺牲环境求发展的老路，以免子孙后代再吃我们决策失误的苦头。所以，要提高对建立环境与发展综合决策制度的必要性和紧迫性的认识，尽快建立综合决策制度，确保可持续发展的实施。

第四节　数字环保的构成体系

一、数字环保的研究内容及体系架构

数字环保的概念非常大，内涵很广，需要解决在特定时间和环境下，环保领域如何界定和选择"数字环保"建设内容，采用何种步骤和方法开展"数字环保"建设，如何进行"数字环保"建设管理，如何评价和维护"数字环保"的建设成果等问题。因此，数字环保体系是一个十分复杂的系统。

（一）数字环保的研究内容

按照定义，数字环保的内涵十分广泛。从研究类型划分，它包括数字环保基础理论研究、数字环保应用研究及数字环保开发研究。由于数字环保更偏向于成果应用，因而数字环保领域所进行的基础理论研究相对较少。从研究范围划分，数字环保主要包括支撑技术研究、标准规范研究、信息处理与共享研究、业务应用研究及系统集成研究等。

支撑技术研究主要是对先进技术在环保领域的应用再开发，包括3S技术、传感器、快速分析技术、信息共享技术、环境模型、决策模型技术、数据库技术、安全保障技术等。

标准规范研究主要是在环保业务与信息化标准规范基础上建立数字环保体系

的建设要求，从代码、架构、技术、过程、管理等角度分别进行规范。

信息处理与共享研究包括对各种环境信息的汇集、整理、加工、存储、分类、检索、计算、比较、判断、排序、输出提供业务应用、决策支持、辅助执行、效果反馈及信息共享的过程研究。

业务应用研究是在环保领域的数字化需求研究的基础上，利用各种支撑技术、设备、建设环境以满足环境领域各种功能和非功能需求。

系统集成研究主要研究如何根据环境领域系统服务要求，采用功能集成、网络集成、软件界面集成等多种集成技术，将各个分离的设备、功能和信息等集成到相互关联、统一和协调的系统之中，使整个系统能充分满足应用者的要求。

（二）数字环保需求的体系架构

数字环保需要解决的核心问题就是如何将各种先进的信息技术应用于环境保护，以改变工作方式、提高工作成效。解决这个问题的关键是做好需求分析。数字环保需求的体系架构决定数字环保建设的体系架构，而需求架构与环保业务管理体系、环境信息管理体系、数字环保建设模式息息相关。

1. 环境信息管理体系

中国的环境管理体系由国家、省、地市、区县四级环境管理和技术支持部门组成，与此相适应，我国在环境信息机构能力建设方面初步形成了与环境管理体系相对应的环境信息化组织机构建设框架——国家级、省级、市级信息中心组织机构体系，形成了结构基本完善、功能比较齐全的环境信息管理体系，直接为各级环境保护管理部门提供信息支持。

国家环境信息中心是全国环境信息系统管理的网络中枢，其主要任务是指导全国环境信息网络系统的网络建设、业务建设和技术管理；收集、处理、存储、分析和传递全国环境信息；组织开发和推广环境管理应用软件；编制国家环境信息标准和规范；培训全国环境信息网络系统管理和技术人才；开展国内外环境信息技术交流与合作；实现全国环境信息计算机联网与共享；为环境保护部进行环境管理与决策提供环境信息支持和服务等。

省级环境信息中心是全国环境信息系统管理的区域中枢，负责本辖区内环境信息的网络建设和业务应用系统建设；进行本辖区环境信息汇总分析和数据上报；为省环保局进行环境管理与决策提供环境信息技术支持和服务。

市级环境信息中心是全国环境信息系统管理的重要基础组成部分，是全国环境信息网络系统的重要信息源。其主要任务是负责本辖区内环境信息的网络建设和业务应用系统建设；进行本辖区环境信息收集、汇总分析和数据上报；为本城市环保局进行环境管理与决策提供环境信息技术支持和服务。

2. 数字环保建设模式

由于受到地域环境、经济发展水平、组织协调能力、领导重视程度等多方面因素的影响，以及"数字环保"本身的应用性、复杂性、综合性等特点，再加上各地环境保护实际情况的千差万别，所以各地数字环保建设在内容和模式上往往也表现出因地而异的特点。

按照数字环保建设的组织管理形式进行分类，可以把数字环保的建设模式分为三种类型：国家主导模式、地区主导模式、项目发展模式。这三种模式并不是排他的，不同地区在不同阶段针对不同要求也可能采取混合的模式进行环境信息化项目建设，每个项目都可以被看做、也应当成为数字环保建设的一部分。

国家主导模式是指环境保护部对全国所有环保职能部门的某个或某些方面的信息化建设进行统一规划、部署，以满足环保职能部门自身业务流程和管理职能为需要，以增强全国环境管理能力和提高管理水平为目的，以建立环保部门综合管理信息系统为目标的"数字环保"建设模式。

地区主导模式是指以各级政府信息化主管部门为主导，以省、市总体规划和实现信息资源共享为手段，以实现领导决策和行政管理所需的信息集成为目的，以成为建立全省或全市统一数字城市体系和支撑平台一部分为目标的数字环保建设模式。

项目发展模式是指各环保部门或单位通过单个信息化项目的申请、立项、论证、审批流程，通过从上级机关、其他政府部门争取投资或自筹经费等形式筹集资金，以建立和完善自身信息化建设为目标，并按照项目建设生命周期进行管理和实施的数字环保建设模式。

3. 数字环保需求分析及其体系架构

考虑到数字环保体系的复杂化和建设模式的多样化，需要对数字环保需求分层次、分类进行梳理。

由于国家整体环境管理具有统一政策和要求，而各级地方环境管理实际上却存在千差万别，所以数字环保需求相对应地可分为两大类：数字环保通用需求和数字环保个性需求。数字环保通用需求需要从全国层面建立数字环保架构，成为整体数字环保的骨架，着力解决国家级环境信息基础设施建设、国家级环境信息存储、共享体系建设、国家级决策支持信息化体系建设等。数字环保个性需求需要在通用需求的基础上满足各级、各地区的实际工作要求，它因管理层级、建设模式、地区的不同而有所不同。

基于我国的环境管理体系和环境信息化组织机构的四级架构，数字环保的需求也呈现四级，可分为国家级、省级、市县级与企业级。每一级需求又分为通用需求和个性需求。因而，数字环保的需求体系由"四层级、两大类"构成，形成金字塔架构，通用需求"成骨"，个性需求填实，从而充分满足我国环境保护的需要，只有在此基础上才能形成数字环保整体解决方案。

数字环保需求体系架构如图1-1所示。

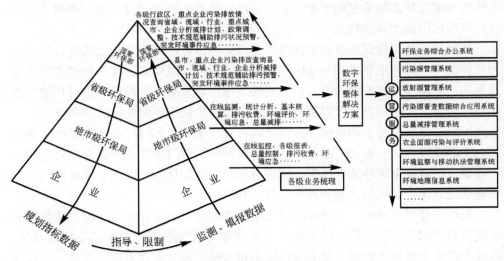

图1-1　数字环保需求体系架构

（三）数字环保内容体系架构

数字环保从概念的形成到全社会的参与，是当代科学技术发展的必然结果，也为21世纪环境保护科学的发展提供了崭新的思路。数字环保工程牵涉面广、应用技术众多、应用需求复杂，是一个内容丰富、涵盖广泛、开放且复杂的巨系统，是以相关标准规范为基础，综合应用环境监测技术、"3S"技术、计算机网络技术、数据管理技术等多项关键技术，集环保监测与监控、网络软硬件系统、应急指挥和环保综合业务管理为一体的高度集成、全方位的信息化管理系统。数字环保工程需要充分剖析体系，在理清需求与建设模式的基础上统筹国家与地方、宏观与微观、通用与个性需求，使整体标准规划与实际应用设计相协调，使数字环保像神经系统一样遍布环保业务的各个方面，成为环保重要的有机组成部分。

数字环保建设内容体系主要由数字环保关键技术、数字环保标准规范、数字环保网络硬件、数字环保支撑平台、环境数据中心、数字环保业务应用部分组成。数字环保关键技术从技术上保证数字环保建设的可行性；数字环保标准规范规定了数字环保建设中的相关要求，包括业务要求、信息化要求等；数字环保网络硬件是数字环保的基础建设，为数字环保提供基础支撑；数字环保支撑平台为数字环保提供软件环境支撑，主要包括 GIS 平台、MIS 平台、中间件等；环境数据中心是数据环保的核心，汇集和整合各类环保信息，进行重新组织，为业务应用提供数据支撑；数据环保业务应用实现业务信息化，辅助领导进行决策，主要包括环保综合管理业务、环保监测与监控、环境应急指挥体系等。

数字环保内容体系架构如图 1-2 所示。

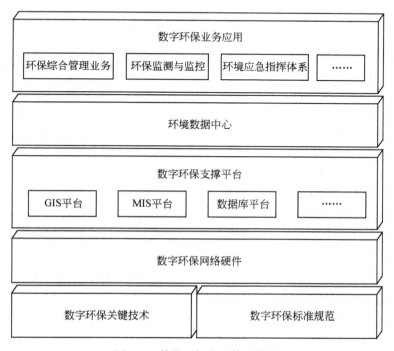

图 1-2 数字环保内容体系架构

二、数字环保的关键技术

数字环保系统综合采用了众多先进的技术手段，其中关键性的技术包括：传感器技术、数字视频技术、遥感技术、地理信息系统技术、全球定位技术、计算机网络技术、数字通信技术、信息安全技术、数据交换技术、数据存储技术、数据备份技术、数据库管理技术、软件开发与测试技术、三维建模技术和环境空间分析模型技术。

1. 传感器技术

传感器技术是测量技术、半导体技术、计算机技术、信息处理技术、微电子学、光学、声学、精密机械、仿生学和材料科学等众多学科相互交叉的综合性和高新技术密集型前沿技术之一，是自动检测和自动控制技术不可缺少的重要组成部分。作为现代信息技术的三大支柱之一，传感器技术在数字环保领域被广泛应用于水环境质量监测、大气环境质量监测和声环境质量监测等方面。

2. 数字视频技术

数字视频技术是将视频信息转化为数字信息，并用数字电子技术对信息进行存储、处理和传递的技术，在各类污染源的实时监控中正得到越来越多的应用。

3. 遥感技术

遥感技术是在远离目标、与目标不直接接触的情况下判定、测量并分析目标的性质的技术，如卫星遥感、航测等。作为一种重要的信息获取手段，它具有范围广、获取信息量大、速度快、实时性好及动态性强的特点。该技术是获得自然环境的重要信息源和宏观监测手段，可用于空气污染情况监测、地表资源环境监测，对生态保护、水土流失、海洋赤潮、流域污染调查等进行光谱成像和制图，预测生态破坏的趋势，分析生态环境变迁的过程、对策，也可直观地为领导决策提供有力的科学依据。

4. 地理信息系统技术

地理信息系统技术是指在计算机软硬件的支持下，对具有空间内涵的地理信息进行输入、存储、查询、运算、分析、表达的技术。它还可用于地理信息的动态描述，通过时空构模分析地理系统的发展变化和演变过程。该技术在环境保护领域应用广泛，可被用于环境质量监测、污染源监测、污染事故应急处理、城市环境规划、环境评价、环境科研等方面，进行测点定位、定高、标定和计算面积、显示运动轨迹等业务操作。

5. 全球定位技术

全球定位技术是美国从 20 世纪 70 年代开发的基于一个覆盖全球的卫星定位系统，用于实时定位，为遥感实况数据提供空间坐标的技术。可用于建立实况环境数据库，同时对遥感环境数据发挥校正、检核的作用。

6. 计算机网络技术

计算机网络技术是通信技术与计算机技术相结合的产物。该技术在环境信息服务和环境监测管理中应用广泛，对数字环保的发展起到了巨大的推动作用。

7. 数字通信技术

数字通信技术是用数字信号作为载体来传输消息，或用数字信号对载波进行数字调制后再传输的通信技术，在数字环保中该技术可被用于实时传输数字信号，也可传输经过数字化处理的现场语声和图像等模拟信号。

8. 信息安全技术

信息安全技术是保护信息及其重要元素，包括使用、存储和传输这些信息的系统和硬件的技术，在数字环保系统中起着非常重要的信息安全保障作用。

9. 数据交换技术

数据交换技术是采用交换机或结点机等交换系统，通过路由选择技术在欲进行通信的双方之间建立物理的逻辑的连接，形成一条通信电路，实现通信双方的信息传输和交换的一种技术。在数字环保系统中，该技术可用于在各级环保部门和各类数据库之间进行数据采集。

10. 数据存储技术

数据存储技术可分为封闭系统的存储和开放系统的存储两类。在数字环保系统中，数据存储技术是构建数据平台核心技术之一。

11. 数据备份技术

数据备份技术是将数据以某种方式加以保留，以便在系统遭受破坏或其他特定情况下重新加以利用的技术，主要包括全备份、增量备份、差分备份三种形式，在数字环保系统中被用于向数据中心提供数据、面向灾难恢复和支持安全检查等方面。

12. 数据库管理技术

数据库管理技术是数据库建立、使用和管理的相关技术。在数字环保系统中，该技术被用于数据库的定义、维护和通信。

13. 软件开发与测试技术

软件开发与测试技术包括软件开发技术和软件测试技术两部分，前者主要有原型化开发方法、结构化系统分析方法、面向对象开发方法、演示与讨论方法等；后者主要包括静态测试和动态测试两种方法。该技术是数字环保系统软件研制的关键性支撑技术。

14. 三维建模技术

三维建模技术是对现实世界的建模和模拟，根据研究的目标和重点，在数字空间中对其形状、材质、运动等属性进行数字化再现的技术。该技术在数字环保系统虚拟过程中得到了广泛的应用。

15. 环境空间分析模型技术

环境空间分析模型技术是环境信息系统研究的核心任务之一，是指根据实际空间信息系统的客观变化规律建立的具有空间分布意义的模型。数字环保系统中常见的环境空间分析模型包括环境数学模型、环境评价模型、环境预测模型、环境规划模型、环境动力学模型和空间决策模型等。

三、数字环保标准规范

数字环保的标准规范主要包括法律、行政法规、规范性文件、环境保护标准和信息化标准规范五大类。

1. 法律

法律是由立法机关制定、国家政权保证执行的行为规则。适用于我国数字环保体系建设的法律有《中华人民共和国环境保护法》、《中华人民共和国水污染防治法》、《中华人民共和国清洁生产促进法》等20余部。

2. 行政法规

行政法规是国家机关制定的规范性文件，它也具有法律效力。例如，《废弃电器电子产品回收处理管理条例》、《全国污染源普查条例》、《民用核安全设备监督管理条例》等。

3. 规范性文件

规范性文件一般是指法律范畴以外的其他具有约束力的非立法性文件，各级党组织、各级人民政府及其所属工作部门、人民团体、社团组织、企事业单位、法院、检察院等均可制定。例如，关于中国清洁发展机制基金及清洁发展机制项目实施企业有关企业所得税政策问题的通知、关于印发《城镇污水处理厂污泥处理处置及污染防治技术政策（试行）》的通知、关于切实做好地震灾区饮用水安全工作的紧急通知等。

4. 环境保护标准

环境保护标准是为保护环境，对大气、水、土壤、噪声、振动等环境质量、污染源、检验方法以及其他事项制定的标准，包括环境质量标准、污染物排放标准、环保基础标准和环保方法标准四类。

5. 信息化标准规范

信息化标准规范是解决"信息孤岛"的根本途径，也是不同信息管理系统之间数据交换和互操作的基础。例如，《电子政务标准体系》、《电子政务标准化指南》、《电子政务综合业务网总体技术要求》等。

四、数字环保网络建设

1. 网络基础

计算机网络是用通信线路和通信设备将分布在不同地点的多台自治计算机系统互相连接起来，按照共同的网络协议，共享硬件、软件和数据资源的系统。

计算机网络按覆盖范围分类，包括局域网、城域网以及广域网等；按拓扑结构分类，包括星型结构、总线结构、环型结构、树型结构、网状结构以及蜂窝结构等。

2. 数字环保网络建设

数字环保网络建设是通过有线或者无线网络（包括卫星网络）的传输方式实现对各个监测目标的数据传输。网络建设的内容包括监控中心网络建设、在线监测网络建设、放射源监控网络建设以及环境应急指挥网络建设等。

数字环保网络建设的基本构成主要包括路由器、交换机、防火墙、网闸、VPN、IDS 入侵检测系统、UTM 统一威胁管理以及反病毒软件等。其中路由器、交换机、防火墙是网络建设的重要设备。

路由器是网络层的数据包转发设备，通过转发数据包实现网络互联。路由器主要包括网关功能和网络路由功能。网关功能是对不同网络之间的协议进行转换，即数据包格式转换；网络路由功能是通过最佳路径选择，将数据包传输到目的地。

交换机是网络互联设备，网络通过交换机可实现高速接口交换、网络扩张或缩小、故障检测和隔离以及构成虚拟网等。交换机可在物理层、数据链路层以及网络层实现信息交换。

防火墙是设置在不同网络或网络安全域之间的一系列部件的组合，它可通过监测、限制、更改跨越防火墙的数据流，尽可能地对外部屏蔽网络内部的信息、结构和运行状况，以此来实现网络的安全保护。

3. 数字环保网络安全

网络安全是指网络系统的硬件、软件及其系统中的数据受到保护，不因偶然的或者恶意的原因而遭受到破坏、更改、泄露，系统连续可靠正常地运行，网络服务不中断。数字环保网络安全从其本质上来讲就是网络上的信息安全。从广义来说，凡是涉及环保网络上信息的保密性、完整性、可用性、真实性和可控性的相关技术和理论都是数字环保网络安全的研究领域。

五、数字环保的支撑平台

数字环保的支撑平台包括数据库平台、GIS 平台、MIS 系统及其关键技术、数据仓库与商业智能等。

1. 数据库平台

数据库平台是数据库构建的基础，常用数据库平台有 Oracle 和 SQL Server，它们各有优缺点，几乎垄断了数据库业务。

2. GIS 平台

GIS 平台是指在计算机软硬件的支持下，对具有空间内涵的地理信息进行输入、存储、查询、运算、分析、表达的技术系统，常用的 GIS 平台包括 ArcGIS、Mapinfo、Supermap、MAPGIS、GeoMedia 等地理信息系统系列软件。这些软件具有强大的通用的 GIS 功能，可以在其上利用开发工具（.NET、JAVA 等）开发出各种 GIS 应用软件。

3. MIS 系统及其关键技术

MIS 系统主要通过从各种相关的资源（部门外部和内部）收集相应的信息，

对信息进行收集、传递、存储、加工、维护和使用并生成各种管理人员所需要的信息资料，为各层管理人员的正确决策提供服务。

4. 数据仓库与商业智能

通过数据抽取、转换、装载等实现技术把各种数据导入数据仓库，根据应用的具体要求建立多维数据模型，进而进行报表输出、数据分析、数据挖掘等不同层次应用。

六、环境数据中心

环境数据中心是环保业务系统与数据资源进行集中、集成、共享、分析的场地、工具、流程等的有机组合。环境数据中心的主要功能是对环境数据进行统一的管理，以便为环保部门提供科学、完整的数据共享和决策依据。

七、环保综合管理业务

面向实际需求，使环境信息化建设为环境管理和科学决策提供强有力的支持和服务，需要依靠环保综合业务系统来实现。现将典型的数字环保综合业务系统列举如下。

1. 环保业务综合办公系统

环保业务综合办公系统包括建设项目审批、建设项目试生产、建设项目验收到排污许可证、排污收费、污染源日常管理、限期整改、限期治理、行政处罚、环保信访、固体废物转移管理、核与辐射管理等应用子系统，实现对环保业务的综合管理。

2. 污染源管理系统

污染源管理系统包括污染源信息查询、数据统计报表、GIS 专题分析、监测点位管理、报警管理、移动污染源管理、污染源注销管理、污染治理设施运行状态监控管理等，实现对污染源全生命周期的管理。

3. 放射源管理系统

放射源管理系统通过集成地理信息技术、定位技术、数据库技术、通信技术、网络技术、计算机技术等相关信息技术和硬件设备，实现对放射源生命周期的管理，为放射源使用单位和政府监管部门提供较好的辅助工具，保障放射源安全使用和公共安全。

4. 污染源普查数据综合应用系统

污染源普查数据综合应用系统能管理污染源普查数据，并提供对这些数据成果进行挖掘利用的基础，并把单调、枯燥的普查信息赋予空间概念，更加清晰、直观地再现污染源的污染时空状况。

5. 总量减排管理系统

总量减排管理系统能够实现节能减排工作的核算和项目管理两大功能，遵循环境保护部"淡化基数、算清增量、核准减量"的要求，为减排工作的清算和核算工作提供便捷的工具和手段。

6. 农业面源污染与评价系统

农业面源污染与评价系统通过 GIS、遥感影像分析、空间定位、计算机、网络通信等技术的结合，实现对农业面源污染的动态监测，通过对相关信息的集成管理与应用分析，为面源污染的全过程控制提供决策支持。

7. 环境监察与移动执法管理系统

环境监察与移动执法管理系统充分利用无线通信、计算机网络、GPS、GIS 等先进技术，构建了集 PDA 端的现场移动执法系统和 PC 端的后台支撑系统于一体的移动执法体系，以加强环境执法能力，创新环境执法手段，提高执法成效。

8. 环境地理信息系统

环境地理信息系统是以遥感、地理信息系统和全球定位系统技术为手段，进行环境空间信息的获取、分析、处理、存储与表达，并为环境保护工作提供环境空间信息支持和管理决策依据的计算机系统。

八、环保监测与监控

环保监测与监控系统，可用于污染源、放射源和环境质量的监测、监控，可将多种监测手段上传信息进行关联，在实现数据监测的同时进行更为直观的实时视频浏览、监控录像调用等，以帮助各级环保部门有力提升监督能力和监管效率。

九、环境应急指挥

建设环境应急指挥系统是为了提高相关职能部门应对突发环境污染事件的应急能力。该系统除了具有案例库、专家库之外，还集成了环境监测实时数据、历史数据，动态地引用模型进行快速计算，并将集成信息在环境地理信息系统上动态表现出来，提供给指挥中心使用。系统采用仪器监控、视频监控、音频监控、GPS 定位、有线和无线传输等技术提供全方位展示和记录事件，并可按时序保留整个事件，以供将来回放事件过程，进行调查和研究。

第二章　数字环保的关键技术

第一节　传感器技术

一、传感器概述

（一）传感器定义

传感器是把物理量或化学量转变成电信号的器件，它是一种检测装置，能感受到被测量的信息，并能将检测感受到的信息按一定规律变换成为电信号或其他所需形式的信息输出，以满足信息的传输、处理、存储、显示、记录和控制等。国际电工委员会将传感器定义为："测量系统中的一种前置部件，它将输入变量转换成可供测量的信号。"传感器是传感系统的一个重要组成部分，是被测量信号输入的第一道关口，是实现自动检测和自动控制的首要环节。

（二）传感器分类

传感器可以按照用途、原理、输出信号和制造工艺进行分类。

按照用途可将其分为速度传感器、温度传感器、位移传感器、压力和力敏传感器、液位传感器、加速度传感器、辐射传感器及热敏传感器等。

按照原理可将其分为振动传感器、湿敏传感器、磁敏传感器、气敏传感器、半导体气体传感器、真空度传感器及生物传感器等。

按照输出信号可将其分为模拟传感器、数字传感器、膺数字传感器及开关传感器等。

按照制造工艺可将其分为集成传感器、薄膜传感器、厚膜传感器及陶瓷传感器等。

二、传感器组成

传感器通常包括敏感元件、转换元件和测量电路三部分。

敏感元件是能直接感受被测量对象的部分，将被测量的对象转换成与被测量对象有确定关系的非电量或其他量。

转换元件将非电量转换成电参量。

测量电路的作用是将转换元件输入的电参量经过处理转换成电压、电流或频率等可测电量，以便进行显示、记录、控制和处理。

三、传感器技术在数字环保中的应用

保护环境和生态平衡是目前经济协调发展的重点任务之一，要实现这一目标就必须进行环境监测。传感器是众多获取环境信息的有效工具之一。它将可接受的外来信号转换成可供传输、测量或进行过程控制的信号源。尤其随着现代科学技术的发展，多参数网络在线监测、多功能自动化监测，以及环境中物理、化学、生物、光电等领域的监测，都使得传感器在环境监测中的应用有了更大发展空间，同时也对传感器的研发提出了更新、更高的要求。

（一）水质监测

水质监测的主要污染指标一般有 pH、电导率、溶解氧（DO）、氧化还原电位、化学需氧量（COD）及氨氮（NH_3-N）等。电导率传感器可以被用来监测水中存在电解质的程度，而光纤氧传感器则被用于水中溶解氧浓度的测定。

电导率传感器包括传导式和电感式两种。传导式测量的电导率传感器适用于普通和清洁水体的精确测量，而电感式测量的电导率传感器由于避免了极化和积垢的影响，被广泛用于造纸、电镀及制浆等行业水体的测量。

光纤氧传感器是将可被测氧淬灭的荧光试剂制成氧传感膜耦合于光纤端部，采用高发光二极管为光源和微型光电二极管组成检测系统，光纤氧传感器具有体积小、响应时间快、稳定性好、使用寿命长及抗辐射等特点，被用于各种环境下水质溶解氧的监测。

（二）大气监测

大气监测是环保的重要方面，传感器能够监测风向、风速、温度、湿度、工业粉尘、烟尘、烟气、SO_2、NO、O_3 和 CO 等。通过对污染源所排出的有毒有害物质进行监测，传感器可以掌握其排放是否符合现行排放标准的规定，分析其对大气污染的影响，以便加以控制。在环境大气监测中，生物传感器以其多品种、多学科的特质得以有效应用。

（三）生物监测

生物监测是利用生物传感器，包括酶传感器、微生物传感器、细胞及细胞气传感器、组织传感器及免疫传感器，识别各种被测物质，并与之发生化学变化、物理变化或生物变化，同时将这些变化转换成可测量的光、电信号。生物传感器主要由敏感元件和信号转换元件组成。生物敏感元件由具有分子识别功能的物质（如酶、抗原、细胞、组织、微生物等生物活性物质）组成。

（四）噪声监测

噪声监测的内容有噪声的强度和声压的频率。噪声传感器的感压膜片将声压转换成较弱的电信号，经信号放大器处理即可输出显示仪表所需的电压值，如果采用仪表显示，则要将传感器的输出信号送到仪表的输入衰减器，再由输入放大器进行定量放大。经放大后的信号由计权网络对信号进行频率计权，再经信号处理输出显示表所需的电信号，推动电流表或数字表，以显示所测量的声压级噪声（dB），也可将传感器的输出信号接入外接滤波器和记录仪，对噪声作频谱分析。

第二节　数字视频技术

一、数字视频技术概述

数字视频技术是将视频信息转化为数字信息，并用数字电子技术对信息进行存储、处理和传递。

（一）数字视频标准

模拟视频的数字化主要包括色彩空间的转换、光栅扫描的转换以及分辨率的统一。模拟视频一般采用分量数字化方式，先把复合视频信号中的亮度和色度分离，得到 YUV（被欧洲电视系统所采用的一种颜色编码方式，属于 PAL 制式）或 YIQ（通常被北美的电视系统所采用的一种颜色编码方法，属于 NTSC 制式）分量，然后用三个模/数转换器对三个分量分别进行数字化，最后再将其转换成 RGB 空间。

为了在 PAL、NTSC 和 SECAM 电视制式之间确定共同的数字化参数，国家无线电咨询委员会（CCIR）制定了广播级质量的数字电视编码标准，称为 CCIR 601 标准。

（二）数字视频的压缩

视频信息的原始数据存在帧内"空间相关"和相邻帧间"时间相关"，使原始数据存在大量的数据冗余。另外，人类视觉、听觉器官具有某些不敏感性，如由于对色彩亮度敏感而对色调分辨力弱等因素，以至于可对某些原非冗余的数据进行压缩，从而可大幅度提高压缩比。

目前视频压缩编码方法有多种，其中最有代表性的是 MPEG 数字视频格式和 AVI 数字视频格式。各种压缩编码算法可用软件、硬件或软硬件结合的方法来实现。

（三）数字视频的特点

（1）数字视频可以无失真地进行无限次拷贝，而模拟视频信号每转录一次，就会有一次误差积累，会产生信号失真。

（2）模拟视频在长时间存放后视频质量会降低，而数字视频便于长时间的存放。

（3）可以对数字视频进行非线性编辑，并可增加特技效果等。

（4）数字视频数据量大，在存储与传输的过程中必须进行压缩编码。

二、数字视频技术在数字环保中的应用

（一）重大危险源监测

对放射源类重大危险源的监测需要解决的重要问题之一是防止放射源意外丢失。根据放射源以及放射源工作场所和储存场所的特点，数字视频监控成为对放射源及放射源场所监控的主要手段。另外，重大危险源场地都必须严格控制进出人员，也可通过数字视频进行监控。数字视频监控系统将监视点的现场实际状态通过远程图像监控系统传输到监控调度中心，环保部门领导及调度人员可以通过图像监控系统对当地的环境进行监视，这样就减少了巡检人员的工作强度，提高了管理水平，加强了对危险源的安全监管。

数字视频监控系统根据实际需求，并结合企业和政府的网络资源情况，采用基于有线或无线网络实现对重大危险源的远程实时监测和预警。企业布线前端监控点摄像机的视频信号、监测报警信号通过监测采集器与企业网络连接，通过 Internet 将企业现场的视频图像、安全参数（温度、压力、浓度、液位等）实时传到监控中心服务器，实现真正意义上的对远程重大危险源监测和预警的数字化。安全监管相关部门可以通过内部的局域网访问监控中心的监控服务器来实时监控现场的情况，对企业进行远程的监督管理和应急调度。

数字视频技术的采用，实现了对重大危险源和事故隐患场所的自动监测、报警，能够及时发现重大事故征兆，对预防重大事故发生将起到重要的作用，为实现"安全第一、预防为主"的科学安全管理思想提供了有力的技术支撑手段。

（二）突发环境事件应急监测

面对各种可能发生的突发环境事件，亟须有效提高突发事件的快速处置能

力，采用先进的监测、预测、预警、预防和应急处置技术及方案是成功的关键。

利用日益成熟的高清数字视频技术，凭借高质量的实景模拟视频互动，应急指挥中心能够在最短的时间内获得突发环境事件现场的准确信息，决策者在监控中心即可参考现场视频作出判断并下达指令。

突发环境事件现场与应急指挥部之间可实现视频、音频、数据信息的双向传递。采用数字视频最新技术，不仅可以将现场的图像实时传送到应急指挥中心，还可以开展应急指挥视频会议，将各个级别的政府应急管理指挥机构连通，构建跨部门的应急联动服务系统，满足对各种灾害和突发公共事件的处理需要，还可对会议实况和双流内容进行同步录制。

数字视频技术在环保领域的应用提高了环境突发事件的应对能力，为应急指挥提供了决策支持。

（三）烟气黑度在线监测

烟气黑度在线监测系统是基于数字视频技术的烟气黑度实时监控系统，具有网络在线监控、实时黑度分析、监控视频储存、超标排放报警、远程云台控制和摄像头操作等功能。其关键技术是利用数字视频技术在线监测烟气排放情况并分析烟气林格曼黑度。

烟气黑度在线监测系统针对现场的烟气排放情况，通过视频技术实时获取烟气排放图像，在经过图像处理分析后，进行标准林格曼表比对，获取烟气排放黑度的准确值。

采用数字视频技术构建的基于局域网的计算机视频监控系统，充分利用数字图像处理技术，通过对图像的去噪处理和动态识别，由识别的结果有效迅速地对烟气排放情况进行分析判别。数字视频技术结合网络技术的应用，还可以使不同地理位置、不同级别的客户可以观看到特定地点的烟气排放情况，改变了原来靠人工瞭望、电话询问的传统监视模式。

（四）机动车尾气污染监测

在机动车保有量高速增长的同时，机动车尾气排放已成为大气污染的主要污染源之一，尾气污染治理刻不容缓。鉴于机动车尾气污染的特征，特别是高排放车辆这种流动污染源的筛选、发现和治理，路检和抽检的作用和威慑力显得尤为重要。

机动车尾气移动监测系统在高排放车辆限制路段内设置视频监测点，对各监测点进行视频图像预览。视频取证是对道路移动视频监控设备拍摄的图像进行高速识别，选取有效识别的最佳图片进行存储，包括清晰的车牌号、车型及颜色、车辆通过地点、时间、方向和违规过程等。系统能对不同路段的车辆行驶过程，特别是对超标机动车牌照进行录像和抓拍，同时存储车牌照图像和相关视频数据，并发送到环保监控中心（或交警等相关管理部门）的数据库中。

数字视频技术的应用为环保部门对机动车尾气排放污染的监管提供了有效的监测手段，为环境污染数据的统计提供了真实可靠的依据。

第三节　遥感技术

一、遥感概述

（一）遥感的定义

遥感（remote sensing，RS）是指从高空或外层空间接收来自地球表层各类地物的电磁波信息，并通过对这些信息进行扫描、摄影、传输和处理，从而对地表各类地物和现象进行远距离控测和识别的现代综合技术。

（二）遥感的分类

（1）按遥感平台分，遥感可分为以下三类：

①地面遥感，传感器设置在地面平台上，如汽车、船舰、三脚架、塔等；

②航空遥感，传感器设置在航空器上，如飞机或气球；

③航天遥感，传感器设置在环地球的航天器上，如卫星、火箭、宇宙飞船、航天飞机。

（2）按传感器的探测波段分，遥感可分为以下五类：

①紫外遥感，探测波段在 $0.05 \sim 0.38\,\mu m$；

②可见光遥感，探测波段在 $0.38 \sim 0.76\,\mu m$；

③红外遥感，探测波段在 $0.76 \sim 1000\,\mu m$；

④微波遥感，探测波段在 $1\,mm \sim 10\,m$；

⑤多波段遥感，在可见光波段和红外线波段的范围内，再分成若干窄波段来探测。

（3）按传感器所接受的能量来源分，遥感可分为以下两类：

①主动遥感，探测器主动发射一定电磁波能量；

②被动遥感，探测器不向目标发射电磁波。

（4）按遥感资料的显示形式分，遥感可分为以下两类：

①成像遥感，目标电磁辐射信号能转换成图像；

②非成像遥感，目标电磁辐射信号不能形成图像。

二、遥感系统组成

遥感是一门对地观测综合性技术，其实现既需要一整套的技术装备，又需要多种学科的参与和配合，因此实施遥感是一项复杂的系统工程。根据遥感的定义，遥感系统主要由以下四大部分组成。

（一）遥感平台

遥感平台是搭载遥感仪器（传感器）并能使其有效工作的工具。目前应用的遥感平台有飞机、火箭和卫星等。

（二）传感器

传感器是在距目标相当远的遥感平台上，负责目标物电磁辐射能量的收集、记录和传送工作的仪器，一般包括收集系统、检测系统、信号转换系统、记录系统和数据压缩系统。目前应用的传感器有摄像机、摄像仪、扫描仪、雷达和光谱辐射仪等。

（三）地面接收站

地面接收站是接收从遥感平台传送来的图像胶片和数字磁带数据的工具，一般包括地面数据接收和记录系统，以及图像数据处理系统。最终制成一定规格的图像胶片和数据产品，作为商品提供给用户。

（四）分析解译系统

分析解译系统根据不同的应用目的，将经过预处理的图像胶片和数据产品进行分析、研究、判断解释，从中提取有用信息，并将其翻译成为所用的文字资料或图件。目前应用的分析解译技术包括常规目视判释技术系统、光学处理与判释技术系统及计算机处理与判释技术系统。

三、遥感技术在数字环保中的应用

（一）环境监测

大气环境和城市大气污染监测：依据航空遥感监测资料所编绘的各类大气污染源的分布图，显示建成区工厂的烟囱和高能耗分布，而老建成区中的商业区、人口密集区和交通拥堵分布采用航空多光谱摄影手段，根据同一地物的不同光谱特性进行计算机处理，可监测大气污染的主要污染物、颗粒大小及空间区域的分布。

大气污染物扩散规律的研究：遥感可观测到大气中气溶胶类型及其含量分布、大气微量气体的铅垂分布。根据对热红外扫描图像的分析研究，可提出城市地面辐射温度和城市"热岛"现象形成的关系。

内陆水体环境监测：应用遥感手段可以快速监测出水体污染源的类型、位置分布以及水体污染的分布范围等。排放区水温一般高于自然水温，用热红外遥感技术可以方便地探测，其温度分辨率可达到0.2℃。各种工厂排入污水因所含物质成分不同，导致污水的颜色也不同，可通过测定遥感图像的密度来鉴别污染水体。确定这些污染水体往往采用色密度法，即通过常规方法对污染水体取样，建立不同水体污染类型和浓度以及与遥感图像密度的相关关系。

海洋环境监测：利用红外扫描仪监视石油污染。利用红外扫描仪（使用波段为 $7.5 \sim 14 \mu m$）在白昼和夜间拍摄地面和海面的热图像，可有效地监视海面的石油污染。应用红外扫描仪可以测出辐射温度的差值，可从热图像上显示出海面的油污染及其分布情况。在热图像上计算出的厚油膜辐射温度与水的辐射温度差要高于薄层油膜与水的辐射温度差，以此可区分海面油膜的厚度。

海洋污染监测：水体中不同物质在海洋水色的各波段影像中得到了不同程度的显示。通过目视、光电方法解译判读，或以各种不同模式应用计算机进行处理，可以获得海面悬浮泥沙、浮游生物、可溶性有机物、海面油膜和其他污染物等海洋水色不同的信息。使用可见光遥感器（海岸带水色扫描仪、荧光水色成像仪、多波段可见光扫描仪）、红外遥感器（红外辐射计、红外扫描仪、热像仪）、微波遥感器（微波辐射计、雷达）以及激光扫描仪等，可得到上述各种所需信息。

（二）污染防治规划

城市区域环境整治规划，各种无煤区、控制区的确定，流域、湖泊、近岸海域污染治理规划等，首先要进行区域性宏观现状调查研究，取得大量的各种数据，通过分析确定污染重点区域。利用卫星遥感，结合有选择性的现场踏查，可使规划更全面、更有针对性、更有操作性，避免规划仅依靠行政统计上报、停留在纸面上、与实际不符的弊端，并为日后提供可对比的生动的影像资源。

（三）生态环境保护

生态环境规划：生态环境保护本身属于宏观区域范围，这正是卫星遥感的优势所在。通过卫星影像我们可以更真实地观察相关区域的地貌、植被覆盖、森林覆盖、水土流失、荒漠化、生物多样性等发展动态，特别是那些江河源头、原始森林等人迹罕至和无法踏入区域的生态状况调查，在此基础上制订科学合理的生态及生物多样性的保护规划。

城市生态与环境污染：应用卫星或机载热红外图像，通过图像处理技术，可定期把热污染的分布范围和强度显示出来。例如，武汉市 1988 年利用热红外遥感技术进行了调查，发现城区热源点多达 185 处，城市热岛中心则主要分布在汉口老城区。城市热场对生态环境的影响是造成老城区大气污染程度加剧，大气扩散受到抑制、生态环境恶化的原因。环绕老城区的高温热异常带，造成老城区内大气浑浊度增高与氧的平衡失调，这一现象在无风的盛夏季节尤为明显，对人体的危害较大。

生态环境监测：根据植被光谱反射率及其影像特征，利用诺阿卫星扫描辐射计第 1、2 通道，陆地卫星多光谱扫描仪（MSS）和主题绘图仪（TM）的有关通道的图像数据资料，可以获取许多植被信息资料，如植被覆盖率、叶面积指数、植被类型等。植被指数在全球环境变化中具有很大的应用价值，对气候脆弱带中局部地区气候变化的监测也有很大作用。采用多光谱有关数据及其生成的植被指数，经图像处理和定量分析，可以对全球各地区的植被和土地状况进行分类，监测土地沙漠化、森林砍伐、城市化等环境变化进程。

（四）环境影响评价

区域开发环境影响评价及跨区域、跨流域建设项目环境影响评价越来越显得重要，由于其影响范围广、对地区经济社会的发展有重要影响，这些项目的环境影响评价除按常规的建设项目环境影响评价指导进行外，重点应是区域性和宏观性影响评价，如海港等海岸工程建设，水库、河道整治工程，铁路及公路建设，输油（气、水）管道工程，城区改造，流域开发，区域开发等建设。通过卫星影像可实现大面积区域性全流域评价，并结合地面监测，预测开发活动可能带来的环境影响，进而提出更可靠的防治措施。

（五）环境灾害监测

赤潮分析：在我国，近几年来从渤海湾到南海每年都有多次赤潮发生。1989年 9 月下旬，美国陆地卫星 TM 图像反映的渤海湾赤潮非常清晰。赤潮区的光谱特性是藻类生物体、泥沙和海水的复合光谱。含悬浮泥沙的海水在光谱的黄红波段范围具有很高的反射率，但到红外波段后反射率急剧下降。含赤潮生物的海水在 TM3 波段数值比含泥沙海水稍低，在 TM4 波段下降平缓，到 TM5 波段才急剧下降，这是因赤潮物所含叶绿素 a 在红光区的吸收作用和到 0.69μm 后的陡坡效应所造成的。卫星遥感可监测某些赤潮发生的时间、地点和范围，并根据水文气象资料进行赤潮的实时速报。

地质环境灾害调查：用遥感技术调查与滑坡、泥石流有关的环境因素（如构造部位、地层岩性、断裂、含水带、植被覆盖、土地利用等），推测滑坡、泥石流的发育环境因素及产生条件，进行区域危险性分区及预测，可为防治这类地质灾害提供依据。

（六）全球环境问题监测

全球环境变化监测的一个重要问题是需要了解大气层具有辐射和化学重要性的微量气体在全球范围的时空分布和变化趋势，特别是 CO_2、CO、CH_4、O_3、N_2O、NO_2、NH_3、$(CH_3)_2S$、H_2S 和 SO_2。用雨云系列卫星搭载的被动式传感器第一次获得了温度和 H_2O、CH_4、HNO_3 的全球信息。1978 年发射的雨云 7 号上携带了总臭氧量制图光谱仪（TOMS），观测了全球臭氧分布，在发现臭氧洞方面作出了贡献，取得了与平流层中臭氧层的破坏有关的重要信息。当前，数值模式在全球变化研究中起着重要作用，测量结果的水平分辨率应大致相当于所使用的数值模式的水平分辨率。

第四节　地理信息系统技术

一、GIS 概述

（一）GIS 定义

地理信息系统（geography information systems，GIS），是在计算机软硬件的支持下，对整个或者部分地球表层空间中的有关地理分布数据进行采集、存储、管理、运算、分析、显示和描述的技术系统。

（二）GIS 分类

经过几十年的发展，GIS 技术已发展成一定体系，基于不同的角度，存在多种分类。

（1）按内容分，GIS 可分为专题型 GIS、区域型 GIS、工具型 GIS 三类；

（2）按提供的性能分，GIS 可分为空间管理型 GIS、空间分析型 GIS、空间决策型 GIS 三类；

（3）按系统开发角度分，GIS 可分为最终用户用 GIS、专业人士用 GIS、软件开发者/系统集成者用 GIS 三类；

（4）从系统结构分，GIS 可分为单机 GIS 和网络 GIS 两类；

（5）从数据结构分，GIS 可分为矢量数据结构 GIS、栅格数据结构 GIS、混合型数据结构 GIS 三类。

二、GIS 系统组成

（一）硬件

硬件是指操作 GIS 所需的一切计算机资源。目前的 GIS 软件可以在很多类型的硬件上运行，从中央计算机服务器到桌面计算机，从单机到网络环境。一个典型的 GIS 硬件系统除计算机外，还包括数字化仪、扫描仪、绘图仪、磁带机等外部设备。根据硬件配置规模的不同，硬件可分为简单型、基本型、网络型。

（二）软件

软件是指 GIS 运行所必需的各种程序，主要包括计算机系统软件和地理信息系统软件两部分。地理信息系统软件提供存储、分析和显示地理信息的功能和工具。主要的软件部件有输入和处理地理信息的工具，数据库管理系统工具，支持地理查询、分析和可视化显示的工具，以及容易使用这些工具的图形用户界面（GUI）。

（三）数据

空间数据是 GIS 的操作对象，是现实世界经过模型抽象的实质性内容确认。一个 GIS 应用系统必须建立在准确合理的数据基础上。数据来源包括室内数字化和野外采集，以及从其他数据的转换。数据包括空间数据和属性数据。

三、GIS 技术在数字环保中的应用

（一）环境监测

在环境监测的过程中，利用 GIS 技术可以对实时采集的数据进行存储、处理、显示、分析，建立城市环境监测、分析及预报信息系统，实现对整个区域的环境质量进行客观、全面地评价，反映出区域的受污染程度以及污染的空间分布状态，为环境监测与管理的科学化、自动化提供基本条件。

（二）生态现状分析

在进行自然生态现状分析的过程中，利用 GIS 可以比较精确地计算水土流失、荒漠化、森林砍伐面积等，客观地评价生态破坏程度和波及的范围，为各级政府进行生态环境综合治理提供科学依据。

（三）水环境管理

水环境信息具有明显的空间属性和层次属性，利用 GIS 可以更加明确地揭示不同区域的水环境状况，反映水体环境质量在空间上的变化趋势；可以更加直观地反映如污染源、排污口、监测断面等环境要素的空间分布；利用 GIS 还可以进行污染源预测、水质预测、水环境容量计算、污染物削减量的分配等，以表格和图形的方式为水环境管理决策提供多方位、多形式的支持。

（四）环境应急预警

建立重大环境污染事故应急预警系统，能够对事故风险源的地理位置及其属性、事故敏感区域位置及其属性进行管理，提供污染事故的大气、河流污染扩散的模拟过程和应急方案。

（五）环境灾害监测

利用 GIS 并借助遥感数据，可以有效地进行森林火灾的预测预报、洪水灾情的监测和洪水淹没损失的估算，为抢险救灾和防洪决策提供及时准确的信息。

（六）环境影响评价

由于 GIS 能够集成管理与场地密切相关的环境数据，是综合分析评价的有力工具。环境影响评价是对所有的改、扩、建项目可能产生的环境影响进行预测评价，并提出防止和减缓这种影响的对策与措施。利用 GIS 的空间分析功能，可以综合性地分析建设项目各种数据，帮助确立环境影响评价模型。

（七）制作环境专题图

GIS 的制图方法比传统的人工绘图方法要灵活得多，它在基础电子地图上，通过加入相关的专题数据就可迅速制作出各种高质量的环境专题地图，并可以根据实际需要从符号和颜色库中选择图件，使之更好地突出专题效果和特性。

（八）建立环境地理信息系统

环保部门在日常管理工作中，需要采集和处理大量且种类繁多的环境信息，这些环境信息大多与空间位置有关。使用 GIS 技术可以建立各种环境空间数据库，如污染源空间信息数据库（包括工业、农业、交通等污染源的数量、属性和污染源发生的地域范围）、环境质量信息数据库（包括空气、水、噪声等），通过把各种环境信息与其地理位置结合起来进行综合分析与管理，实现空间数据的输入、查询、分析、输出和管理的可视化。

第五节　全球定位技术

一、GPS 概述

（一）GPS 定义

全球定位系统（global positioning system，GPS），是一种基于卫星的定位系统，被用于获得地理位置信息以及准确的通用协调时间。

（二）GPS 分类

（1）按接收机的用途分，GPS 可分为如下三类：

①导航型 GPS，主要用于运动载体的导航，它可以实时给出载体的位置和速度；

②测地型 GPS，主要用于精密大地测量和精密工程测量；

③授时型 GPS，主要利用 GPS 卫星提供的高精度时间标准进行授时，常用于天文台及无线电通信中时间同步。

（2）按接收机的载波频率分，GPS 可分为如下两类：

①单频 GPS，只能接收 L1 载波信号，测定载波相位观测值进行定位；

②双频 GPS，可以同时接收 L1、L2 载波信号。

（3）按接收机通道数分，GPS 可分为：多通道 GPS、序贯通道 GPS、多路多用通道 GPS。

（4）按接收机工作原理分，GPS 可分为如下四类：

①码相位型 GPS，利用码相位技术得到伪距观测值；

②载波相位型 GPS，利用载波信号的平方技术去掉调制信号，测定伪距观测值；

③混合型 GPS，综合上述两种接收机的优点，既可以得到码相位伪距，也可以得到载波相位观测值；

④干涉型 GPS，将 GPS 卫星作为射电源，采用干涉测量方法，测定两个测站间距离。

（5）按用途分，GPS 可分为如下三类：

①测地型 GPS，主要用于精密大地测量和精密工程测量；

②车载型 GPS，通过硬件和软件做成 GPS 定位终端用于车辆定位，并将定位信息传到报警中心或者车载 GPS 持有人；

③其他用途的 GPS，如定位手机、个人定位器、GPS 预警器。

二、GPS 系统组成

GPS 系统主要由空间星座部分、地面监控部分和用户部分三大部分组成。

（一）空间星座部分

GPS 空间部分是由 24 颗 GPS 卫星组成——21 颗工作卫星和三颗在轨备用卫星共同组成了 GPS 卫星星座。

（二）地面监控部分

GPS 的地面监控部分由分布在全球的若干个跟踪站所组成的监控系统所构成，根据其作用的不同，这些跟踪站又被分为主控站、监控站和注入站。主控站有一个，用于协调和管理地面监控系统；监控站五个，用于接收卫星信号及监测卫星的工作状态；注入站三个，用于将主控站计算出的卫星星历和卫星钟的改正数等信息注入卫星中去。

（三）用户部分

GPS 的用户部分由 GPS 接收机、数据处理软件及相应的用户设备所组成。GPS 接收机包括主机、天线、控制器和电源，其主要功能是接收、跟踪、变换和测量 GPS 信号的无线电设备。数据处理软件是指各种后处理软件包，其主要作用是对观测数据进行精加工，以便获得精密定位结果。相应的用户设备指计算机及其终端设备、气象仪器等。

三、GPS 技术在数字环保中的应用

（一）污染源定位

GPS 技术可辅助污染源普查工作。通过 GPS 确定污染源的经纬度，将其填入污染源普查表中，然后可将定位数据随同污染源名称、数量、排放浓度、排放量等一同录入计算机，建立污染源数据库，并根据录入数据制作出污染源分布专题地图。

（二）放射源定位

GPS 技术可辅助放射源监控管理工作。通过 GPS 确定放射源的经纬度，将其定位信息传输至监控中心，实时查看放射源的位置，并根据定位信息制作出放射源的历史轨迹图。当放射源被移开正常使用位置时，系统会自动启动放射源短信

报警。

（三）现场监察

GPS 技术可辅助环保局监察人员的现场监察工作。监察人员可利用带有定位功能的手持 PDA（personal digital assistant，个人数码助理，一般指掌上电脑），确定监察现场的地理位置，利用 PDA 上的终端软件，将数据传送至监控中心。

（四）事故应急

在发生突发性环境污染事故时，救援人员到达事故现场，其首要任务就是向应急指挥中心汇报事故的基本情况，包括事故发生所在地的详细地理位置，这就需要 GPS 技术进行定位。

第六节　计算机网络技术

一、计算机网络概述

计算机网络技术是通信技术与计算机技术相结合的产物。计算机网络是按照网络协议，将地球上分散的、独立的计算机相互连接的集合。连接介质可以是电缆、双绞线、光纤、微波、载波或通信卫星。计算机网络具有共享硬件、软件和数据资源的功能，具有对共享数据资源集中处理及管理和维护的能力。

计算机网络可按网络拓扑结构、网络涉辖范围和互联距离、网络数据传输和网络系统的拥有者、不同的服务对象等不同标准进行种类划分。一般按网络范围划分，它可以分为局域网（LAN）、城域网（MAN）和广域网（WAN）。

二、计算机网络组成

计算机网络可分为三部分：硬件系统、软件系统和网络信息。

（一）硬件系统

硬件系统是计算机网络的基础，由计算机、通信设备、连接设备及辅助设备组成，通过这些设备的不同集成方式形成了计算机网络的类型。

（二）软件系统

软件系统包括网络操作系统和网络协议等。网络操作系统是指能够控制和管理网络资源的软件，是由多个系统软件组成，在基本系统上有多种配置和选项可供选择，使得用户可根据不同的需要和设备构成最佳组合的互联网络操作系统。

网络协议则保证网络中两台设备之间正确传送数据。

（三）网络信息

计算机网络上存储、传输的信息称为网络信息。网络信息是计算机网络中最重要的资源，它存储于服务器上，由网络系统软件对其进行管理和维护。

三、计算机网络在数字环保中的应用

计算机网络技术促进了数字环保的发展。物质、能源、人力和资金构成传统经济的基本资源，工业文明正是因这些基本资源的大量消耗而造成严重的环境污染问题。计算机网络技术对这几种基本资源都具有明显的替代作用。由于大量信息和信息技术的支持，新型产品不但更轻、更小、更坚固、更有效、更易于维护，而且大大节约了物质能量的消耗。此外，信息技术的发展还使各种活动得以合理安排和组织，从而对环境保护产生了积极的作用。

用计算机可以进行大气层监控、噪声测试、污水处理、毒气及废弃物回收等。其间接作用就更多，例如，利用计算机网络技术传送信息，不仅快速便捷，而且还节省了往返的交通消耗；在证券股市及国际贸易中实行的计算机无纸操作、无纸贸易，不仅给股民和贸易双方带来了便利和可靠的感觉，同时也节省了大量纸张，减少了废弃物。

（一）环保信息服务

传统的环保信息服务在一种非网络形式下进行，由用户提出服务请求，以手工检索为主要服务方式。因此，传统的环保信息服务在很大程度上受到时间和空间的制约，工作效率极其低下。而在计算机网络环境下，计算机网络为信息服务提供了一种全新的服务方式，用户可以通过网络提出自己的信息需求，检索条件可以是多种检索条件的组合，再通过局域网、广域网的检索系统，检索出符合条件的信息，并在网上把结果直接反馈给用户或以电子邮件等传输形式迅速及时地传递给用户。这种网络服务方式为环保信息服务提供了超越时空限制的便捷服务方式。

网络将不同类型的信息源组合在一起，包括电子版的图书、期刊、论文、政府工作报告、会议文献和信息报道等，网络资源中有基本原理知识，有事实案例，也有消息和数据，这些资源在网络环境下可以为环保决策者、管理者、科研人员和学者等不同的信息需求者所用。

（二）环境质量监测

计算机网络技术的飞速发展给环境监测工作带来了生机与活力，它具有多层次、全方位、广角度地进行环境监测参数分析功能，尤其能迅速做好监测的抽样、传输、计算、分析和汇总等一系列工作，能极方便地提供信息查询、数据汇总等服务。计算机网络技术在环境监测中的应用具有操作简单、使用方便、功能齐全、分析全面等特点，是环境监测现代化必不可少的重要工具之一。计算机网络技术在环境监测中代替人工进行数据采集、分析和报送，模仿了环境监测者工作的全部过程。

第七节　数字通信技术

一、数字通信概述

（一）数字通信定义

数字通信是用数字信号作为载体来传输消息，或用数字信号对载波进行数字调制后再传输的通信方式。它可传输电报、数字数据等数字信号，也可传输经过数字化处理的语声和图像等模拟信号。

（二）数字通信分类

按调制方式分，数字通信可分为如下几类：

（1）振幅键控（ASK），用数字调制信号控制载波的通断。振幅键控实现简单，但抗干扰能力差。

（2）频移键控（FSK），用数字调制信号的正负控制载波的频率。移频键控能区分通路，但抗干扰能力不如移相键控和差分移相键控。

（3）相移键控（PSK），用数字调制信号的正负控制载波的相位。移相键控抗干扰能力强，但在解调时需要有一个正确的参考相位，即需要相干解调。

（4）差分相移键控（DPSK），利用调制信号前后码元之间载波相对相位的变化来传递信息。

二、数字通信系统组成

（一）信源编码与译码

信源编码的作用之一是设法减少码元数目和降低码元速率，即通常所说的数据压缩。码元速率将直接影响传输所占的带宽，而传输带宽又直接反映了通信的有效性。其作用之二是，当信息源给出的是模拟语音信号时，信源编码器将其转换成数字信号，以实现模拟信号的数字化传输。信源译码是信源编码的逆过程。

（二）　信道编码与译码

数字信号在信道传输时，由于噪声、衰落以及人为干扰等，将会引起差错。为了减少差错，信道编码器对传输的信息码元按一定的规则加入保护成分（监督元），组成所谓"抗干扰编码"。接收端的信道译码器按一定规则进行解码，从解码过程中发现错误或纠正错误，从而提高通信系统的抗干扰能力，实现可靠通信。

（三）　加密与解密

在需要实现保密通信的场合，为了保证所传信息的安全，人为将被传输的数字序列扰乱，即加上密码，这种处理过程叫加密。在接收端利用与发送端相同的密码复制品对收到的数字序列进行解密，恢复原来的信息，这种过程叫解密。

（四）　数字调制与解调

数字调制就是把数字基带信号的频谱搬移到高频处，形成适合在信道中传输的频带信号。基本的数字调制方式有振幅键控、频移键控、绝对相移键控、相对（差分）相移键控。对这些信号可以采用相干解调或非相干解调将其还原为数字基带信号。对高斯噪声下的信号检测，一般用相关器接收机或匹配滤波器实现。

（五）　同步与数字复接

同步是保证数字通信系统有序、准确、可靠工作不可缺少的前提条件，是使收、发两端的信号在时间上保持步调一致。按照同步的功用不同，它可分为载波同步、位同步、群同步和网同步。

数字复接就是依据时分复用基本原理把若干个低速数字信号合并成一个高速的数字信号，以扩大传输容量和提高传输效率。

三、数字通信系统在数字环保中的应用

（一）　数据采集

依据数字通信的优点，在数字环保中，可以广泛将模拟信号转换成数字信号，以增强信号的抗干扰能力、保密性等；数字环保中的相应智能终端设备集成化程度更高，易采用多种集成电路，采用数字电路可使集成化和模块化程度更高、体积更小，还包括模拟电路与数字电路间的转换。

数字通信技术以通信理论、数字信号处理理论及半导体集成电路为基础，广泛应用于通信网络、通信协议、计算机操作系统等之中，在数字环保领域中，前端设备数据的采集、传输都要应用到数字通信技术。

（二）数据传输

计算机与网络设备间通信所应用到的通信协议等都要应用数字通信技术。在数字环保中，数据传输作为数字环保信息传递、分析、处理的一个不可或缺的组成部分，主要通过各种网络传输设备、数据传输模块及设备间通信协议进行数据传输，所以数字通信技术在数字环保中实现数据采集、传输、应用平台展示等方面具有非常重要的作用。

数字通信技术在数字环保领域中，主要应用到的技术及设备有：

（1）3G 数字无线移动通信技术，如环境应急监控终端、无线数采仪等（采用 3G 数字无线通信网络传输模块）；

（2）VOIP（voice over internet protocol，IP 网络电话）技术应用，在数字环保中，视频会议系统、烟气黑度分析系统等都可以应用网络设备中的 VOIP 技术，将语音、视频图像等模拟信号数字化并进行传输。

第八节　信息安全技术

一、信息安全技术概述

随着现代通信技术的发展和迅速普及，特别是计算机互联网连接到千家万户，信息安全问题日益突出，而且情况也变得越来越复杂。信息安全本身包括的范围很大，大到确保国家军事政治等机密安全，小到防范商业企业的机密泄露。

信息安全是保护信息及其重要元素，包括使用、存储和传输这些信息的系统和硬件。为了加强一个组织的数据处理系统及信息传送的安全性问题，信息安全技术可对抗攻击，以保证信息的基本属性不被破坏，同时保证信息的不可抵赖性和信息提供者身份的可认证性。

二、信息安全技术组成

（一）信息保密技术

信息保密技术是利用数学或物理手段，对电子信息在传输过程中和存储体内进行保护以防止泄漏的技术。保密通信、计算机密钥、防复制软盘等都属于信息保密技术。信息保密技术是保障信息安全最基本、最重要的技术，一般采用国际上公认的安全加密算法实现。例如，目前世界上被公认的最新国际密码算法标准

AES，就是采用 128、192、256 比特长的密钥将 128 比特长的数据加密成 128 比特的密文技术。在多数情况下，信息保密被认为是保证信息机密性的唯一方法，其特点是用最小的代价来获得最大的安全保护。

（二）信息确认技术

信息确认技术是通过严格限定信息的共享范围来防止信息被伪造、篡改和假冒的技术。通过信息确认，应使合法的接收者能够验证他所收到的信息是否真实；使发信者无法抵赖他发信的事实；使除了合法的发信者之外，别人无法伪造信息。一个安全的信息确认方案应该做到：第一，合法的接收者能够验证他收到的信息是否真实；第二，发信者无法抵赖自己发出的信息；第三，除合法发信者外，别人无法伪造消息；第四，当发生争执时可由第三人仲裁。按照其具体目的，信息确认系统可分为消息确认、身份确认和数字签名。例如，当前安全系统所采用的 DSA 签名算法，就可以防止别人伪造信息。

（三）网络控制作用

常用的网络控制技术包括防火墙技术、审计技术、访问控制技术和安全协议等。其中，防火墙技术是一种既能够允许获得授权的外部人员访问网络，而又能够识别和抵制非授权者访问网络的安全技术，它起到指挥网上信息安全、合理、有序流动的作用。审计技术能自动记录网络中机器的使用时间、敏感操作和违纪操作等，是对系统事故分析的主要依据之一。访问控制技术是能识别用户对其信息库有无访问的权利，并对不同的用户赋予不同的访问权利的一种技术。访问控制技术还可以使系统管理员跟踪用户在网络中的活动，及时发现并拒绝"黑客"的入侵。安全协议则是实现身份鉴别、密钥分配、数据加密等安全的机制。整个网络系统的安全强度实际上取决于所使用的安全协议的安全性。

三、信息安全技术在数字环保中的应用

（一）确保物理层安全

信息安全技术可确保物理安全。物理安全是保护计算机网络设备、设施以及其他媒体免遭水灾、火灾等环境事故以及人为操作失误或错误和各种计算机犯罪行为导致的破坏过程。网络的物理安全是整个网络系统安全的前提。网络物理层的信息安全风险包括设备被盗、被毁坏，链路老化，被有意或者无意地破坏，因电子辐射造成信息泄露，设备意外故障、停电，以及火灾、水灾等自然灾害。针对各种信息安全风险，网络的物理层安全主要包括环境安全、设备安全和线路安全。

（二）确保网络层安全

信息安全技术可确保网络安全。网络安全风险包括数据传输风险、重要数据被破坏的风险、网络边界风险和网络设备的安全风险。信息安全技术可以在内网与外网之间实现物理隔离或逻辑隔离，在外网的入口处配置网络入侵检测设备，设置抗拒绝服务网关，用虚拟局部网络保障内网中敏感业务和数据安全，构建VPN网络实现信息传输的保密性、完整性和不可否认性，设置网络安全漏洞扫描和安全性能评估设备，并能设置功能强大的网络版的反病毒系统。

（三）确保系统层安全

信息安全技术可确保系统安全。系统安全风险是系统专用网络采用的操作系统、数据库及相关商用产品的安全漏洞和病毒进行威胁。系统专用网络通常采用的操作系统本身在安全方面考虑较少，服务器、数据库的安全级别较低，存在一些安全隐患。同时病毒也是系统安全的主要威胁，所有这些都造成了系统安全的脆弱性。为确保系统安全，信息安全技术可将应用服务器、网络服务器、数据库服务器等各类计算机的操作系统设置成安全级别高、可控的操作系统，对各类计算机进行认证配置，按系统的要求开发统一的身份认证系统、统一授权与访问控制系统和统一安全审计与日志管理系统，及时发现"黑客"对主机的入侵行为，并能设置功能强大的网络版的反病毒系统，实时检杀病毒。

（四）确保应用层安全

信息安全技术可确保应用层安全。应用层安全风险包括身份认证漏洞和万维网服务漏洞。信息安全技术可采用身份认证技术、防病毒技术以及对各种应用服务的安全性增强配置服务来保障网络系统在应用层的安全，可建立统一的身份认证和授权管理系统，可提供加密机制和数字签名机制，并能建立安全邮件系统及安全审计和日志管理系统。

第九节　数据交换技术

一、数据交换技术概述

数据交换技术是指不同计算机应用系统之间相互发送、传递有意义、有价值的数据。它采用交换机或结点机等交换系统，通过路由选择技术在欲进行通信的双方之间建立物理的、逻辑的连接，形成一条通信电路，实现通信双方的信息传输和交换。数据交换广泛存在于电子政务、电子商务、网上出版、远程服务、电子书籍、信息集成、信息咨询以及合作科研等多个应用领域。数据交换是实现数据共享的一种技术，因此，通过数据交换实现各系统间的数据共享、互联互通，是解决目前信息孤岛现象的关键途径。

二、数据交换技术组成

（一）线路交换

线路交换是在信息（数据）的发送端和接收端之间直接建立一条临时通路，供通信双方专用，其他用户不能再占用，直到双方通信完毕才能将其拆除。其优点是直接由物理链路连通、没有其他用户干扰、没有非传输时延；缺点是通路建立时间较长，线路利用率不高（这也就是长途电话费用高的原因）。该方式适合大数据量的信息传输。

（二）报文交换

报文交换不像线路交换那样需要建立专用通道，其原理是：信源将欲传输的信息组成一个数据包，我们将其称作报文，该报文上写有信宿的地址，这样的数据包送上网络后，每个接收到的节点都先将它存在该节点处，然后按信宿的地址，根据网络的具体传输情况，寻找合适的通路将报文转发到下一个节点。经过这样的多次存储—转发，直至信宿，完成一次数据传输，这种节点存储—转发数据的方式就被称为报文交换。

（三）分组交换

分组交换兼有报文交换和线路交换的优点。其在形式上非常像报文交换，主要差别在于分组交换网中要限制传输的数据单位长度，一般在报文交换系统中可传送的报文数据位数可做得很长，而在分组交换中，传送报文的最大长度是有限制的，如超出某一长度，报文必须要被分割成较少的单位，然后依次发送，人们通常称这些较少的数据单位为分组。

（四）信元交换

信元交换是一种面向连接的高速分组交换技术。首先由发送方发出虚呼叫信息号，经响应的中间互联网设备传递，直至被呼叫方，被呼叫方的应答经原路返回至发送方。在上述过程中，并没有在物理上建立起一条电路，但是预定了建立电路所需的中间网络交换设备，形成虚电路，然后遵循该虚电路路径进行传输，不可再进行其他路由。

三、数据交换技术在数字环保中的应用

（一） 在线监测数据的传输

在日常环境保护工作中，要对环境相关信息进行实时在线监测，包括水信息、大气信息、噪声信息等，这些通过监测获得的信息要通过无线或有线的方式传送到监测中心，以供相关系统进行展示、统计分析等。

（二） 环保审批数据的传输

污染源企业通过环保主管部门的互联网门户进行环保相关事务的申请，包括建设项目申请、排污许可证申请等。主管部门在收到污染源企业的申请后，在内网中进行办理，在办理结束后将办理结果通过互联网告知相关污染源企业。

（三） 移动执法数据的传输

在环境保护移动执法过程中，相关人员要利用手持式移动设备，如 PDA 等，在现场进行记录、录音、拍照等，这些通过移动式设备获取的环境相关信息要通过无线的方式发送到相关系统中，以作为行政处罚的依据。

（四） 应急处置现场数据的传输

在发生环境污染事故后，应急小分队要携带应急设备和装置奔赴现场。应急设备和装置包括手持式前端数据采集设备或车载式前端数据采集设备。应急人员要利用前端数据采集设备对周边的环境情况进行检测，包括相关水、气参数以及录音、视频等。现场采集数据要通过无线的方式发送到应急指挥车以及应急指挥中心，以进行展示、统计分析，为应急指挥决策提供科学的依据。

（五） 环保业务管理数据的上传下达

在日常环境保护业务管理工作中，省、市、县各级环保行政主管部门要进行相关数据的传递，包括环境统计数据、相关文件通知等。环保行政主管部门之间的数据传递主要是通过环保专网或互联网实现的。

第十节　数据存储技术

一、数据存储技术概述

数据存储技术可分为封闭系统的存储和开放系统的存储。封闭系统的存储主

要指大型机、AS400 等服务器。开放系统的存储指基于包括 Windows、Unix、Linux 等操作系统的服务器，分为内置存储和外挂存储。目前绝大部分用户采用的是开放系统的外挂存储，它占有目前磁盘存储市场的 70% 以上。

外挂存储根据连接方式分为直连式存储（DAS）和网络化存储（FAS）。网络化存储又分为网络接入存储（NAS）和存储区域网络（SAN）。

（一）直连式存储

DAS 是指将存储设备通过 SCSI 接口或光纤通道直接连接到一台计算机上。当服务器在地理上比较分散、很难通过远程连接进行互联时，DAS 是比较好的解决方案，甚至可能是唯一的解决方案。而且如果企业想要继续保留已有的传输速率并不是很高的网络系统时，会采用 DAS。

（二）网络接入存储

NAS 是一种将分布、独立的数据整合为大型、集中化管理的数据中心，以便于对不同主机和应用服务器进行访问的技术。NAS 技术被定义为一种特殊的专用数据存储服务器，包括存储器件（例如，磁盘阵列、CD/DVD 驱动器、磁带驱动器或可移动的存储介质）和内嵌系统软件，可提供跨平台文件共享功能。

（三）存储区域网络

SAN 技术被定义为以数据存储为中心，采用可伸缩的网络拓扑结构，通过具有高传输速率光通道的直接连接方式，提供 SAN 内部任意节点之间的多路可选择的数据交换，并且将数据存储管理集中在相对独立的存储区域网内。

二、数据存储技术在数字环保中的应用

（一）日常业务管理数据的存储

环保行政主管部门以及相关的事业单位在日常的业务管理中会产生大量的数据，包括环保规划数据、申请审批数据、统计汇总数据和通知公告数据等，这些数据以表格、文档或图件的形式存储在相关系统数据库中。

（二）环境监测数据的存储

为加大环境监测的力度，全国各地建立了大量的环境监测站点，包括国控、省控、市控监测站点等。这些监测站点每天产生大量的监测数据，包括水质监测数据、大气质量监测数据、土壤监测数据和城市噪声监测数据等。这些数据存储在各级环境保护行政管理部门和事业单位中，用于环境质量监测、预警预测和环

境质量评价等。

（三）污染源普查数据的存储

我国于 2008 年底完成了全国第一次污染源普查数据调查工作，积累了大量的数据，包括工业污染源普查详表、工业污染源普查简表、农业污染源普查表、生活污染源普查表及集中式污染治理设施普查表等，这些数据要进行审核和汇总，并建立污染源数据库进行存储，以利于上报和发布普查数据，开发利用普查成果，进行工作总结、验收和评比等。

（四）环境统计数据的存储

环境统计数据包括基层报表、综合报表，其中基层报表包括工业企业污染排放及利用情况、火电厂污染排放及处理利用情况以及工业企业排放废水废气污染物监测情况等，综合报表包括各地区工业企业污染排放及处理情况、各地区重点调查工业污染排放及处理利用情况、各地区非重点调查工业污染排放及处理情况等。环境统计数据存储在环保各级行政主管部门，为各级政府部门制定环境保护政策提供客观的依据。

（五）其他环保数据的存储

需要存储的环境保护相关数据还包括放射源监控管理数据、总量减排管理数据、农业面源污染与评价数据、环境监察与移动执法管理数据以及环境应急指挥数据等。

第十一节　数据备份技术

一、数据备份技术概述

数据备份就是将数据以某种方式加以保留，以便在系统遭受破坏或其他特定情况下重新加以利用的一个过程。数据备份是存储领域的一个重要组成部分。通过数据备份，一个存储系统乃至整个网络系统，完全可以回到过去的某个时间状态，或者重新"克隆"一个指定时间状态的系统，只要在这个时间点上我们有一个完整的系统数据备份。

常用的备份方式有以下三种。

（一）全备份

所谓全备份，就是用一盘磁带对整个系统进行包括系统和数据的完全备份。

这种备份方式的好处是很直观，容易被人理解。而且当发生数据丢失的灾难时，只要用一盘磁带（即灾难发生前一天的备份磁带），就可以恢复丢失的数据。但它也有不足之处：首先，由于每天都对系统进行完全备份，因此在备份数据中有大量内容是重复的，如操作系统与应用程序。这些重复的数据占用了大量的磁带空间，这对用户来说就意味着增加成本。其次，由于需要备份的数据量相当大，因此备份所需的时间较长。对于那些业务繁忙、备份窗口时间有限的单位来说，选择这种备份策略无疑是不明智的。

（二）增量备份

增量备份指每次备份的数据只是相对于上一次备份后增加的和修改过的数据。这种备份的优点很明显：没有重复的备份数据，节省了磁带空间，又缩短了备份时间。但它的缺点在于当发生灾难时，恢复数据比较麻烦。举例来说，如果系统在星期四的早晨发生故障，那么现在就需要将系统恢复到星期三晚上的状态。这时，管理员需要找出星期一的完全备份磁带进行系统恢复，然后再找出星期二的磁带来恢复星期二的数据，最后再找出星期三的磁带来恢复星期三的数据。很明显，这种策略比较麻烦。另外，在这种备份下，各磁带间的关系就像链子一样，一环套一环，其中任何一盘磁带出了问题，都会导致整条链子脱节。

（三）差分备份

差分备份就是每次备份的数据是相对于上一次全备份之后新增加的和修改过的数据。管理员先在星期一进行一次系统完全备份；然后在接下来的几天里，再将当天所有与星期一不同的数据（增加的或修改的）备份到磁带上。差分备份无需每天都做系统完全备份，因此备份所需时间短，并节省了磁带空间，它的灾难恢复也很方便，系统管理员只需两盘磁带，即系统全备份的磁带与发生灾难前一天的备份磁带，就可以将系统完全恢复。

二、数据备份技术在数字环保中的应用

（一）提供数据中心

在数字环保软件平台中，在当前多平台、分布式环境下如何将企业计算数据和历史数据集中起来？通过数据备份，不仅可以保留现存硬盘数据的一份拷贝，还可以保留众多的历史数据，从而为计算机系统的长期使用提供了数据基础。

（二）面向灾难恢复

保留一份硬盘数据的后援备份，可以实现小到系统误操作，大至由非计算机

系统因素引起的灾难，如火灾、地震后的数据恢复和系统重建。

（三）应用系统数据的安全检查

通过保留各个时间点的计算机系统数据，可以检查连续运行的数据库系统的数据安全。数据存储管理系统的英文名称为 Data Storage Management System，其主要功能是实现全自动的数据备份和恢复，并通过定期对历史数据进行归档处理（将某类具有特定意义的数据永久保留到存储介质上，以备今后查询及决策），确保系统内有足够的硬盘空间用于后续数据的存储。此外还可以对用于数据存储的媒体进行自动的、高效的管理。

第十二节　数据库管理技术

一、数据库管理概述

数据库是按照一定结构组织的相关数据的集合，是在计算机存储设备上合理存放的相互关联的数据集。面对存储海量数据的数据库，需要运用数据库管理技术对其进行统一的管理。这好比对图书馆的图书进行统一编目、分类存放、设立索引，以便于管理人员和读者能够快速准确地查找到所需的图书。

数据库管理系统是提供数据库建立、使用和管理工具的软件系统。随着环境信息系统空间数据库技术的不断发展，空间数据库所能表达的空间对象日益复杂，这里的空间数据库管理系统是指能够对存储的地理空间数据进行语义上和逻辑上的定义，提供必需的空间数据查询和存取功能，以及能够对空间数据进行有效维护和更新的一套软件系统。空间数据库管理系统除了具备常规数据库管理系统的相关功能之外，还需要提供特定的针对空间数据的管理功能。

二、数据库管理系统构成

一个完整的数据库管理系统由以下几部分合成：

（1）定义工具，用以定义、增删数据档案，索引档案结构；

（2）操控工具，用以操作建设好的资料库以存取和修改资料；

（3）应用软件开发工具，用以设计表单、报表和标签等；

（4）数据字典，用以描述数据库内各类结构的相关资料，以供各类使用者使用；

（5）系统引擎，用以处理计算机系统内低阶事物，如资料存取、各记忆体管理等。

三、数据库管理系统在数字环保中的应用

（一）环境信息无纸化管理

环境信息包括环保业务管理信息、污染源和环境监测信息和环境相关的多媒体信息等，多媒体信息主要包括音频信息、视频信息等。在传统的管理方式下，这些信息均保存在表格、磁带以及录像带中。数字环保建设将这些信息以数据的形式统一保存在数据库中，并通过数据库管理系统进行维护，实现了环境信息的无纸化管理。

（二）环境信息集中与分布式管理

根据我国环保机构的设置，环境信息按不同主管部门进行管理，包括环保部、省级环保厅、市级环保局、县级环保局以及环保相关单位。这些环境信息既要按照属地化管理原则由属地环保部门保存，又要按照国家相关要求上报上级主管部门保存。数据库为环境信息集中与分布式管理提供了技术上的保证。

（三）环境信息统计分析

数据库为环境信息统计分析提供了快速的工具，特别是联网后的数字环保系统，其环境信息统计分析结果可以为各级环保部门提供决策依据。

第十三节　软件开发与测试技术

一、软件开发与测试概述

软件是程序、数据及文档的集合，从功能角度看，它包括应用软件、系统软件和支撑软件（或工具软件）三种。软件工程是开发、运行、维护和修复软件的系统方法。而在软件开发过程中，为了确保软件得以成功地完成，需要在概要设计、详细设计和编码的每个步骤都进行检测。软件测试是为了检验软件开发过程中的错误而进行的检测，其目的在于检验它是否满足规定的需求或是弄清预期结果与实际结果之间的差别，软件测试和检验涵盖了软件生产全过程的测试，包括对用户需求、概要设计的测试等。软件测试在软件产品质量、控制成本、软件可靠性、企业的竞争力等方面起着重要的作用。

二、软件开发方法

（一）原型化开发方法

原型化设计的方法特点是不需要一开始就清晰地描述一切，而是在明确任务后，在软件的实现过程中逐步对系统进行定义和改造，直至系统完成。这种方法一开始就针对具体目标开始工作，一边工作一边完成系统的定义，并通过一定的总结和调整补偿系统设计的不足，是一种动态的设计技术。

（二）结构化系统分析方法

结构化系统分析方法是自顶向下逐步精化的顺序设计方法，也称 HIPO（hierarchy-plus input processing output）法。它将系统描述分为若干层次，最高层次描述系统的总功能，其他层次一层比一层更加精细、更加具体地描述系统的功能，直到分解为程序设计语言的语句。

结构化的程序设计方法侧重于软件结构本身，在 GIS 软件设计中，采用一种自下而上的结构设计，即首先将与软硬件有关的公用子程序列出，然后列出与软硬件无关的公用子程序，最后组合成软件系统。结构化程序设计主要强调的是程序的易读性，具有顺序、选择和重复（或循环）三种逻辑结构。该方法的特点是软件结构描述比较清晰，便于掌握系统全貌，也可逐步细化为程序语句，是十分有效的系统设计方法。但这种方法的最大缺点是用户对即将建立的系统没有直观的预见性。

（三）面向对象开发方法

面向对象设计方法的基本思想是将软件系统所面对的问题，按其自然属性进行分割，按人们通常的思维方式进行描述，建立每个对象的模型和联系，设计尽可能直接、自然地表现问题求解的软件，整个软件系统只由对象组成，对象间的联系通过消息进行，用类和继承描述对象，并建立求解模型，描述软件系统。

用这种方法进行系统分析与设计所建立的系统模型在后期用面向对象的开发工具实现时，能够很自然地进行转换。这种方法的主要优点是与人类习惯的思维方法一致，稳定性好，可重用性好，易于开发大型软件产品，可维护性好。

（四）演示与讨论法

演示与讨论法（demonstration and discussion method，DADM），强调采用演示和讨论方式进行广泛、有效的沟通与交流，具有较好的可预见性和开放性，有利于在整个开发过程中进行全面的质量管理。这种方法要求在 GIS 软件开发过程中的各个阶段及所有相关人员之间进行有效的沟通和交流。这种交流是建立在直观演示的基础上的，演示内容主要包括直观的图表工具和输入、输出界面等。

三、软件测试的方法及步骤

软件测试是根据软件开发各阶段的规格说明和程序的内部结构而精心设计的一批测试用例（包括输入数据及其预期的输出结果、运行状态参数），并利用这些测试用例去运行软件，以发现软件错误，提高软件质量的过程。

（一）软件测试方法

软件测试是保证软件质量和安全运行的重要预防机制，从是否需要执行被测软件的角度，可以将其分为静态测试和动态测试两种检测方法。静态测试是指人工评审软件文档或程序，发现其中的错误。这种方法手续简单，是一种行之有效的检验手段。软件运行中的多数错误都是通过人工评审发现的，这是开法过程中必不可少的质量保证措施。动态测试是指有控制地运行系统，从多种角度观察系统运行时的行为，并发现其中的错误。

若按照功能划分可以将其分为黑盒测试（功能测试）和白盒测试（结构测试）。黑盒测试即把测试的对象看成一个黑盒子，不考虑程序内部的逻辑结构和内部特性，主要在软件的接口处进行测试，主要测试软件的功能。黑盒测试的方法包括：等价类划分法、边界值分析、错误推测法、因果图，以及功能图等。白盒测试把测试对象看成是一个打开的盒子，程序内部的逻辑结构和其他信息对测试人员都是公开的。白盒测试的方法有逻辑覆盖（语句覆盖、判定覆盖、判定－条件覆盖、条件组合覆盖和路径覆盖）和基本路径测试等。

（二）软件测试步骤

软件测试过程一般按四个步骤进行，即单元测试、集成测试、验收测试（确认测试）和系统测试。首先是单元测试，然后把测试过的模块组装起来进行集成测试，主要是对软件体系结构的构造进行测试；接着进行验收测试，检查软件是否满足了各种需求，以及配置是否合理安全；最后是系统测试，即把经确认测试后的软件放到实际运行环境中，与系统的其他构件一起进行测试。

1. 单元测试

单元测试即对每一个单元模块进行测试。在进行单元测试时，有时需要为测试的模块编写辅助模块：驱动模块和桩模块。前者是用来调用被测模块；后者用来代替被测模块调用的子模块。

2. 集成测试

集成测试，又叫组装测试，分为两种，即一次性组装和增殖式组装。一次性组装方式即把经单元测试后的模块一次性地组装成系统进行测试。增殖式组装方式即在模块组装的过程中，边组装边测试，每增加一个或几个模块就测试一次，最后组装成最后的系统，它又分为自顶向下的增殖、自底向上的增殖，以及混合增殖等几种方式。

3. 验收测试

验收测试中常用的有 α 测试和 β 测试。在进行 α 测试时，开发者坐在用户旁边，随时记录用户发现的问题。在进行 β 测试时，则开发者不在测试现场，故它是在开发者无法控制的环境下进行的测试，通常是由软件开发者向用户散发 β 版软件，然后收集用户的意见。

4. 系统测试

系统测试的目的是为了保证系统能够稳定、持续、正确地运行。系统测试应保证测试工作贯彻整个系统开发过程，测试人员组成应广泛、严格执行测试计划。在系统试运行期间，用户可以检查其各种大大小小的错误，在发现错误后，将其及时反馈给开发人员，使其改正相应错误，并继续试运行，直到系统正确、稳定地工作为止。

四、软件开发与测试在数字环保中的应用

各种环保业务应用系统的开发都依赖于软件开发与测试技术。利用该技术可根据不同环保业务特点及信息化需求，基于 MIS、GIS 等不同平台开发适用的软件系统，为环境保护工作提供便利。本书将在第七章详细介绍各种环保业务应用系统。

第十四节　三维建模技术

一、三维建模技术概述

随着计算机软硬件技术的不断发展，计算机图形学、多媒体技术、地理信息技术日趋成熟，不论是在应用领域还是在科学领域，对整个世界进行三维建模研究，都是一个不断兴起的领域。三维建模就是对现实世界的建模和模拟，根据研究的目标和重点，在数字空间中对其形状、材质、运动等属性进行数字化再现的过程。

随着先进的计算机仪器及设备不断投入实际应用，计算机辅助下的三维建模技术已经从最初的基于几何的手动建模，发展到包括三维扫描仪、基于图像的建模与绘制（IBMR）等多种方法的三维建模。建模对象也从简单的几何体建模，发展到比较复杂的房屋结构、机械零件、发丝等建模，甚至是流体的模拟。三维

建模在各个领域的研究与应用不断扩大和深入。

二、三维信息获取

在模型数据获取阶段，要获得待建模型物体的外观数据，在不同的研究与应用领域，根据需求的不同，获取数据的类型与方法也有所不同，因而使用的设备和数据建模的过程也有所区别。

测量物体的外观尺寸的方法，从总体上可分为接触式和非接触式两种。接触式测量方法既包括传统的使用卷尺的测量方式，也包括复杂的坐标测量机（coordinate measuring machine，CMM）。传统的接触式测量不但慢，而且还给测量带来误差。CMM 系统虽然精确度高，但它是一个非移动系统，安装在一个固定平台上，对被测物体的尺寸有限制。

随着计算机图形学与视觉、声学、光学技术及其相关设备的发展，非接触式测量技术得以出现，从而大大丰富了模型获取手段。目前常用的非接触测量方法包括激光扫描系统、全站仪系统、近景摄影测量系统以及结构光系统等。

三维建模需要获取的信息包括基础地形数据、遥感影像数据、外业拍照和资料收集数据以及地质相关资料等。

（一）基础地形数据

基础地形数据以城市基础地形图为主，包含基础地形数据、建筑及地物信息。需要实现城市基础地形图与遥感影像数据、矢量信息数据、模型精度相匹配。数据格式为矢量数据格式，比例尺可以根据需要而定。

（二）遥感影像数据

采用多级别、多数据源和多分辨率的区域遥感影像数据，实现各级别影像纹理的无缝衔接和融合，与相应级别 GIS 基础数据相匹配。

（三）外业拍照和资料收集

以企业、区域为单位进行现场信息调查及拍照，收集的资料包括区域卫星影像图、企业平面图、企业建筑物示意图和建筑物基本信息等。

（四）地质相关资料

考虑到地下空间结构的复杂性和各种地质信息的多样性，构建三维地质模型需要从以下几个方面构建数据库。

（1）地质勘探资料，包括在专门的地质勘察工作中所得到的各种钻孔柱状图、剖面图、平面图以及土样的试验数据；还包括在各种工程施工中揭露出的各种地质信息；

（2）市政资料，市政工程中的管网勘察资料，包括管网的勘察图、剖面图等；

（3）地下水资料，包括地下水含水层的分布情况、水质河流的水流量等信息；

（4）地质灾害资料，区域内发生的各种地质灾害所揭露的地层结构、岩性及各种地质信息。

三、三维建模技术在数字环保中的应用

三维建模以前多用于机器人导航和视觉检测，现在则越来越多地应用于视觉模拟、虚拟现实、计算机游戏、艺术与电影等领域。近年来，三维建模技术的应用领域扩展到了建筑、历史文化遗产保护、零部件的设计与制造及生物医学工程等领域。随着计算机图形技术的不断发展和运算能力的提高，三维建模技术在数字环保领域中的应用也日益广泛。

以三维地质模型在城市环境地质评价中的应用为例进行说明。三维地质模型包含大量的城市环境地质信息，不但给城市建设和管理提供数据上的支持，还能给人们提供可视化界面，帮助人们直观地了解环境地质状况，并作出正确的决策。

（一）三维场景模型

三维场景建模采用精细的地形数据和已正射校正的影像数据进行叠加配准实现。三维场景一般反映某个区域范围或某个企业范围的地形地貌，可以作为建筑物三维模型的基础，也可以用于污染源分布情况展示、污染环境静态或动态展示和分析等。

（二）企业实景模型

建筑物建模采用专业的建模工具，利用已采集的建筑形状和高度信息，结合外业采集处理后的建筑照片，进行精细化三维建筑建模。通过属性信息添加，实现企业三维数字仿真。企业实景模型主要用于对排污企业的精细化管理。

（三）三维地质模型

对于城市环境地质评价信息，许多地质调查和观察的结果均为一系列离散的、在空间上分布不均匀的数据，而对许多现象的解释，往往都是基于这些数据作出的。这就要求大量使用插值技术、三维可视化技术以及对数据或模型的操作来检验多个工作假说。

三维模型系统包括三维建模、可视化、地质解译和分析等。它既可以进行表面建模，又可以进行实体建模；既可以设计空间几何对象，也可以表现空间属性分布；并且空间分析功能强大，信息表现方式灵活多样。

1. 构造地形面

构造地形面是三维建模的基础。工程区域的测量应严格按工程精度要求进行，测量数据应满足建模精度要求，若无测量原始数据点文件时，可由等高线上提取数据点，最后根据数据点生成区域的地形曲面。

2. 构造岩层面、结构面

岩层面和结构面的建模是三维地质建模核心的部分，这些面存在于地质体内部，无法直观观察到。在三维地质建模中，可以将这些无法完整观察到的面重构出来，包括它们的几何形态、相互间的位置关系等。

3. 网格模型的建立

三维模型系统提供网格模型对象和实体模型对象，解决由面模型向体模型的转化。通过这种转化方法，可以将各种地质信息加入到网络模型中（如水位信息、地质灾害信息等），从而给城市环境评价工作带来可视化的界面，方便评价工作的开展。

第十五节　环境空间分析模型技术

一、环境空间分析模型定义及分类

环境空间分析是对环境空间数据的加工和处理，包括空间分布、空间统计、空间趋势及空间形态等各方面。环境空间分析模型是环境信息系统研究的核心任务之一，是指根据实际空间信息系统的客观变化规律建立的具有空间分布意义的模型。它是一个具有广阔前景和交叉性质的研究领域。

依据考察空间模型的角度不同，环境空间分析模型具有不同的分类。

环境空间信息模型按模型的应用目的可分为识别、评价、规划、管理、仿真预报和运筹模型；按正在和可能研究的空间模型来分，大致有空间信息探索和表达模型、空间统计模型、空间相互作用模型、空间信息评价和规划模型、时间预报模型、时空动力学机理模型、时空运筹理论和空间信息误差传递模型。

此外，环境空间分析模型中的相关分析、因子分析、判别分析、聚类与主成分分析、时间序列分析、层次分析、一元与多元的线性和非线性分析等统计方法，在环境领域中都有广泛的应用。

二、环境空间分析模型构建模式

环境分析模型与 GIS 有三种常用的结合方式，分别为松结合模式、紧结合模式和嵌合模式。

1. 松结合模式

松结合模式（loose coupling）为最简单的结合模式，是指 GIS 和模型在保持系统独立性的条件下仅仅通过交换数据，使模型能够利用 GIS 处理后的参数作为输入，而模型模拟的结构也可以用 GIS 处理表达，即所谓利用 GIS 作为模型的模拟的预处理和后处理的工具。这种结合模式的特点是模型和 GIS 能保留各自单独的界面，两者操作功能也相互独立，数据交换仅停留在文件交换的水平上，模型输出和输入代码仅作少量改变就能适应 GIS 的特点，但此种结合的数据管理和转换工作量较大。

2. 紧结合模式

GIS 和环境模型分属两个系统，但拥有共同的用户界面，用户界面用来管理两个系统的公共数据和进行文件交换。紧结合模式（tight coupling）降低了独立系统间文件交换的繁琐和出错率。

3. 嵌合模式

嵌合模式（embedded）又称完全结合模式，环境模型和 GIS 都集成到一个系统中，模型和 GIS 分享同一数据库、同一用户界面和内存。在这种结合模式下，环境模型借助于 GIS 的开发语言作为分析功能一部分运行于 GIS 内部。这种系统的结合不仅要求所用 GIS 工具软件具有开放性，而且要求环境模型开发者具有良好的 GIS 知识。

三、环境空间分析模型在数字环保中的应用

（一）环境数学模型的应用

由于数学模拟具有灵活、经济的优点，所以人们往往采用数学模拟的方法来研究环境系统的变化规律，进而为环境规划管理和环境质量预测提供依据。

环境数学模型有助于深入了解环境系统内在变化的机制；预测人们的经济活动对环境系统的影响；制定区域污染物总量控制方案或控制规划；计算环境容量和污染物允许排放量；对区域环境质量进行定量的模拟和预测，由此对区域开发和建设项目进行环境影响评价；实施环境目标管理等。

（二）环境评价模型的应用

环境评价即环境质量评价，是在环境调查分析的基础上，按一定的评价标准

和方法，对一定区域范围内的环境质量进行定量、定性描述。通过环境评价模型，可以确定区域影响环境质量的主要污染物和主要污染源，查明区域环境质量的历史和现状，掌握环境质量的变化规律，预测其未来的发展趋势。

目前，最常用的环境质量评价模型有三大类：环境质量指数模型、环境质量分级模型、环境质量综合评价的半定量模型。环境质量指数模型是运用有代表性、综合性的数值来表征环境质量整体的优劣；而环境质量分级模型是在环境质量指数模型的基础上，按照一定的数学方法，将表征环境质量的各种数值综合归类，从而确定环境质量所属等级；环境质量综合评价的半定量模型是针对环境质量评价不能用确切的数字表达的半定量化的分析模型，包括列表清单法、类比调查分析法、图形叠置法等。其中图形叠置法应用最为广泛，发展最为迅速，该方法的特点是直观、形象、简单明了。目前，生态制图已经成了《环境影响评价技术导则 非污染生态影响》（HJ/T 19—1997）标准中不可缺少的重要组成部分，同时也成为 GIS 的叠置分析、缓冲区分析等空间分析功能可广泛应用的领域。

（三）环境预测模型的应用

运用环境预测模型可以根据过去和现在所掌握的环境方面的信息资料，推断、预测未来环境质量的变化和发展趋势，为环境决策提供重要的依据。目前，环境预测模型应用在各个方面，包括社会和经济发展预测、环境容量和资源预测、污染源预测、环境污染预测、环境治理和投资预测及生态环境预测等。

在大气污染预测应用方面，主要是对大气压强和大气环境质量的预测；在水污染预测应用方面，主要是对工业废水排放量、工业污染物排放量和生活污水量等的预测，对水体水质的预测目前尚处于发展、形成阶段；在土壤环境影响预测方面，主要是应用预测模型计算土壤的侵蚀量以及主要污染物在土壤中的累积或残留数量，进而预测未来土壤的环境质量状况和变化趋势；在固体废物污染预测方面，主要是对工业固体废物和城市垃圾产生量的预测，一般是进行某种模拟实验，根据试验来建立预测模型，再进行相应环境问题的预测；噪声污染预测主要包括对交通噪声和环境噪声两方面的预测。

（四）环境规划模型的应用

社会、经济、环境三者构成了一个复合的生态系统。运用环境规划模型，可以依据社会经济规律、生态规律和地学原理，对这一复合生态系统的发展变化趋势进行研究，并对人类自身活动和环境作出时间和空间上的合理安排。环境规划模型应用于生态规划、污染综合防治规划、自然保护规划，以及环境科学技术与产业发展规划多个方面。

（五）环境动力学模型的应用

污染物排放到环境系统中后，不是静止不变的，而是会对水、大气、生物、阳光等不同环境要素产生各种各样的变化和影响。环境动力学模型主要是根据污染物在流体介质中迁移转化的运动特点，以环境质量守恒定理为基础，描述污染物在流体介质中的迁移转化规律和基本特征，在环境管理和评价中具有十分广泛的应用，如利用环境动力学模型可以分析区域的水文情形变化和水质变化情况。

（六）空间决策模型的应用

空间决策系统是用各种空间分析手段对空间数据进行处理变换，以分析出隐含于空间数据中的某些事实与关系，并以文字和图形的形式加以表达。空间决策支持系统有机地集成 GIS、RS、数据仓库挖掘和多维可视化虚拟现实技术，并直接融合了空间数据处理分析能力，其提供的决策支持更客观、更具合理性。

现阶段，将 RS 技术、GIS、空间数据仓库与数据挖掘融合在系统建设与应用中，形成一个功能强大的环境调控决策支持系统，这是区域和城市环境管理综合决策的迫切需要。

第三章 支撑数字环保的标准规范

第一节 标准体系

支撑数字环保的标准体系由法律、行政法规、规范性文件、环境保护标准以及信息化标准规范组成。法律是制定数据环保相关标准的依据；行政法规是国家最高行政机关国务院依据宪法和法律制定的相关条例；规范性文件包括由国务院制定和发布的以及由环保部等主管部门制定，经国务院批准发布的文件；环境保护标准是国家、环保部等针对环境保护制定的一系列标准；信息化标准规范是国家、相关主管部门针对信息、电子政务、软件开发等制定的一系列标准，如图 3-1 所示。

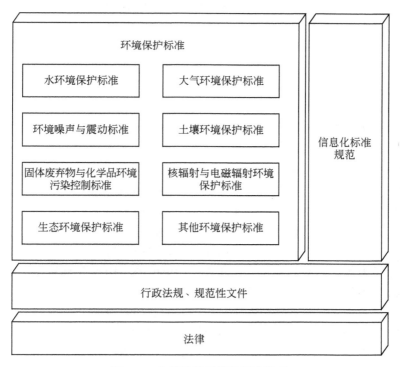

图 3-1 支撑数字环保的标准体系

第二节 法 律

法律是由国家最高权力机关，在我国是全国人民代表大会和它的常务委员会制定、颁布的规范性文件。数字环保涉及的相关法律近 30 部，主要包括污染防治、环境评价和环境保护等方面，列举如下：

(1)《中华人民共和国循环经济促进法》(2008-09)；

(2)《中华人民共和国水污染防治法》(2008-02)；

(3)《中华人民共和国城乡规划法》(2007-10)；

(4)《中华人民共和国节约能源法》(2005-02)；

(5)《中华人民共和国可再生能源法》(2005-02)；

(6)《中华人民共和国固体废物污染环境防治法》(2004-12)；

(7)《中华人民共和国防沙治沙法》(2003-12)；

(8)《中华人民共和国放射性污染防治法》(2003-06)；

(9)《中华人民共和国草原法》(2002-12)；

(10)《中华人民共和国环境影响评价法》(2002-10)；

(11)《中华人民共和国水法》(2002-10)；

(12)《中华人民共和国清洁生产促进法》(2002-06)；

(13)《中华人民共和国渔业法》(2000-10)；

(14)《中华人民共和国大气污染防治法》(2000-04)；

(15)《中华人民共和国气象法》(1999-10)；

(16)《中华人民共和国环境噪声污染防治法》(1996-10)；

(17)《中华人民共和国煤炭法》(1996-08)；

(18)《中华人民共和国农业法》(1993-07)；

(19)《中华人民共和国水土保持法》(1991-06)；

(20)《中华人民共和国环境保护法》(1989-12)；

(21)《中华人民共和国标准化法》(1988-12)；

(22)《中华人民共和国野生动物保护法》(1988-11)；

(23)《中华人民共和国土地管理法》(1986-06，1998 年修正)；

(24)《中华人民共和国矿产资源法》(1986-03，1996 年修正)；

(25)《中华人民共和国森林法》(1984-09，1998 年修正)；

(26)《中华人民共和国海洋环境保护法》(1982-08)；

(27)《中华人民共和国刑法》(1979-07，1997-03 修订)。

第三节　行　政　法　规

行政法规是由国家最高行政机关国务院，依据宪法和法律制定的规范性文件，它包括由国务院制定和发布的，以及由国务院各主管部门制定经国务院批准发布的规范性文件。行政法规中涉及环境保护的有 30 项，包括污染源普查、环境管理和应急预案等，列举如下：

（1）《废弃电器电子产品回收处理管理条例》（2009-03-05）；

（2）《中华人民共和国畜禽遗传资源进出境和对外合作研究利用审批办法》（2008-09-08）；

（3）《汶川地震灾后恢复重建条例》（2008-06-10）；

（4）《全国污染源普查条例》（2007-10-16）；

（5）《民用核安全设备监督管理条例》（2007-09-26）；

（6）《中华人民共和国防治海岸工程建设项目污染损害海洋环境管理条例》（2007-09-25）；

（7）《国务院关于修改〈中华人民共和国防治海岸工程建设项目污染损害海洋环境管理条例〉的决定》（2007-09-25）；

（8）《中华人民共和国政府信息公开条例》（2007-04-05）；

（9）《防治海洋工程建设项目污染损害海洋环境管理条例》（2006-09-19）；

（10）《中华人民共和国濒危野生动植物进出口管理条例》（2006-04-29）；

（11）《国家突发环境事件应急预案》（2006-01-24）；

（12）《放射性同位素与射线装置安全和防护条例》（2005-09-14）；

（13）《国务院对确需保留的行政审批项目设定行政许可的决定》（2004-06-29）；

（14）《危险废物经营许可证管理办法》（2004-05-30）；

（15）《医疗废物管理条例》（2003-06-04）；

（16）《排污费征收使用管理条例》（2003-01-02）；

（17）《危险化学品安全管理条例》（2002-01-26）；

（18）《法规规章备案条例》（2001-12-14）；

（19）《中华人民共和国水污染防治法实施细则》（2000-03-20）；

（20）《建设项目环境保护管理条例》（1998-11-18）；

（21）《中华人民共和国野生植物保护条例》（1996-09-30）；

（22）《淮河流域水污染防治暂行条例》（1995-08-08）；

（23）《中华人民共和国自然保护区条例》（1994-10-09）；

（24）《中华人民共和国资源税暂行条例》（1993-12-25）；

（25）《核电厂核事故应急管理条例》（1993-08-04）；

（26）《中华人民共和国防治陆源污染物污染损害海洋环境管理条例》（1990-08-01）；

（27）《建设项目环境保护管理程序》（1990-06-08）；

（28）《中华人民共和国防止拆船污染环境管理条例》（1988-05-18）；

（29）《中华人民共和国核材料管理条例》（1987-06-15）；

（30）《中华人民共和国民用核设施安全监督管理条例》（1986-10-29）；

（31）《商用密码管理条例》（1999-10-07）；

（32）《中华人民共和国计算机信息系统安全保护条例》（1994-02-18）；

（33）《电子计算机机房施工及验收规范》（1994-01-01）。

第四节 规范性文件

规范性文件是除条例以外的文件，同样是由国务院制定和发布的或由国务院各主管部门制定并经国务院批准发布的。环境保护规范性文件包括通知、公告和意见等，数字环保主要相关规范性文件列举如下：

（1）关于印发《家电下乡操作细则》的通知（2009-05-21）；

（2）关于2009年全国节能宣传周活动安排意见的通知（2009-05-18）；

（3）关于中国清洁发展机制基金及清洁发展机制项目实施企业有关企业所得税政策问题的通知（2009-04-02）；

（4）全国关停小火电机组情况（2009-03-06）；

（5）关于印发《城镇污水处理厂污泥处理处置及污染防治技术政策（试行）》的通知（2009-03-03）；

（6）国家发展和改革委员会办公厅关于印发西藏生态安全屏障保护与建设规划（2008—2030年）的通知（2009-03-03）；

（7）商务部、环境保护部关于加强外商投资节能环保统计工作的通知（2009-02-03）；

（8）商务部等发布对加工贸易禁止类目录进行调整公告（2009-01-05）；

（9）黄磷行业准入条件（2008-12-24）；

（10）焦化行业准入条件（2008年修订）（2008-12-22）；

（11）关于再生资源增值税政策的通知（2008-12-15）；

（12）关于资源综合利用及其他产品增值税政策的通知（2008-12-15）；

（13）国家发展和改革委员会办公厅关于鼓励利用电石渣生产水泥有关问题

的通知（2008-10-07）；

（14）国务院南水北调办等五部委联合发文加强东线京杭运河段航运水污染综合治理工作（2008-09-16）；

（15）关于公布节能节水专用设备企业所得税优惠目录（2008年版）和环境保护专用设备企业所得税优惠目录（2008年版）的通知（2008-09-12）；

（16）关于公布资源综合利用企业所得税优惠目录（2008年版）的通知（2008-09-11）；

（17）商务部关于柠檬酸、铁合金出口许可申领条件的公告（2008-08-27）；

（18）财政部、环境保护部关于调整环境标志产品政府采购清单的通知（2008-08-07）；

（19）财政部、国家税务总局关于调整纺织品服装等部分商品出口退税率的通知（2008-07-30）；

（20）国家发展和改革委员会、财政部关于行政机关依申请提供政府公开信息收费标准及有关问题的通知（2008-07-22）；

（21）北京市人民政府、公安部、交通运输部及环境保护部关于印发2008年北京奥运会、残奥会期间北京市交通保障方案的通知（2008-06-24）；

（22）关于提供政府公开信息收取费用等有关问题的通知（2008-06-23）；

（23）国家发展和改革委员会公布《国家重点节能技术推广目录（第一批）》的公告（2008-06-18）；

（24）新闻出版总署关于加强环境保护宣传教育工作的通知（2008-06-10）；

（25）关于切实做好地震灾区饮用水安全工作的紧急通知（2008-05-26）；

（26）农业部关于贯彻实施《中华人民共和国水污染防治法》、全面加强渔业生态环境保护工作的通知（2008-05-12）；

（27）关于印发《节能发电调度信息发布办法（试行）》的通知（2008-04-17）；

（28）商务部、海关总署公布《2008年加工贸易禁止类商品目录》的公告（2008-04-05）；

（29）国家发展和改革委员会发布《乳制品加工行业准入条件》公告（2008-03-20）；

（30）国家发展和改革委员会、财政部关于重新核定进口废物环境保护审查登记费标准的通知（2008-03-14）；

（31）国家发展和改革委员会、环境保护总局发布关于淘汰落后造纸、酒精、味精、柠檬酸生产企业的公告（2008-03-04）；

（32）国家发展和改革委员会发布《印染行业准入条件》的公告（2008-02-04）；

（33）卫生部办公厅、环境保护总局办公厅关于成立国家环境与健康工作领导小组的通知（2008-01-31）；

（34）国家发展和改革委员会、国家环境保护总局关于降低畜牧业生产建设项目环评咨询收费、加强环评管理促进畜牧业发展的通知（2008-01-10）；

（35）关于印发《关于中央企业履行社会责任的指导意见》的通知（2008-01-07）；

（36）四部门公告"2007年全国已关停小火电机组情况表"（2007-12-24）；

（37）国家发展和改革委员会关于做好中小企业节能减排工作的通知（2007-12-05）；

（38）关于发布《节能减排全民科技行动方案》的通知（2007-11-28）；

（39）财政部关于印发《城镇污水处理设施配套管网以奖代补资金管理暂行办法》的通知（2007-11-22）；

（40）关于印发《国家环境与健康行动计划》的通知（2007-11-16）；

（41）国家发展和改革委员会发布《氯碱（烧碱、聚氯乙烯）行业准入条件》的公告（2007-11-02）；

（42）国家发展和改革委员会、国家环境保护总局关于做好淘汰落后造纸、酒精、味精、柠檬酸生产能力工作的通知（2007-10-30）；

（43）国家发展和改革委员会发布《铝行业准入条件》的公告（2007-10-29）；

（44）国家发展和改革委员会修订《电石行业准入条件》，并公告实施（2007-10-19）；

（45）商务部、国家环境保护总局关于加强出口企业环境监管的通知（2007-10-15）；

（46）国家发展和改革委员会发布《平板玻璃行业准入条件》的公告（2007-09-03）；

（47）关于印发节能减排全民行动实施方案的通知（2007-08-28）；

（48）商务部办公厅、海关总署办公厅、国家环境保护总局办公厅及质检总局办公厅关于2007年第17号公告有关事项的补充通知（2007-07-06）；

（49）国家发展和改革委员会、国家环境保护总局关于印发煤炭工业节能减排工作意见的通知（2007-07-03）；

（50）财政部、国家税务总局关于调低部分商品出口退税率的通知（2007-06-19）；

（51）关于发布《中国应对气候变化科技专项行动》的通知（2007-06-13）；

（52）国家发展和改革委员会、国家环境保护总局关于印发《燃煤发电机组脱硫电价及脱硫设施运行管理办法》（试行）的通知（2007-05-29）；

（53）国家发展和改革委员会发布《当前国家鼓励发展的环保产业设备（产

品）目录（2007 年修订）》的公告（2007-04-30）；

（54）商务部、海关总署及国家环境保护总局公布《2007 年加工贸易禁止类商品目录》的公告（2007-04-05）；

（55）国家发展和改革委员会关于降低小火电机组上网电价、促进小火电机组关停工作的通知（2007-04-02）；

（56）国家发展和改革委员会关于进一步贯彻落实加快产业结构调整政策措施、遏制铝冶炼投资反弹的紧急通知（2007-04-02）；

（57）国家发展和改革委员会、国家环境保护总局关于印发现有燃煤电厂二氧化硫治理"十一五"规划的通知（2007-03-28）；

（58）商务部发布《再生资源回收管理办法》（2007-03-27）；

（59）财政部、国家环境保护总局关于调整环境标志产品政府采购清单的通知（2007-03-14）；

（60）国家发展和改革委员会、财政部关于注册环保工程师和注册土木工程师（水利水电工程）执业资格考试收费标准及有关问题的通知（2007-03-13）；

（61）国家发展和改革委员会发布《铅锌行业准入条件》的公告（2007-03-06）；

（62）关于印发卫生部、国家环境保护总局环境与健康工作协作机制的通知（2007-02-15）；

（63）国家发展和改革委员会、国家环境保护总局发布国家清洁生产专家库专家名单（第一批）的公告（2007-01-22）；

（64）国家发展和改革委员会发布《玻璃纤维行业准入条件》的公告（2007-01-18）；

（65）关于加强国家科普能力建设的若干意见（2007-01-17）；

（66）关于印发《公务员考核规定（试行）》的通知（2007-01-04）；

（67）国家发展和改革委员会发布《钨行业准入条件》、《锡行业准入条件》、《锑行业准入条件》的公告（2006-12-22）；

（68）中国人民银行、国家环境保护总局关于共享企业环保信息有关问题的通知（2006-12-19）；

（69）国家发展和改革委员会办公厅、国家环境保护总局办公厅关于开展废旧轮胎土法炼油整治工作的紧急通知（2006-12-05）；

（70）国家发展和改革委员会印发关于促进平板玻璃工业结构调整的若干意见的通知（2006-11-30）；

（71）《国家重点行业清洁生产技术导向目录》（第三批）（2006-11-27）；

（72）财政部、国家环境保护总局关于环境标志产品政府采购实施的意见

（2006-11-15）；

（73）公益性行业科研专项经费管理试行办法（2006-11-03）；

（74）商务部、海关总署、国家环境保护总局公告2006年第82号公布《加工贸易禁止类商品目录》（2006-11-01）；

（75）关于规范铅锌行业投资行为、加快结构调整指导意见的通知（2006-09-13）；

（76）国家发展和改革委员会发布《电解金属锰企业行业准入条件》的公告（2006-08-08）；

（77）国家发展和改革委员会关于加强煤化工项目建设管理、促进产业健康发展的通知（2006-07-07）；

（78）国家发展和改革委员会发布《铜冶炼行业准入条件》的公告（2006-06-30）；

（79）关于进一步加强糖精限产限销工作的通知（2006-06-21）；

（80）关于加快纺织行业结构调整、促进产业升级若干意见的通知（2006-04-29）；

（81）关于加快电石行业结构调整有关意见的通知（2006-04-21）；

（82）关于加快电力工业结构调整、促进健康有序发展有关工作的通知（2006-04-18）；

（83）印发关于加快水泥工业结构调整的若干意见的通知（2006-04-13）；

（84）关于加快铝工业结构调整指导意见的通知（2006-04-11）；

（85）关于印发加快煤炭行业结构调整、应对产能过剩的指导意见的通知（2006-04-10）；

（86）关于推进铁合金行业加快结构调整的通知（2006-04-05）；

（87）商务部、海关总署、国家质量监督检验检疫总局及国家环境保护总局公告2005年第117号（2006-03-01）；

（88）电子信息产品污染控制管理办法（2006-02-28）；

（89）财政部、国土资源部和国家环境保护总局关于逐步建立矿山环境治理和生态恢复责任机制的指导意见（2006-02-10）；

（90）商务部、海关总署、国家环境保护总局及国家质量监督检验检疫总局公布《限制进口放射性同位素目录》的公告（2006-01-28）；

（91）商务部、海关总署和国家环境保护总局公布《禁止进口货物目录》（第六批）和《禁止出口货物目录》（第三批）的公告（2005-12-31）；

（92）关于加工贸易禁止类商品公告（2005-12-11）；

（93）关于控制部分高耗能、高污染、资源性产品出口有关措施的通知（2005-

12-09）；

（94）关于印发《注册环保工程师制度暂行规定》、《注册环保工程师资格考试实施办法》和《注册环保工程师资格考核认定办法》的通知（2005-09-21）；

（95）财政部关于印发《中央预算内固定资产投资贴息资金财政财务管理暂行办法》的通知（2005-07-26）；

（96）关于进一步加强旅游生态环境保护工作的通知（2005-06-16）；

（97）国家开发银行、科学技术部关于推动科技型中小企业融资工作有关问题的通知（2005-04-13）；

（98）国家发展和改革委员会发布《电石行业准入条件》、《铁合金行业准入条件》和《焦化行业准入条件》的公告（2004-12-16）；

（99）商务部、国家环境保护总局关于2005年部分受控消耗臭氧层物质进出口管理的公告（2004-11-30）；

（100）关于印发《注册核安全工程师执业资格考试实施办法》和《注册核安全工程师执业资格考核认定办法》的通知（2003-09-01）；

（101）关于排污费收缴有关问题的通知（2003-07-01）；

（102）关于减免及缓缴排污费有关问题的通知（2003-06-03）；

（103）财政部、国家税务总局、海关总署、科技部及新闻出版总署关于鼓励科普事业发展税收政策问题的通知（2003-05-08）；

（104）商务部、海关总署、质检总局及国家环境保护总局公布《限制进口类可用作原料的废物目录》（第二批）的公告（2003-04-24）；

（105）关于印发《关于环保部门实行收支两条线管理后经费安排的实施办法》的通知（2003-04-08）；

（106）《国家重点行业清洁生产技术导向目录》（第二批）（2003-02-27）；

（107）禁止未达到排污标准的企业生产、出口柠檬酸产品（2002-12-13）；

（108）关于印发《注册核安全工程师执业资格制度暂行规定》的通知（2002-11-19）；

（109）对外贸易经济合作部、海关总署和国家环境保护总局发布《禁止进口货物目录》（第四批、第五批）的公告（2002-07-03）；

（110）国家经贸委、国家税务总局公布《当前国家鼓励发展的环保产业设备（产品）目录》（第二批）的公告（2002-05-08）；

（111）对外贸易经济合作部、国家环境保护总局关于2002年受控消耗臭氧层物质进口配额总量的公告（2002-03-09）；

（112）对外贸易经济合作部、国家环境保护总局、海关总署及国家质量监督检验检疫总局关于发布限制进口类可用作原料的废物目录（第一批）的公告

(2001-12-30);

(113) 对外贸易经济合作部、海关总署和国家环境保护总局发布《禁止进口货物目录》(第三批) 的公告 (2001-12-23);

(114) 当前国家鼓励发展的环保产业设备 (产品) 目录 (第一批) (2000-02-23);

(115) 国家经贸委发布《国家重点行业清洁生产技术导向目录》(第一批) (1999-04-08);

(116) 关于在气雾剂行业禁止使用氯氟化碳类物质的通告 (1997-06-05);

(117) 自然保护区土地管理办法 (1995-07-24);

(118) 环境保护计划管理办法 (1994-09-15);

(119) 国家密码管理委员会办公室公告 (第一号) (2005-03-25);

(120) 中国计算机信息网络国际联网管理暂行规定实施办法 (1997-12-08);

(121) 计算机信息系统国际联网保密暂行规定 (2000-01-01);

(122) 计算机信息网络国际联网安全保护管理办法 (1997-12-30);

(123) 中国公用计算机互联网国际联网管理办法 (2002-05-27);

(124) 计算机机房用活动地板技术条件 (1986-07-31)。

第五节　环境保护标准

环境保护标准是国家以保护环境为目的制定的一系列标准,主要包括水环境保护标准、大气环境保护标准、环境噪声与振动标准、土壤环境保护标准、固体废物与化学品环境污染控制标准、核辐射与电磁辐射环境保护标准、生态环境保护标准,以及其他环境保护标准等。

各个标准系列中又包括:

(1) 环境质量标准,是为了保护人体健康和生存环境,维护生态平衡和自然资源的合理利用,对环境中污染物和有害因素的允许含量所作的限制性规定。例如,水质量标准、大气质量标准、土壤质量标准、生物质量标准,以及噪声、辐射、振动、放射性物质等的质量标准。其中水质量标准又可分为地下水水质标准、海水水质标准、生活饮用水水质标准、工业用水水质标准和渔业水质标准等。

(2) 污染物排放标准,是为了实现环境标准的要求,对污染源排入环境的污染物质或各种有害因素所作的限制性规定。污染物排放标准可分为大气污染物排放标准、水污染物排放标准及固体废弃物等污染控制标准。

(3) 环境监测方法标准,是为了监测环境质量和污染物排放,规范采样、分析测试、数据处理等技术所制定的试验方法标准。

环境保护标准同时也是数字环保必须遵守的标准，下面列出主要的环境保护标准，包括水环境保护标准、大气环境保护标准、环境噪声与振动标准、土壤环境保护标准、固体废物与化学品环境污染控制标准、核辐射与电磁辐射环境保护标准、生态环境保护标准，以及其他环境保护标准等。

一、水环境保护标准

（一）水环境质量标准

（1）《地表水环境质量标准》（GB 3838—2002）；

（2）《海水水质标准》（GB 3097—1997）；

（3）《地下水质量标准》（GB/T 14848—93）；

（4）《农田灌溉水质标准》（GB 5084—92）；

（5）《渔业水质标准》（GB 11607—89）。

（二）水污染物排放标准

（1）《杂环类农药工业水污染物排放标准》（GB 21523—2008）；

（2）《制浆造纸工业水污染物排放标准》（GB 3544—2008）；

（3）《电镀污染物排放标准》（GB 21900—2008）；

（4）《羽绒工业水污染物排放标准》（GB 21901—2008）；

（5）《合成革与人造革工业污染物排放标准》（GB 21902—2008）；

（6）《发酵类制药工业水污染物排放标准》（GB 21903—2008）；

（7）《化学合成类制药工业水污染物排放标准》（GB 21904—2008）；

（8）《提取类制药工业水污染物排放标准》（GB 21905—2008）；

（9）《中药类制药工业水污染物排放标准》（GB 21906—2008）；

（10）《生物工程类制药工业水污染物排放标准》（GB 21907—2008）；

（11）《混装制剂类制药工业水污染物排放标准》（GB 21908—2008）；

（12）《制糖工业水污染物排放标准》（GB 21909—2008）；

（13）《皂素工业水污染物排放标准》（GB 20425—2006）；

（14）《煤炭工业污染物排放标准》（GB 20426—2006）；

（15）《医疗机构水污染物排放标准》（GB 18466—2005）；

（16）《啤酒工业污染物排放标准》（GB 19821—2005）；

（17）《柠檬酸工业污染物排放标准》（GB 19430—2004）；

（18）《味精工业污染物排放标准》（GB 19431—2004）；

（19）《兵器工业水污染物排放标准 火炸药》（GB 14470.1—2002）；

（20）《兵器工业水污染物排放标准 火工药剂》（GB 14470.2—2002）；

（21）《兵器工业水污染物排放标准 弹药装药》（GB 14470.3—2002）；

（22）《城镇污水处理厂污染物排放标准》（GB 18918—2002）；

（23）《合成氨工业水污染物排放标准》（GB 13458—2001）；

（24）《污水海洋处置工程污染控制标准》（GB 18486—2001）；

（25）《畜禽养殖业污染物排放标准》（GB 18596—2001）；

（26）《污水综合排放标准》（GB 8978—1996）；

（27）《磷肥工业水污染物排放标准》（GB 15580—1995）；

（28）《烧碱、聚氯乙烯工业水污染物排放标准》（GB 15580—1995）；

（29）《航天推进剂水污染物排放标准》（GB 14374—93）；

（30）《钢铁工业水污染物排放标准》（GB 13456—92）；

（31）《肉类加工工业水污染物排放标准》（GB 13457—92）；

（32）《纺织染整工业水污染物排放标准》（GB 4287—92）；

（33）《海洋石油开发工业含油污水排放标准》（GB 4914—85）；

（34）《船舶工业污染物排放标准》（GB 4286—84）；

（35）《船舶污染物排放标准》（GB 3552—83）。

（三）水检测规范、方法标准

（1）《地震灾区地表水环境质量与集中式饮用水水源监测技术指南（暂行）》（环境保护部公告 2008 年第 14 号）；

（2）《近岸海域环境监测规范》（HJ 442—2008）；

（3）《水质 二噁英类的测定 同位素稀释高分辨气相色谱-高分辨质谱法》（HJ 77.1 - 2008）；

（4）《水质 汞的测定 冷原子荧光法（试行）》（HJ/T 341—2007）；

（5）《水质 硫酸盐的测定 铬酸钡分光光度法（试行）》（HJ/T 342—2007）；

（6）《水质 氯化物的测定 硝酸汞滴定法（试行）》（HJ/T 343—2007）；

（7）《水质 锰的测定 甲醛肟分光光度法（试行）》（HJ/T 344—2007）；

（8）《水质 铁的测定 邻菲罗啉分光光度法（试行）》（HJ/T 345—2007）；

（9）《水质 硝酸盐氮的测定 紫外分光光度法（试行）》（HJ/T 346—2007）；

（10）《水质 粪大肠菌群的测定 多管发酵法和滤膜法（试行）》（HJ/T 347—2007）；

（11）《水污染源在线监测系统安装技术规范（试行）》（HJ/T 353—2007）；

（12）《水污染源在线监测系统验收技术规范（试行）》（HJ/T 354—2007）；

（13）《水污染源在线监测系统运行与考核技术规范（试行）》（HJ/T 355—2007）；

（14）《水污染源在线监测系统数据有效性判别技术规范（试行）》（HJ/T 356—2007）；

（15）《水质自动采样器技术要求及检测方法》（HJ/T 372—2007）；

（16）《固定污染源监测质量保证与质量控制技术规范（试行)》（HJ/T 373—2007）；

（17）《水质 化学需氧量的测定 快速消解分光光度法》（HJ/T 399—2007）；

（18）《水质 氨氮的测定 气相分子吸收光谱法》（HJ/T 195—2005）；

（19）《水质 凯氏氮的测定 气相分子吸收光谱法》（HJ/T 196—2005）；

（20）《水质 亚硝酸盐氮的测定 气相分子吸收光谱法》（HJ/T 197—2005）；

（21）《水质 硝酸盐氮的测定 气相分子吸收光谱法》（HJ/T 198—2005）；

（22）《水质 总氮的测定 气相分子吸收光谱法》（HJ/T 199—2005）；

（23）《水质 硫化物的测定 气相分子吸收光谱法》（HJ/T 200—2005）；

（24）《地下水环境监测技术规范》（HJ/T 164—2004）；

（25）《高氯废水 化学需氧量的测定 碘化钾碱性高锰酸钾法》（HJ/T 132—2003）；

（26）《水质 生化需氧量（BOD）的测定 微生物传感器快速测定法》（HJ/T 86—2002）；

（27）《地表水和污水监测技术规范》（HJ/T 91—2002）；

（28）《水污染物排放总量监测技术规范》（HJ/T 92—2002）；

（29）《高氯废水 化学需氧量的测定 氯气校正法》（HJ/T 70—2001）；

（30）《水质 总有机碳的测定 燃烧氧化-非分散红外吸收法》（HJ/T 71—2001）；

（31）《水质 邻苯二甲酸二甲（二丁、二辛）酯的测定 液相色谱法》（HJ/T 72—2001）；

（32）《水质 丙烯腈的测定 气相色谱法》（HJ/T 73—2001）；

（33）《水质 氯苯的测定 气相色谱法》（HJ/T 74—2001）；

（34）《水质可吸附有机卤素（AOX）的测定离子色谱法》（J/T 83—2001）；

（35）《水质无机阴离子的测定离子色谱法》（HJ/T 84—2001）；

（36）《水质 铍的测定 铬箐R分光光度法》（HJ/T 58—2000）；

（37）《水质 铍的测定 石墨炉原子吸收分光光度法》（HJ/T 59—2000）；

（38）《水质 硫化物的测定 碘量法》（HJ/T 60—2000）；

（39）《水质 硼的测定 姜黄素分光光度法》（HJ/T 49—1999）；

（40）《水质 三氯乙醛的测定 吡唑啉酮分光光度法》（HJ/T 50—1999）；

（41）《水质 全盐量的测定 重量法》（HJ/T 51—1999）；

（42）《水质 河流采样技术指导》（HJ/T 52—1999）；

（43）《水质 挥发性卤代烃的测定 顶空气相色普法》（GB/T 17130—1997）；

（44）《水质 1,2-二氯苯、1,4-二氯苯、1,2,4-三氯苯的测定 气相色谱法》（GB/T 17131—1997）；

（45）《环境 甲基汞的测定 气相色谱法》（GB/T 17132—1997）；

（46）《水质 硫化物的测定 直接显色分光光度法》（GB/T 17133—1997）；

（47）《水质 石油类和动植物油的测定 红外光度法》（GB/T 16488—1996）；

（48）《水质 硫化物的测定 亚甲基蓝分光光度法》（GB/T 16489—1996）；

（49）《环境中有机污染物遗传毒性检测的样品前处理规范》（GB/T 15440—1995）；

（50）《水质 急性毒性的测定 发光细菌法》（GB/T 15441—1995）；

（51）《水质 钒的测定 钽试剂（BPHA）萃取分光光度法》（GB/T 15503—1995）；

（52）《水质 二氧化碳的测定 二乙胺乙酸铜分光光度法》（GB/T 15504—1995）；

（53）《水质 硒的测定 石墨炉原子吸收分光光度法》（GB/T 15505—1995）；

（54）《水质 钡的测定 原子吸收分光光度法》（GB/T 15506—1995）；

（55）《水质 肼的测定 对二甲氨基苯甲醛分光光度法》（GB/T 15507—1995）；

（56）《水质 可吸附有机卤素（AOX）的测定 微库仑法》（GB/T 15959—1995）；

（57）《水质 烷基汞的测定 气相色谱法》（GB/T 14204—93）；

（58）《水质 一甲基肼的测定 对二甲氨基苯甲醛分光光度法》（GB/T 14375—93）；

（59）《水质 偏二甲基肼的测定 氨基亚铁氰化钠分光光度法》（GB/T 14376—93）；

（60）《水质 三乙胺的测定 溴酚蓝分光光度法》（GB/T 14377—93）；

（61）《水质 二乙烯烷三胺的测定 水杨醛分光光度法》（GB/T 14378—93）；

（62）《水和土壤质量 有机磷农药的测定 气相色谱法》（GB/T 14552—93）；

（63）《水质 湖泊和水库采样技术指导》（GB/T 14581—93）；

（64）《水质 钡的测定 电位滴定法》（GB/T 14671—93）；

（65）《水质 吡啶的测定 气相色谱法》（GB/T 14672—93）；

（66）《水质 钒的测定 石墨炉原子吸收分光光度法》（GB/T 14673—93）；

（67）《水质 铅的测定 示波极普法》（GB/T 13896—92）；

（68）《水质 硫氰酸盐的测定 异烟酸-吡唑啉酮分光光度法》（GB/T 13897—92）；

（69）《水质 铁（Ⅱ、Ⅲ）氰络合物的测定 原子吸收分光光度法》（GB/T 13898—92）；

（70）《水质 铁（Ⅱ、Ⅲ）氰络合物的测定 三氯化铁分光光度法》（GB/T 13899—92）；

（71）《水质 黑索金的测定 分光光度法》（GB/T 13900—92）；

（72）《水质 二硝基甲苯示波极谱法》（GB/T 13901—92）；

（73）《水质 硝化甘油的测定 示波极谱法》（GB/T 13902—92）；

（74）《水质 梯恩梯的测定》（GB/T 13903—92）；

（75）《水质 梯恩梯、黑索金、地恩梯的测定 气相色谱法》（GB/T 13904—92）；

（76）《水质 梯恩梯的测定 亚硫酸钠分光光度法》（GB/T 13905—92）；

（77）《水质 微型生物群落监测 PFU 法》（GB/T 12990—91）；

（78）《水质采样方案设计规定》（GB/T 12997—91）；

（79）《水质采样技术指导》（GB/T 12998—91）；

（80）《水质采样样品的保存和管理技术规定》（GB/T 12999—91）；

（81）《水质 有机磷农药的测定 气相色谱法》（GB/T 13192—91）；

（82）《水质 总有机碳（TOC）的测定 非色散红外线吸收法》（GB/T 13193—91）；

（83）《水质 硝基苯、硝基甲苯、硝基氯苯、二硝基甲苯的测定 气相色谱法》（GB/T 13194—91）；

（84）《水质 水温的测定 温度计或颠倒温度计测定法》（GB/T 13195—91）；

（85）《水质 硫酸盐的测定 火焰原子吸收分光光度法》（GB/T 13196—91）；

（86）《水质 甲醛的测定 乙酰丙酮分光光度法》（GB/T 13197—91）；

（87）《水质 六种特定多环芳烃的测定 高效液相色谱法》（GB/T 13198—91）；

（88）《水质 阴离子洗涤剂测定 电位滴定法》（GB/T 13199—91）；

（89）《水质 浊度的测定》（GB/T 13200—91）；

（90）《水质物质对蚤类（大型蚤）急性毒性测定方法》（GB/T 13266—91）；

（91）《水质 物质对淡水鱼（斑马鱼）急性毒性测定方法》（GB/T 13267—91）；

（92）《水质 苯胺类化合物的测定 N-（1-萘基）乙二胺偶氮分光光度法》（GB/T 11889—89）；

(93)《水质 苯系物的测定 气相色谱法》（GB/T 11890—89）；

(94)《水质 凯氏氮的测定》（GB/T 11891—89）；

(95)《水质 高锰酸盐指数的测定》（GB/T 11892—89）；

(96)《水质 总磷的测定 钼酸铵分光光度法》（GB/T 11893—89）；

(97)《水质 总氮的测定 碱性过硫酸钾消解紫外分光光度法》（GB/T 11894—89）；

(98)《水质 苯并(a)芘的测定 乙酰化滤纸层析荧光分光光度法》（GB/T 11895—89）；

(99)《水质 氯化物的测定 硝酸银滴定法》（GB/T 11896—89）；

(100)《水质 游离氯和总氯的测定 N，N-二乙基-1,4-苯二胺滴定法》（GB/T 11897—89）；

(101)《水质 游离氯和总氯的测定 N，N-二乙基-1,4-苯二胺分光光度法》（GB/T 11898—89）；

(102)《水质 硫酸盐的测定 重量法》（GB/T 11899—89）；

(103)《水质 痕量砷的测定 硼氢化钾-硝酸银分光光度法》（GB/T 11900—89）；

(104)《水质 悬浮物的测定 重量法》（GB/T 11901—89）；

(105)《水质 硒的测定 2,3-二氨基萘荧光法》（GB/T 11902—89）；

(106)《水质 色度的测定》（GB/T 11903—89）；

(107)《水质 钾和钠的测定 火焰原子吸收分光光度法》（GB/T 11904—89）；

(108)《水质 钙和镁的测定 原子吸收分光光度法》GB/T 11905—89）；

(109)《水质 锰的测定 高碘酸钾分光光度法》（GB/T 11906—89）；

(110)《水质 银的测定 火焰原子吸收分光光度法》（GB/T 11907—89）；

(111)《水质 银的测定 镉试剂 2B 分光光度法》（GB/T 11908—89）；

(112)《水质 银的测定 3,5-Br2-PADAP 分光光度法》（GB/T 11909—89）；

(113)《水质 镍的测定 丁二酮肟分光光度法》（GB/T 11910—89）；

(114)《水质 铁、锰的测定 火焰原子吸收分光光度法》（GB/T 11911—89）；

(115)《水质 镍的测定 火焰原子吸收分光光度法》（GB/T 11912—89）；

(116)《水质 溶解氧的测定 电化学探头法》（GB/T 11913—89）；

(117)《水质 化学需氧量的测定 重铬酸盐法》（GB/T 11914—89）；

(118)《水质 五氯酚的测定 气相色谱法》（GB/T 8972—88）；

(119)《水质 五氯酚的测定 藏红 T 分光光度法》（GB/T 9803—88）；

(120)《水质 总铬的测定》（GB/T 7466—87）；

(121)《水质 六价铬的测定 二苯碳酰二肼分光光度法》（GB/T 7467—87）；

（122）《水质 总汞的测定 冷原子吸收分光光度法》（GB/T 7468—87）；

（123）《水质 总汞的测定 高锰酸钾-过硫酸钾消解法 双硫腙分光光度法》（GB/T 7469—87）；

（124）《水质 铅的测定 双硫腙分光光度法》（GB/T 7470—87）；

（125）《水质 镉的测定 双硫腙分光光度法》（GB/T 7471—87）；

（126）《水质 锌的测定 双硫腙分光光度法》（GB/T 7472—87）；

（127）《水质 铜的测定 2,9-二甲基-1,10-邻菲罗啉分光光度法》（GB/T 7473—87）；

（128）《水质 铜的测定 二乙基二硫代氨基甲酸钠分光光度法》（GB/T 7474—87）；

（129）《水质 铜、锌、铅、镉的测定 原子吸收分光光度法》（GB/T 7475—87）；

（130）《水质 钙的测定 EDTA 滴定法》（GB/T 7476—87）；

（131）《水质 钙和镁总量的测定 EDTA 滴定法》（GB/T 7477—87）；

（132）《水质 铵的测定 蒸馏和滴定法》（GB/T 7478—87）；

（133）《水质 铵的测定 纳氏试剂比色法》（GB/T 7479—87）；

（134）《水质 硝酸盐氮的测定 酚二磺酸分光光度法》（GB/T 7480—87）；

（135）《水质 铵的测定 水杨酸分光光度法》（GB/T 7481—87）；

（136）《水质 氟化物的测定 茜素磺酸锆目视比色法》（GB/T 7482—87）；

（137）《水质 氟化物的测定 氟试剂分光光度法》（GB/T 7483—87）；

（138）《水质 氟化物的测定 离子选择电极法》（GB/T 7484—87）；

（139）《水质 总砷的测定 二乙基二硫代氨基甲酸银分光光度法》（GB/T 7485—87）；

（140）《水质 氰化物的测定 第一部分 总氰化物的测定》（GB/T 7486—87）；

（141）《水质 氰化物的测定 第二部分 氰化物的测定》（GB/T 7487—87）；

（142）《水质 五日生化需氧量（BOD_5）的测定 稀释与接种法》（GB/T 7488—87）；

（143）《水质 溶解氧的测定 碘量法》（GB/T 7489—87）；

（144）《水质 挥发酚的测定 蒸馏后 4-氨基安替比林分光光度法》（GB/T 7490—87）；

（145）《水质 挥发酚的测定 蒸馏后溴化容量法》（GB/T 7491—87）；

（146）《水质 六六六、滴滴涕的测定 气相色谱法》（GB/T 7492—87）；

（147）《水质 亚硝酸盐氮的测定 分光光度法》（GB/T 7493—87）；

（148）《水质 阴离子表面活性剂的测定 亚甲蓝分光光度法》（GB/T 7494—87）；

（149）《水质 pH 值的测定 玻璃电极法》（GB/T 6920—86）；

（150）《工业废水 总硝基化合物的测定 分光光度法》（GB/T 4918—85）；

（151）《工业废水 总硝基化合物的测定 气相色谱法》（GB/T 4919—85）。

（四）相关标准

（1）《地震灾区饮用水安全保障应急技术方案（暂行）》（环境保护部公告 2008 年第 14 号）；

（2）《地震灾区集中式饮用水水源保护技术指南（暂行）》（环境保护部公告 2008 年第 14 号）；

（3）《饮用水水源保护区标志技术要求》（HJ/T 433—2008）；

（4）《饮用水水源保护区划分技术规范》（HJ/T 338—2007）；

（5）《紫外（UV）吸收水质自动在线监测仪技术要求》（HJ/T 191—2005）；

（6）《pH 水质自动分析仪技术要求》（HJ/T 96—2003）；

（7）《电导率水质自动分析仪技术要求》（HJ/T 97—2003）；

（8）《浊度水质自动分析仪技术要求》（HJ/T 98—2003）；

（9）《溶解氧（DO）水质自动分析仪技术要求》（HJ/T 99—2003）；

（10）《高锰酸盐指数水质自动分析仪技术要求》（HJ/T 100—2003）；

（11）《氨氮水质自动分析仪技术要求》（HJ/T 101—2003）；

（12）《总氮水质自动分析仪技术要求》（HJ/T 102—2003）；

（13）《总磷水质自动分析仪技术要求》（HJ/T 103—2003）；

（14）《总有机碳（TOC）水质自动分析仪技术要求》（HJ/T 104—2003）；

（15）《近岸海域环境功能区划分技术规范》（HJ/T 82—2001）；

（16）《水质 词汇 第三部分～第七部分》（GB/T 11915—89）；

（17）《制订地方水污染物排放标准的技术原则与方法》（GB 3839—83）。

二、大气环境保护标准

（一）大气环境质量标准

（1）《室内空气质量标准》（GB/T 18883—2002）；

（2）《环境空气质量标准》（GB 3095—1996）；

（3）《保护农作物的大气污染物最高允许浓度》（GB 9137—88）。

（二）大气污染物排放标准

（1）《煤层气（煤矿瓦斯）排放标准（暂行）》（GB 21522—2008）；

（2）《电镀污染物排放标准》（GB 21900—2008）；

（3）《合成革与人造革工业污染物排放标准》（GB 21902—2008）；

（4）《储油库大气污染物排放标准》（GB 20950—2007）；

（5）《加油站大气污染物排放标准》（GB 20952—2007）；

（6）《煤炭工业污染物排放标准》（GB 20426—2006）；

（7）《水泥工业大气污染物排放标准》（GB 4915—2004）；

（8）《火电厂大气污染物排放标准》（GB 13223—2003）；

（9）《锅炉大气污染物排放标准》（GB 13271—2001）；

（10）《饮食业油烟排放标准（试行）》（GB 18483—2001）；

（11）《工业炉窑大气污染物排放标准》（GB 9078—1996）；

（12）《炼焦炉大气污染物排放标准》（GB 16171—1996）；

（13）《大气污染物综合排放标准》（GB 16297—1996）；

（14）《恶臭污染物排放标准》（GB 14554—93）；

（15）《重型车用汽油发动机与汽车排气污染物排放限值及测量方法（中国Ⅲ、Ⅳ阶段）》（GB 14762—2008）；

（16）《摩托车污染物排放限值及测量方法（工况法，中国第Ⅲ阶段）》（GB 14622—2007）；

（17）《轻便摩托车污染物排放限值及测量方法（工况法，中国第Ⅲ阶段）》（GB 18176—2007）；

（18）《非道路移动机械用柴油机排气污染物排放限值及测量方法（中国Ⅰ、Ⅱ阶段）》（GB 20891—2007）；

（19）《汽油运输大气污染物排放标准》（GB 20951—2007）；

（20）《摩托车和轻便摩托车燃油蒸发污染物排放限值及测量方法》（GB 20998—2007）；

（21）《车用压燃式发动机和压燃式发动机汽车排气烟度排放限值及测量方法》（GB 3847—2005）；

（22）《装用点燃式发动机重型汽车曲轴箱污染物排放限值》（GB 11340—2005）；

（23）《装用点燃式发动机重型汽车燃油蒸发污染物排放限值》（GB 14763—2005）；

（24）《车用压燃式、气体燃料点燃式发动机与汽车排气污染物排放限值及测量方法（中国Ⅲ、Ⅳ、Ⅴ阶段）》（GB 17691—2005）；

（25）《点燃式发动机汽车排气污染物排放限值及测量方法（双怠速法及简易工况法）》（GB 18285—2005）；

（26）《轻型汽车污染物排放限值及测量方法（中国Ⅲ、Ⅳ阶段）》（GB

18352. 3—2005）；

（27）《三轮汽车和低速货车用柴油机排气污染物排放限值及测量方法（中国Ⅰ、Ⅱ阶段）》（GB 19756—2005）；

（28）《摩托车和轻便摩托车排气烟度排放限值及测量方法》（GB 19758—2005）；

（29）《摩托车和轻便摩托车排气污染物排放限值及测量方法（怠速法）》（GB 14621—2002）；

（30）《车用点燃式发动机及装用点燃式发动机汽车排气污染物排放限值及测量方法》（GB 14762—2002）；

（31）《农用运输车自由加速烟度排放限值及测量方法》（GB 18322—2002）；

（32）《车用压燃式发动机排气污染物排放限值及测量方法》（GB 17691—2001）；

（33）《轻型汽车污染物排放限值及测量方法（Ⅰ）》（GB 18352.1—2001）。

（三）相关监测规范、方法标准

（1）《环境空气和废气二噁英类的测定 同位素稀释高分辨气相色谱 - 高分辨质谱法》（HJ 77.2—2008）；

（2）《环境空气质量监测规范（试行）》（国家环境保护总局公告 2007 年第 4 号）；

（3）《非道路移动机械用柴油机排气污染物排放限值及测量方法（中国Ⅰ、Ⅱ阶段）》（GB 20891—2007）；

（4）《固定污染源烟气排放连续监测技术规范（试行）》（HJ/T 75—2007）；

（5）《固定污染源烟气排放连续监测系统技术要求及检测方法（试行）》（HJ/T 76—2007）；

（6）《固定污染源监测质量保证与质量控制技术规范（试行）》（HJ/T 373—2007）；

（7）《固定源废气监测技术规范》（HJ/T 397—2007）；

（8）《固定污染源排放烟气黑度的测定 林格曼烟气黑度图法》（HJ/T 398—2007）；

（9）《车内挥发性有机物和醛酮类物质采样测定方法》（HJ/T 400—2007）；

（10）《降雨自动采样器技术要求及检测方法》（HJ/T 174—2005）；

（11）《降雨自动监测仪技术要求及检测方法》（HJ/T 175—2005）；

（12）《环境空气质量自动监测技术规范》（HJ/T 193—2005）；

（13）《环境空气质量手工监测技术规范》（HJ/T 194—2005）；

（14）《酸沉降监测技术规范》（HJ/T 165—2004）；

（15）《室内环境空气质量监测技术规范》（HJ/T 167—2004）；

（16）《PM10 采样器技术要求及检测方法》（HJ/T 93—2003）；

（17）《饮食业油烟净化设备技术方法及检测技术规范（试行）》（HJ/T 62—2001）；

（18）《大气固定污染源 镍的测定 火焰原子吸收分光光度法》（HJ/T 63.1—2001）；

（19）《大气固定污染源 镍的测定 石墨炉原子吸收分光光度法》（HJ/T 63.2—2001）；

（20）《大气固定污染源 镍的测定 丁二酮肟-正丁醇萃取分光光度法》（HJ/T 63.3—2001）；

（21）《大气固定污染源 镉的测定 火焰原子吸收分光光度法》（HJ/T 64.1—2001）；

（22）《大气固定污染源 镉的测定 石墨炉原子吸收分光光度法》（HJ/T 64.2—2001）；

（23）《大气固定污染源 镉的测定 对-偶氮苯重氮氨基偶氮苯磺酸分光光度法》（HJ/T 64.3—2001）；

（24）《大气固定污染源 锡的测定 石墨炉原子吸收分光光度法》（HJ/T 65—2001）；

（25）《大气固定污染源 氯苯类化合物的测定 气相色谱法》（HJ/T 66—2001）；

（26）《大气固定污染源 氟化物的测定 离子选择电极法》（HJ/T 67—2001）；

（27）《大气固定污染源 苯胺类的测定 气相色谱法》（HJ/T 68—2001）；

（28）《燃煤锅炉烟尘和二氧化硫排放总量核定技术方法——物料衡算法（试行）》（HJ/T 69—2001）；

（29）《车用压燃式发动机排气污染物测量方法》（HJ/T 54—2000）；

（30）《大气污染物无组织排放监测技术导则》（HJ/T 55—2000）；

（31）《固定污染源排气中二氧化硫的测定 碘量法》（HJ/T 56—2000）；

（32）《固定污染源排气中二氧化硫的测定 电位电解法》（HJ/T 57—2000）；

（33）《固定污染源排气中氯化氢的测定 硫氰酸汞分光光度法》（HJ/T 27—1999）；

（34）《固定污染源排气中氰化氢的测定 异烟酸-吡唑啉酮分光光度法》（HJ/T 28—1999）；

（35）《固定污染源排气中铬酸雾的测定 二苯基碳酰二肼分光光度法》（HJ/T 29—1999）；

（36）《固定污染源排气中氯气的测定 甲基橙分光光度法》（HJ/T 30—1999）；

（37）《固定污染源排气中光气的测定 苯胺紫外分光光度法》（HJ/T 31—1999）；

（38）《固定污染源排气中酚类化合物的测定 4-氨基安替比林分光光度法》（HJ/T 32—1999）；

（39）《固定污染源排气中甲醇的测定 气相色谱法》（HJ/T 33—1999）；

（40）《固定污染源排气中氯乙烯的测定 气相色谱法》（HJ/T 34—1999）；

（41）《固定污染源排气中乙醛的测定 气相色谱法》（HJ/T 35—1999）；

（42）《固定污染源排气中丙烯醛的测定 气相色谱法》（HJ/T 36—1999）；

（43）《固定污染源排气中丙烯腈的测定 气相色谱法》（HJ/T 37—1999）；

（44）《固定污染源排气中非甲烷总烃的测定 气相色谱法》（HJ/T 38—1999）；

（45）《固定污染源排气中氯苯类的测定 气相色谱法》（HJ/T 39—1999）；

（46）《固定污染源排气中苯并［a］芘的测定 高效液相色谱法》（HJ/T 40—1999）；

（47）《固定污染源排气中石棉尘的测定 镜检法》（HJ/T 41—1999）；

（48）《固定污染源排气中氮氧化物的测定 紫外分光光度法》（HJ/T 42—1999）；

（49）《固定污染源排气中氮氧化物的测定 盐酸萘乙二胺分光光度法》（HJ/T 43—1999）；

（50）《固定污染源排气中一氧化碳的测定 非色散红外吸收法》（HJ/T 44—1999）；

（51）《固定污染源排气中沥青烟的测定 重量法》（HJ/T 45—1999）；

（52）《定电位电解法二氧化硫测定仪技术条件》（HJ/T 46—1999）；

（53）《烟气采样器技术条件》（HJ/T 47—1999）；

（54）《烟尘采样器技术条件》（HJ/T 48—1999）；

（55）《烟度卡标准》（GB 9804—1996）；

（56）《固定污染源排气中颗粒物测定与气态污染物采样方法》（GB/T 16157—1996）；

（57）《环境空气质量功能区划分原则与技术方法》（HJ/T 14—1996）；

（58）《环境空气 总悬浮颗粒物的测定 重量法》（GB/T 15432—1995）；

（59）《环境空气 氟化物的测定 石灰滤纸·氟离子选择电极法》（GB/T 15433—1995）；

（60）《环境空气 氟化物质量浓度的测定 滤膜·氟离子选择电极法》（GB/T

15434—1995）；

（61）《环境空气 二氧化氮的测定 Saltzman 法》（GB/T 15435—1995）；

（62）《环境空气 氮氧化物的测定 Saltzman 法》（GB/T 15436—1995）；

（63）《环境空气 臭氧的测定 靛蓝二磺酸钠分光光度法》（GB/T 15437—1995）；

（64）《环境空气 臭氧的测定 紫外光度法》（GB/T 15438—1995）；

（65）《环境空气 苯并 ［a］ 芘的测定 高效液相色谱法》（GB/T 15439—1995）；

（66）《空气质量 硝基苯类 （一硝基和二硝基化合物） 的测定 锌还原-盐酸萘乙二胺分光光度法》（GB/T 15501—1995）；

（67）《空气质量 苯胺类的测定 盐酸萘乙二胺分光光度法》（GB/T 15502—1995）；

（68）《空气质量 甲醛的测定 乙酰丙酮分光光度法》（GB/T 15516—1995）；

（69）《环境空气 二氧化硫的测定 甲醛吸收-副玫瑰苯胺分光光度法》（GB/T 15262—94）；

（70）《环境空气 总烃的测定 气相色谱法》（GB/T 15263—94）；

（71）《环境空气 铅的测定 火焰原子吸收分光光度法》（GB/T 15264—94）；

（72）《环境空气 降尘的测定 重量法》（GB/T 15265—94）；

（73）《空气中碘-131 的取样与测定》（GB/T 14584—93）；

（74）《空气质量 氨的测定 纳氏试剂比色法》（GB/T 14668—93）；

（75）《空气质量 氨的测定 离子选择电极法》（GB/T 14669—93）；

（76）《空气质量 苯乙烯的测定 气相色谱法》（GB/T 14670—93）；

（77）《空气质量 恶臭的测定 三点比较式臭袋法》（GB/T 14675—93）；

（78）《空气质量 三甲胺的测定 气相色谱法》（GB/T 14676—93）；

（79）《空气质量 甲苯 二甲苯 苯乙烯的测定 气相色谱法》（GB/T 14677—93）；

（80）《空气质量 硫化氢、甲硫醇、甲硫醚和二甲二硫的测定 气相色谱法》（GB/T 14678—93）；

（81）《空气质量 氨的测定 次氯酸钠－水杨酸分光光度法》（GB/T 14679—93）；

（82）《空气质量 二硫化碳的测定 二乙胺分光光度法》（GB/T 14680—93）；

（83）《汽油机动车怠速排气监测仪技术条件》（HJ/T 3—93）；

（84）《柴油车滤纸式烟度计技术条件》（HJ/T 4—93）；

（85）《大气降水采样分析方法总则》（GB 13580.1—92）；

（86）《大气降水样品的采集与保存》（GB 13580.2—92）；

（87）《大气降水电导率的测定方法》（GB 13580.3—92）；

（88）《大气降水 pH 值的测定电极法》（GB 13580.4—92）；

（89）《大气降水中氟、氯、亚硝酸盐、硝酸盐、硫酸盐的测定 离子色谱法》（GB 13580.5—92）；

（90）《大气降水中硫酸盐的测定》（GB 13580.6—92）；

（91）《大气降水中亚硝酸盐测定 N-（1-萘基）-乙二胺光度法》（GB 13580.7—92）；

（92）《大气降水中硝酸盐的测定》（GB 13580.8—92）；

（93）《大气降水中氯化物的测定 硫氰酸汞高铁光度法》（GB 13580.9—92）；

（94）《大气降水中氟化物的测定 新氟试剂光度法》（GB 13580.10—92）；

（95）《大气降水中氨盐的测定》（GB 13580.11—92）；

（96）《大气降水中钠、钾的测定 原子吸收分光光度法》（GB 13580.12—92）；

（97）《大气降水中钙、镁的测定 原子吸收分光光度法》（GB 13580.13—92）；

（98）《空气质量 氮氧化物的测定》（GB/T 13906—92）；

（99）《气体参数测量和采样的固定位装置》（HJ/T 1—92）；

（100）《锅炉烟尘测定方法》（GB 5468—91）；

（101）《大气 试验粉尘标准样品 黄土尘》（GB/T 13268—91）；

（102）《大气 试验粉尘标准样品 煤飞灰》（GB/T 13269—91）；

（103）《大气 试验粉尘标准样品 模拟大气尘》（GB/T 13270—91）；

（104）《空气质量 氮氧化物的测定 盐酸萘乙二胺比色法》（GB 8969—88）；

（105）《空气质量 二氧化硫的测定 四氯巩盐—盐酸副玫瑰苯胺比色法》（GB 8970—88）；

（106）《空气质量 飘尘中苯并（a）芘的测定 乙酰化滤纸层析荧光分光光度法》（GB 8971—88）；

（107）《空气质量 一氧化碳的测定 非分散红外法》（GB 9801—88）；

（108）《大气飘尘浓度测量方法》（GB 6921—86）；

（109）《硫酸浓缩尾气硫酸雾的测定 铬酸钡比色法》（GB 4920—85）；

（110）《工业废气 耗氧值和氧化氮的测定 重铬酸钾氧化、萘乙二胺比色法》（GB 4921—85）。

（四）相关标准

（1）《车用压燃式、气体燃料点燃式发动机与汽车车载诊断（OBD）系统技术要求》（HJ 437—2008）；

（2）《车用压燃式、气体燃料点燃式发动机与汽车排放控制系统耐久性技术要求》（HJ 438—2008）；

（3）《车用压燃式、气体燃料点燃式发动机与汽车在用符合性技术要求》（HJ 439—2008）；

（4）《重型汽车排气污染物排放控制系统耐久性要求及试验方法》（GB 20890—2007）；

（5）《压燃式发动机汽车自由加速法排气烟度测量设备技术要求》（HJ/T 395—2007）；

（6）《点燃式发动机汽车瞬态工况法排气污染物测量设备技术要求》（HJ/T 396—2007）；

（7）《汽油车双怠速法排气污染物测量设备技术要求》（HJ/T 289—2006）；

（8）《汽油车简易瞬态工况法排气污染物测量设备技术要求》（HJ/T 290—2006）；

（9）《汽油车稳态工况法排气污染物测量设备技术要求》（HJ/T 291—2006）；

（10）《柴油车加载减速工况法排气烟度测量设备技术要求》（HJ/T 292—2006）；

（11）《城市机动车排放空气污染测算方法》（HJ/T 180—2005）；

（12）《确定点燃式发动机在用汽车简易工况法排气污染物排放限值的原则和方法》（HJ/T 240—2005）；

（13）《确定压燃式发动机在用汽车加载减速法排气烟度排放限值的原则和方法》（HJ/T 241—2005）；

（14）《车用汽油有害物质控制标准》（GWKB 1—1999）。

三、环境噪声与振动标准

（一）声环境质量标准

（1）《声环境质量标准》（GB 3096—2008）；

（2）《机场周围飞机噪声环境标准》（GB 9660—88）；

（3）《城市区域环境振动标准》（GB 10070—88）。

（二）环境噪声排放标准及监测规范与方法

（1）《工业企业厂界环境噪声排放标准》（GB 12348—2008）；

（2）《社会生活环境噪声排放标准》（GB 22337—2008）；

（3）《摩托车和轻便摩托车定置噪声排放限值及测量方法》（GB 4569—2005）；

（4）《摩托车和轻便摩托车加速行驶噪声限值及测量方法》（GB 16169—

2005）；

（5）《三轮汽车和低速货车加速行驶车外噪声限值及测量方法（中国Ⅰ、Ⅱ阶段）》（GB 19757—2005）；

（6）《汽车加速行驶车外噪声限值及测量方法》（GB 1495—2002）；

（7）《汽车定置噪声限值》（GB 16170—1996）；

（8）《建筑施工场界噪声限值》（GB 12523—90）；

（9）《铁路边界噪声限值及其测量方法》（GB 12525—90）。

（10）《声屏障声学设计和测量规范》（HJ/T 90—2004）；

（11）《声学 机动车辆定置噪声测量方法》（GB/T 14365—93）；

（12）《建筑施工场界噪声测量方法》（GB 12524—90）；

（13）《城市区域环境振动测量方法》（GB 10071—88）；

（14）《机场周围飞机噪声测量方法》（GB/T 9661—88）。

四、土壤环境保护标准

（一）土壤环境质量标准

（1）《展览会用地土壤环境质量评价标准（暂行)》（HJ 350—2007）；

（2）《食用农产品产地环境质量评价标准》（HJ 332—2006）；

（3）《温室蔬菜产地环境质量评价标准》（HJ 333—2006）；

（4）《拟开放场址土壤中剩余放射性可接受水平规定（暂行)》（HJ 53—2000）；

（5）《土壤环境质量标准》（GB 15618—1995）。

（二）相关监测规范、方法标准

（1）《土壤和沉积物 二噁英类的测定 同位素稀释高分辨气相色谱-高分辨质谱法》（HJ 77.4—2008）；

（2）《土壤环境监测技术规范》（HJ/T 166—2004）；

（3）《土壤质量 总砷的测定 二乙基二硫代氨基甲酸银分光光度法》（GB/T 17134—1997）；

（4）《土壤质量 总砷的测定 硼氢化钾-硝酸银分光光度法》（GB/T 17135—1997）；

（5）《土壤质量 总汞的测定 冷原子吸收分光光度法》（GB/T 17136—1997）；

（6）《土壤质量 总铬的测定 火焰原子吸收分光光度法》（GB/T 17137—1997）；

（7）《土壤质量 铜、锌的测定 火焰原子吸收分光光度法》（GB/T 17138—1997）；

（8）《土壤质量 镍的测定 火焰原子吸收分光光度法》（GB/T 17139—1997）；

（9）《土壤质量 铅、镉的测定 KI-MIBK 萃取火焰原子吸收分光光度法》（GB/T 17140—1997）；

（10）《土壤质量 铅、镉的测定 石墨炉原子吸收分光光度法》（GB/T 17141—1997）；

（11）《土壤质量 六六六和滴滴涕的测定 气相色谱法》（GB/T 14550—93）。

五、固体废物与化学品环境污染控制标准

（一）固体废物污染控制标准

（1）《生活垃圾填埋场污染控制标准》（GB 16889—2008）；

（2）《进口可用作原料的固体废物环境保护控制标准——骨废料》（GB 16487.1—2005）；

（3）《进口可用作原料的固体废物环境保护控制标准——冶炼渣》（GB 16487.2—2005）；

（4）《进口可用作原料的固体废物环境保护控制标准——木、木制品废料》（GB 16487.3—2005）；

（5）《进口可用作原料的固体废物环境保护控制标准——废纸或纸板》（GB 16487.4—2005）；

（6）《进口可用作原料的固体废物环境保护控制标准——废纤维》（GB 16487.5—2005）；

（7）《进口可用作原料的固体废物环境保护控制标准——废钢铁》（GB 16487.6—2005）；

（8）《进口可用作原料的固体废物环境保护控制标准——废有色金属》（GB 16487.7—2005）；

（9）《进口可用作原料的固体废物环境保护控制标准——废电机》（GB 16487.8—2005）；

（10）《进口可用作原料的固体废物环境保护控制标准——废电线电缆》（GB 16487.9—2005）；

（11）《进口可用作原料的固体废物环境保护控制标准——废五金电器》（GB 16487.10—2005）；

（12）《进口可用作原料的固体废物环境保护控制标准——供拆卸的船舶及其他浮动结构体》（GB 16487.11—2005）；

（13）《进口可用作原料的固体废物环境保护控制标准——废塑料》（GB 16487.12—2005）；

（14）《进口可用作原料的固体废物环境保护控制标准——废汽车压件》（GB 16487.13—2005）；

（15）《医疗废物集中处置技术规范（试行）》（环发［2003］206 号）；

（16）《医疗废物转运车技术要求（试行）》（GB 19217—2003）；

（17）《医疗废物焚烧炉技术要求（试行）》（GB 19218—2003）；

（18）《危险废物焚烧污染控制标准》（GB 18484—2001）；

（19）《生活垃圾焚烧污染控制标准》（GB 18485—2001）；

（20）《危险废物贮存污染控制标准》（GB 18597—2001）；

（21）《危险废物填埋污染控制标准》（GB 18598—2001）；

（22）《一般工业固体废物贮存、处置场污染控制标准》（GB 18599—2001）；

（23）《含多氯联苯废物污染控制标准》（GB 13015—91）；

（24）《城镇垃圾农用控制标准》（GB 8172—87）；

（25）《农用粉煤灰中污染物控制标准》（GB 8173—87）；

（26）《农用污泥中污染物控制标准》（GB 4284—84）。

（二）危险废物鉴别标准

（1）《危险废物鉴别标准　腐蚀性鉴别》（GB 5085.1—2007）；

（2）《危险废物鉴别标准　急性毒性初筛》（GB 5085.2—2007）；

（3）《危险废物鉴别标准　浸出毒性鉴别》（GB 5085.3—2007）；

（4）《危险废物鉴别标准　易燃性鉴别》（GB 5085.4—2007）；

（5）《危险废物鉴别标准　反应性鉴别》（GB 5085.5—2007）；

（6）《危险废物鉴别标准　毒性物质含量鉴别》（GB 5085.6—2007）；

（7）《危险废物鉴别标准通则》（GB 5085.7—2007）；

（8）《危险废物鉴别技术规范》（HJ/T 298—2007）。

（三）固体废物鉴别方法标准

（1）《固体废物 二噁英类的测定 同位素稀释高分辨气相色谱-高分辨质谱法》（HJ 77.3 - 2008）；

（2）《固体废物 浸出毒性浸出方法 硫酸硝酸法》（HJ/T 299—2007）；

（3）《固体废物 浸出毒性浸出方法 醋酸缓冲溶液法》（HJ/T 300—2007）；

（4）《固体废物 浸出毒性浸出方法 翻转法》（GB 5086.1—1997）；

（5）《固体废物 浸出毒性浸出方法 水平振荡法》（GB 5086.2—1997）；

（6）《固体废物 总汞的测定 冷原子吸收分光光度法》（GB/T 15555.1—1995）；

（7）《固体废物 铜、锌、铅、镉的测定 原子吸收分光光度法》（GB/T 15555.2—

1995）；

（8）《固体废物 砷的测定 二乙基二硫代氨基甲酸银分光光度法》（GB/T 15555.3—1995）；

（9）《固体废物 六价铬的测定 二苯碳酰二肼分光光度法》（GB/T 15555.4—1995）；

（10）《固体废物 总铬的测定 二苯碳酰二肼分光光度法》（GB/T 15555.5—1995）；

（11）《固体废物 总铬的测定 直接吸入火焰原子吸收分光光度法》（GB/T 15555.6—1995）；

（12）《固体废物 六价铬的测定 硫酸亚铁铵滴定法》（GB/T 15555.7—1995）；

（13）《固体废物 总铬的测定 硫酸亚铁铵滴定法》（GB/T 15555.8—1995）；

（14）《固体废物 镍的测定 直接吸入火焰原子吸收分光光度法》（GB/T 15555.9—1995）；

（15）《固体废物 镍的测定 丁二酮肟分光光度法》（GB/T 15555.10—1995）；

（16）《固体废物 氟化物的测定 离子选择性电极法》（GB/T 15555.11—1995）；

（17）《固体废物 腐蚀性测定 玻璃电极法》（GB/T 15555.12—1995）。

（四）其他相关标准

（1）《新化学物质申报类名编制导则》（HJ/T 420—2008）；

（2）《医疗废物专用包装袋、容器和警示标志标准》（HJ 421—2008）；

（3）《铬渣污染治理环境保护技术规范（暂行)》（HJ/T 301—2007）；

（4）《报废机动车拆解环境保护技术规范》（HJ 348—2007）；

（5）《废塑料回收与再生利用污染控制技术规范（试行)》（HJ/T 364—2007）；

（6）《危险废物（含医疗废物）焚烧处置设施二噁英排放监测技术规范》（HJ/T 365—2007）；

（7）《医疗废物高温蒸汽集中处理工程技术规范（试行)》（HJ/T 276—2006）；

（8）《固体废物鉴别导则（试行)》（公告 2006 年 第 11 号）；

（9）《长江三峡水库库底固体废物清理技术规范》（HJ/T 85—2005）；

（10）《危险废物集中焚烧处置工程建设技术规范》（HJ/T 176—2005）；

（11）《医疗废物集中焚烧处置工程技术规范》（HJ/T 177—2005）；

（12）《废弃机电产品集中拆解利用处置区环境保护技术规范（试行)》（HJ/T

181—2005）；

(13)《医疗废物化学消毒集中处理工程技术规范（试行)》（HJ/T 228—2005）；

(14)《医疗废物微波消毒集中处理工程技术规范（试行)》（HJ/T 229—2005）；

(15)《化学品测试导则》（HJ/T 153—2004）；

(16)《新化学物质危害评估导则》（HJ/T 154—2004）；

(17)《化学品测试合格实验室导则》（HJ/T 155—2004）；

(18)《环境镉污染健康危害区判定标准》（GB/T 17221—1998）；

(19)《工业固体废物采样制样技术规范》（HJ/T 20—1998）；

(20)《船舶散装运输液体化学品危害性评价规范 水生生物急性毒性试验方法》（GB/T 16310.1—1996）；

(21)《船舶散装运输液体化学品危害性评价规范 水生生物积累性试验方法》（GB/T 16310.2—1996）；

(22)《船舶散装运输液体化学品危害性评价规范 水生生物沾染试验方法》（GB/T 16310.3—1996）；

(23)《船舶散装运输液体化学品危害性评价规范 哺乳动物毒性试验方法》（GB/T 16310.4—1996）；

(24)《船舶散装运输液体化学品危害性评价规范 危害性评价程序与污染分类方法》（GB/T 16310.5—1996）；

(25)《环境保护图形标志——固体废物贮存（处置）场》（GB 15562.2—1995）；

(26)《农药安全使用标准》（GB 4285—89）。

六、核辐射与电磁辐射环境保护标准

（一）放射性环境标准

(1)《拟开放场址土壤中剩余放射性可接受水平规定（暂行)》（HJ 53—2000）；

(2)《低、中水平放射性废物近地表处置设施的选址》（HJ/T 23—1998）；

(3)《放射性废物的分类》（GB 9133—1995）；

(4)《铀矿地质辐射防护和环境保护规定》（GB 15848—1995）；

(5)《核热电厂辐射防护规定》（GB 14317—93）；

(6)《放射性废物管理规定》（GB 14500—93）；

(7)《铀、钍矿冶放射性废物安全管理技术规定》（GB 14585—93）；

（8）《铀矿冶设施退役环境管理技术规定》（GB 14586—93）；

（9）《轻水堆核电厂放射性废水排放系统技术规定》（GB 14587—93）；

（10）《反应堆退役环境管理技术规定》（GB 14588—93）；

（11）《核电厂低、中水平放射性固体废物暂时贮存技术规定》（GB 14589—93）；

（12）《低、中水平放射性固体废物的岩洞处置规定》（GB 13600—92）；

（13）《核燃料循环放射性流出物归一化排放量管理限值》（GB 13695—92）；

（14）《核辐射环境质量评价的一般规定》（GB 11215—89）；

（15）《辐射防护规定》（GB 8703—88）；

（16）《低、中水平放射性固体废物的浅地层处置规定》（GB 9132—88）；

（17）《轻水堆核电厂放射性固体废物处理系统技术规定》（GB 9134—88）；

（18）《轻水堆核电厂放射性废液处理系统技术规定》（GB 9135—88）；

（19）《轻水堆核电厂放射性废气处理系统技术规定》（GB 9136—88）；

（20）《核电厂环境辐射防护规定》（GB 6249—86）；

（21）《建筑材料用工业废渣放射性物质限制标准》（GB 6763—86）。

（二）电磁辐射标准

《电磁辐射防护规定》（GB 8702—88）。

（三）相关监测方法、标准

（1）《辐射环境监测技术规范》（HJ/T 61—2001）；

（2）《核设施水质监测采样规定》（HJ/T 21—1998）；

（3）《气载放射性物质取样一般规定》（HJ/T 22—1998）；

（4）《铀加工及核燃料制造设施流出物的放射性活度监测规定》（GB/T 15444—95）；

（5）《低、中水平放射性废物近地表处置场环境辐射监测的一般要求》（GB/T 15950—1995）；

（6）《环境空气中氡的标准测量方法》（GB/T 14582—93）；

（7）《环境地表 γ 辐射剂量率测定规范》（GB/T 14583—93）；

（8）《牛奶中碘-131 的分析方法》（GB/T 14674—93）；

（9）《水中碘-131 的分析方法》（GB/T 13272—91）；

（10）《植物、动物甲状腺中碘-131 的分析方法》（GB/T 13273—91）；

（11）《水中氚的分析方法》（GB 12375—90）；

（12）《水中钋-210 的分析方法 电镀制样法》（GB 12376—90）；

（13）《空气中微量铀的分析方法 激光荧光法》（GB 12377—90）；

（14）《空气中微量铀的分析方法 TBP 萃取荧光法》（GB 12378—90）；

（15）《环境核辐射监测规定》（GB 12379—90）；

（16）《水中镭-226 的分析测定》（GB 11214—89）；

（17）《核设施流出物和环境放射性监测质量保证计划的一般要求》（GB 11216—89）；

（18）《核设施流出物监测的一般规定》（GB 11217—89）；

（19）《水中镭的 α 放射性核素的测定》（GB 11218—89）；

（20）《土壤中钚的测定 萃取色层法》（GB 11219.1—89）；

（21）《土壤中钚的测定 离子交换法》（GB 11219.2—89）；

（22）《土壤中铀的测定 CL-5209 萃淋树脂分离 2-（5-溴-2-吡啶偶氮)-5-二乙氨基苯酚分光光度法》（GB 11220.1—89）；

（23）《生物样品灰中铯-137 的放射化学分析方法》（GB 11221—89）；

（24）《生物样品灰中锶-90 的放射化学分析方法 二-(2-乙基己基）磷酸酯萃取色层法》（GB 11222.1—89）；

（25）《生物样品灰中锶-90 的放射化学分析方法 离子交换法》（GB 11222.2—89）；

（26）《生物样品灰中铀的测定 固体荧光法》（GB 11223.1—89）；

（27）《生物样品灰中铀的测定 激光液体荧光法》（GB 11223.2—89）；

（28）《水中钍的分析方法》（GB 11224—89）；

（29）《水中钚的分析方法》（GB 11225—89）；

（30）《水中钾-40 的分析测定》（GB 11338—89）；

（31）《水中锶-90 放射化学分析方法 发烟硝酸沉淀法》（GB 6764—86）；

（32）《水中锶-90 放射化学分析方法 二-（2-乙基己基）磷酸萃取色层法》（GB 6766—86）；

（33）《水中锶-137 放射化学分析方法》（GB 6767—86）；

（34）《水中微量铀分析方法》（GB 6768—86）；

（35）《放射性废物固化体长期浸出试验》（GB 7023—86）。

（四）相关标准

（1）《辐射环境保护管理导则 电磁辐射监测仪器和方法》（HJ/T 10.2—1996）；

（2）《辐射环境保护管理导则 核技术应用项目环境影响报告书（表）的内容和格式》（HJ/T 10.1—1995）；

（3）《核设施环境保护管理导则　研究堆环境影响报告书的格式与内容》（HJ/J 5.1—93）；

（4）《核设施环境保护管理导则　放射性固体废物浅地层处置环境影响报告书的格式与内容》（HJ/J 5.2—93）。

七、生态环境保护标准

（一）相关技术规范、标准

（1）《环保用微生物菌剂环境安全评价导则》（HJ/T 415—2008）；

（2）《生态环境状况评价技术规范（试行）》（HJ/T 192—2006）；

（3）《食用农产品产地环境质量评价标准》（HJ 332—2006）；

（4）《温室蔬菜产地环境质量评价标准》（HJ 333—2006）；

（5）《自然保护区管护基础设施建设技术规范》（HJ/T 129—2003）；

（6）《有机食品技术规范》（HJ/T 80—2001）；

（7）《畜禽养殖业污染防治技术规范》（HJ/T 81—2001）；

（8）《海洋自然保护区类型与级别划分原则》（GB/T 17504—1998）；

（9）《山岳型风景资源开发环境影响评价指标体系》（HJ/T 6—94）；

（10）《自然保护区类型与级别划分原则》（GB/T 14529—93）。

（二）相关监测规范、方法标准

（1）《生物尿中1-羟基芘的测定　高效液相色谱法》（GB/T 16156—1996）；

（2）《生物质量　六六六和滴滴涕的测定　气相色谱法》（GB/T 14551—93）；

（3）《粮食和果蔬质量　有机磷农药的测定　气相色谱法》（GB/T 14553—93）。

八、其他环境保护标准

（一）环境影响评价技术导则

（1）《规划环境影响评价技术导则　煤炭工业矿区总体规划》（HJ 463—2009）；

（2）《环境影响评价技术导则　城市轨道交通》（HJ 453—2008）；

（3）《环境影响评价技术导则　大气环境》（HJ 2.2—2008）；

（4）《环境影响评价技术导则　陆地石油天然气开发建设项目》（HJ/T 349—2007）；

（5）《建设项目环境风险评价技术导则》（HJ/T 169—2004）；

（6）《环境影响评价技术导则　水利水电工程》（HJ/T 88—2003）；

（7）《环境影响评价技术导则　石油化工建设项目》（HJ/T 89—2003）；

（8）《规划环境影响评价技术导则（试行）》（HJ/T 130—2003）；

（9）《开发区区域环境影响评价技术导则》（HJ/T 131—2003）；

（10）《环境影响评价技术导则 民用机场建设工程》（HJ/T 87—2002）；

（11）《工业企业土壤环境质量风险评价基准》（HJ/T 25—1999）；

（12）《500kV超高压送变电工程电磁辐射环境影响评价技术规范》（HJ/T 24—1998）；

（13）《环境影响评价技术导则 非污染生态影响》（HJ/T 19—1997）；

（14）《辐射环境保护管理导则 电磁辐射环境影响评价方法与标准》（HJ/T 10.3—1996）；

（15）《环境影响评价技术导则 声环境》（HJ/T 2.4—1995）；

（16）《环境影响评价技术导则 总纲》（HJ/T 2.1—93）；

（17）《环境影响评价技术导则 地面水环境》（HJ/T 2.3—93）。

（二）其他

（1）《环境信息网络建设规范》（HJ 460—2009）；

（2）《环境信息网络管理维护规范》（HJ 461—2009）；

（3）《钢铁工业发展循环经济环境保护导则》（HJ 465—2009）；

（4）《铝工业发展循环经济环境保护导则》（HJ 466—2009）；

（5）《环境污染源自动监控信息传输、交换技术规范（试行）》（HJ/T 352—2007）；

（6）《防治城市扬尘污染技术规范》（HJ/T 393—2007）；

（7）《生态工业园区建设规划编制指南》（HJ/T 409—2007）；

（8）《环境信息术语》（HJ/T 416—2007）；

（9）《环境信息分类与代码》（HJ/T 417—2007）；

（10）《环境信息系统集成技术规范》（HJ/T 418—2007）；

（11）《环境数据库设计与运行管理规范》（HJ/T 419—2007）；

（12）《行业类生态工业园区标准（试行）》（HJ/T 273—2006）；

（13）《综合类生态工业园区标准（试行）》（HJ/T 274—2006）；

（14）《静脉产业类生态工业园区标准（试行）》（HJ/T 275—2006）；

（15）《环境保护档案管理规范 环境监察》（HJ/T 295—2006）；

（16）《环境标准样品研复制技术规范》（HJ/T 173—2005）；

（17）《污染源在线自动监控（监测）系统数据传输标准》（HJ/T 212—2005）；

（18）《环境监测分析方法标准制订技术导则》（HJ/T 168—2004）；

（19）《土壤质量 词汇》（GB/T 18834—2002）；

（20）《环境保护档案管理数据采集规范》（HJ/T 78—2001）；

（21）《环境保护档案机读目录数据交换格式》（HJ/T 79—2001）；

（22）《环境污染类别代码》（GB/T 16705—1996）；

（23）《环境污染源类别代码》（GB/T 16706—1996）；

（24）《环境保护设备分类与命名》（HJ/T 11—1996）；

（25）《环境保护仪器分类与命名》（HJ/T 12—1996）；

（26）《环境保护图形标志——排放口（源）》（GB/T 15562.1—1995）；

（27）《环境保护档案著录细则》（HJ/T 9—95）；

（28）《城市区域环境噪声适用区划分技术规范》（GB/T 15190—94）；

（29）《中国档案分类法 环境保护档案分类表》（HJ/T 7—94）；

（30）《环境保护档案管理规范 科学研究》（HJ/T 8.1—94）；

（31）《环境保护档案管理规范 环境监测》（HJ/T 8.2—94）；

（32）《环境保护档案管理规范 建设项目环境保护管理》（HJ/T 8.3—94）；

（33）《环境保护档案管理规范 污染源》（HJ/T 8.4—94）；

（34）《环境保护档案管理规范 环境保护仪器设备》（HJ/T 8.5—94）；

（35）《制定地方大气污染物排放标准的技术方法》（GB/T 3840—91）；

（36）《空气质量 词汇》（GB 6919—86）。

第六节　信息化标准规范

信息化标准规范是国家、相关主管部门针对信息化建设等制定的一系列标准，包括电子政务、软件工程、信息技术、数据处理及术语编码等。数字环保建设也就是环境保护信息化建设，必须遵守相关的信息化标准。主要的信息化标准规范包括：

（1）《电子政务标准体系》；

（2）《电子政务标准化指南》；

（3）《电子政务综合业务网总体技术要求》；

（4）《电子政务互操作性框架》；

（5）《电子政务术语》；

（6）《电子政务安全测试技术规范》；

（7）《电子政务安全评估技术规范》；

（8）《电子政务管理系统测试技术规范》；

（9）《电子政务业务系统测试技术规范》；

（10）《电子政务技术标准测试技术规范》；

（11）《电子数据交换术语（EDI）》（GB/T 14915—1994）；

（12）《汉语信息处理词汇第 01 部分：基本术语》（GB/T 12200.1—1990）；

（13）《汉语信息处理词汇第 02 部分：汉语和汉字》（GB/T 12200.2—1994）；

（14）《信息技术 词汇第 1 部分：基本术语》（GB/T 5271.1—2000）；

（15）《数据处理 词汇第 2 部分：算术和逻辑运算》（GB/T 5271.2—1988）；

（16）《数据处理 词汇第 3 部分：设备技术》（GB/T 5271.3—1987）；

（17）《信息技术 词汇第 4 部分：数据的组织》（GB/T 5271.4—2000）；

（18）《数据处理 词汇第 5 部分：数据的表示法》（GB/T 5271.4—1987）；

（19）《信息技术 词汇第 6 部分：数据的准备和处理》（GB/T 5271.3—2000）；

（20）《数据处理 词汇第 7 部分：计算机程序设计》（GB/T 5271.7—1986）；

（21）《信息技术 词汇第 8 部分：安全》（GB/T 5271.8—2001）；

（22）《信息技术 词汇第 9 部分：数据通信》（GB/T 5271.9—2001）；

（23）《数据处理 词汇第 8.4 部分：操作技术和设施》（GB/T 5271.8.4—1986）；

（24）《信息技术 词汇第 11 部分：处理器》（GB/T 5271.11—2000）；

（25）《信息技术 词汇第 12 部分：外围设备》（GB/T 5271.12—2000）；

（26）《数据处理 词汇第 13 部分：计算机图形》（GB/T 5271.13—1988）；

（27）《数据处理 词汇第 14 部分：可靠性、维修和可用性》（GB/T 5271.14—1985）；

（28）《数据处理 词汇第 15 部分：程序设计语言》（GB/T 5271.15—1986）；

（29）《数据处理 词汇第 16 部分：信息论》（GB/T 5271.16—1986）；

（30）《数据处理 词汇第 18 部分：分布式数据处理》（GB/T 5271.18—1993）；

（31）《数据处理 词汇第 20 部分：系统开发》（GB/T 5271.20—1994）；

（32）《数据处理 词汇第 21 部分：过程计算机系统和技术过程间的接口》（GB/T 12118—1989）；

（33）《信息技术 词汇第 23 部分：文本处理》（GB/T 5271.23—2000）；

（34）《信息技术 词汇第 24 部分：计算机集成制造》（GB/T 5271.24—2000）；

（35）《信息技术 词汇第 25 部分：局域网》（GB/T 5271.25—2000）；

（36）《信息技术 软件生存周期过程》（GB/T 8566—2001）；

（37）《计算机软件产品开发文件编制指南》（GB/T 8567—1988）；

（38）《计算机软件需求说明编制指南》（GB/T 9385—1988）；

（39）《计算机软件测试文件编制规范》（GB/T 9386—1988）；

（40）《计算机软件质量保证计划规范》（GB/T 12504—1990）；

（41）《计算机软件配置管理计划规范》（GB/T 12505—1990）；

（42）《信息处理程序构造及其表示的约定》（GB/T 13502—1992）；

（43）《计算机软件维护指南》（GB/T 14079—1993）；

（44）《计算机软件可靠性和维护性管理》（GB/T 14394—1993）；

（45）《计算机软件单元测试》（GB/T 15532—1995）；

（46）《信息技术 软件产品评价质量特性及其使用指南》（GB/T 16260—1996）；

（47）《信息技术 软件包质量要求和测试》（GB/T 17544—1998）；

（48）《信息技术 CASE 工具的评价与选择指南》（GB/T 18234—2000）；

（49）《信息技术 软件测量功能规模测量第一部分概念定义》（GB/T 18491.1—2001）；

（50）《信息技术 系统及软件完整性级别》（GB/T 18492—2001）；

（51）《信息技术 软件生存周期过程指南》（GB/T 18493—2001）；

（52）《信息处理文本和办公系统标准通用置标语言（SGML）》（GB/T 14814—1993）；

（53）《标准化工作导则 信息分类编码的编写规定》（GB/T 7026—1986）；

（54）《数据处理 校验码系统》（GB/T 1778.4—1999）；

（55）《全国干部、人事管理信息系统指标体系分类与代码》（GB 11643—1999）；

（56）《公民身份号码》（GB/T 14946—2000）；

（57）《人的性别代码》（GB/T 2261—1980）；

（58）《文化程度代码》（GB/T 14658—1984）；

（59）《健康状况代码》（GB/T 4767—1984）；

（60）《婚姻状况代码》（GB/T 4766—1984）；

（61）《职业分类与代码》（GB/T 6565—1999）；

（62）《专业技术职务代码》（GB/T 8561—1988）；

（63）《政治面貌代码》（GB/T 4762—1984）；

（64）《党派代码》（GB/T 4763—1984）；

（65）《干部职务名称代码》（GB/T 12403—1990）；

（66）《干部职务级别代码》（GB/T 12407—1990）；

（67）《语种熟练程度代码》（GB/T 6865—1986）；

（68）《中华人民共和国学位代码》（GB/T 6864—1986）；

（69）《社会兼职代码》（GB/T 12408—1990）；

（70）《奖励代码》（GB/T 8563—1988）；

（71）《荣誉称号和荣誉奖章代码》（GB/T 8560—1988）；

（72）《纪律处分代码》（GB/T 8562—1988）；

（73）《家庭关系代码》（GB/T 4761—1984）；

（74）《出国目的代码》（GB/T 8.4301—1988）；

（75）《劳动合同制用人形式分类与代码》（GB/T 16502—1996）；

（76）《单位增员减员种类代码》（GB/T 12405—1990）；

（77）《中国植物分类与代码》（GB/T 14467—1993）；

（78）《全国组织机构代码编制规则》（GB/T 11714—1997）；

（79）《中央党政机关、人民团体及其他机构名称代码》（GB/T 4657—2002）；

（80）《单位隶属关系代码》（GB/T 12404—1997）；

（81）《固定资产分类与代码》（GB/T 14885—1994）；

（82）《中华人民共和国行政区划代码》（GB/T 2260—2002）；

（83）《县以下行政区划代码编制规则》（GB/T 8.4114—1988）；

（84）《数据元和交换格式 信息交换日期和时间的表示法》（GB/T 7408—1994）；

（85）《国际单位制代码》（GB/T 9648—1988）；

（86）《表示货币和资金的代码》（GB/T 12406—1996）；

（87）《国际贸易用计量单位代码》（GB/T 17295—1998）；

（88）《语种名称代码》（GB/T 4880—1991）；

（89）《中国语种代码》（GB/T 4881—1985）；

（90）《中国各民族名称的罗马字母拼写法和代码》（GB/T 3304—1982）；

（91）《文献保密等级代码》（GB/T 7056—1987）；

（92）《文献类型与文献载体代码》（GB/T 3469—1983）；

（93）《文件格式分类与代码编制方法》（GB/T 13959—1992）；

（94）《档案分类标引规则》（GB/T 15418—1994）；

（95）《学科分类与代码》（GB/T 13745—1992）；

（96）《中国科学技术报告编号》（GB/T 15416—1994）；

（97）《高等学校本科、专科专业名称代码》（GB/T 16835—1997）；

（98）《中国标准书号》（GB/T 5795—1986）；

（99）《图书编码方法的标识》（GB 8.4022—1988）；

（100）《经济类型代码》（GB/T 12402—1990）；

（101）《国民经济行业分类与代码》（GB/T 4754—1994）；

（102）《税务信息分类与代码集》（GB/T 18298—2001）；

（103）《国家行政机关公文格式》（GB/T 9704—2000）；

（104）《发文稿纸格式》（GB/T 826—1989）；

（105）《文书档案案卷格式》（GB/T 9705—1988）；

（106）《单证标准编制规则》（GB/T 17298—1998）；

（107）《信息技术—信息安全管理实施细则》（ISO/IEC 17799—1：2000）；

（108）《IT 安全评估准则》（ISO/IEC 15408）；

（109）《信息技术—安全技术—信息产业安全管理的指导方针》（ISO/IEC TR 13335）；

（110）《信息技术—安全技术—信息技术安全性评估准则》（GB/T 18336—2001）；

（111）《计算站场地安全要求》（GB9361—88）；

（112）《计算站场地技术条件》（GB2887—89）；

（113）《电子计算机机房设计规范》（GB50173—93）；

（114）《计算机信息系统安全保护等级划分准则》（GB17859—1999）。

第四章　数字环保网络建设

第一节　网络基础知识

一、网络概念

网络，简单来说，就是用物理链路将各个孤立的计算机或主机连接在一起，组成数据链路，从而达到资源共享和通信的目的。

凡将地理位置不同，并具有独立功能的多个计算机系统通过通信设备和线路连接起来，且以功能完善的网络软件（网络协议、信息交换方式及网络操作系统等）实现网络资源共享的系统，都可称为计算机网络。

计算机网络是用通信线路和通信设备将分布在不同地点的多台自治计算机系统互相连接起来，按照共同的网络协议，共享硬件、软件和数据资源的系统。

二、网络分类

（一）按覆盖范围分类

1. 局域网

局域网（local area network，LAN）是指在某一区域内由多台计算机互联成的计算机组。"某一区域"指的是同一办公室、同一建筑物、同一公司和同一学校等，一般是方圆几千米以内。局域网可以实现文件管理、应用软件共享、打印机共享、工作组内的日程安排，以及电子邮件和传真通信服务等功能。局域网是封闭型的，可以由办公室内的两台计算机组成，也可以由一个公司内的上千台计算机组成。

2. 城域网

城域网（metropolitan area network，MAN）是在一个城市范围内所建立的计算机通信网。之所以将 MAN 单独列出，一个主要原因是已经有了一个标准——分布式队列双总线 DQDB（distributed queue dual bus），即 IEEE802.6。DQDB 是由双总线构成，所有的计算机都连接在上面。

3. 广域网

广域网 (wide area network, WAN) 也称远程网。它通常跨接很大的物理范围, 所覆盖的范围从几万米到几百万米, 它能连接多个城市或国家, 或横跨几个洲并能提供远距离通信, 形成国际性的远程网络。广域网的通信子网主要使用分组交换技术, 可以利用公用分组交换网、卫星通信网和无线分组交换网, 它将分布在不同地区的局域网或计算机系统互联起来, 达到资源共享的目的。

(二) 按拓扑结构分类

1. 星型结构

星型结构的优点是结构简单、建网容易、控制相对简单。其缺点是属集中控制, 主节点负载过重、可靠性低、通信线路利用率低。

2. 总线结构

总线结构的优点是信道利用率较高、结构简单、价格相对便宜。缺点是同一时刻只能有两个网络节点相互通信, 网络延伸距离有限, 网络容纳节点数有限。

3. 环型结构

环型结构是将各台联网的计算机用通信线路连接成一个闭合的环。环型结构的优点是一次通信信息在网中传输的最大传输延迟是固定的; 每个网上节点只与其他两个节点有物理链路直接互联, 因此, 传输控制机制较为简单, 实时性强。其缺点是一个节点出现故障可能会终止全网运行, 因此可靠性较差。

4. 树型结构

树型结构实际上是星型结构的一种变形, 它将原来用单独链路直接连接的节点通过多级处理主机进行分级连接, 这种结构与星型结构相比降低了通信线路的成本, 但增加了网络复杂性。网络中除最低层节点及其连线外, 任一节点或连线的故障均影响其所在支路网络的正常工作。

5. 网状结构

网状结构分为全连接网状和不完全连接网状两种形式。在全连接网状中, 每一个节点和网中其他节点均有链路连接。在不完全连接网中, 两节点之间不一定有直接链路连接, 它们之间的通信依靠其他节点转接。这种网络的优点是节点间路径多, 碰撞和阻塞可大大减少, 局部的故障不会影响整个网络的正常工作, 可靠性高; 网络扩充和主机入网比较灵活、简单。但这种网络关系复杂, 建网不易, 网络控制机制复杂。广域网中一般用不完全连接网状结构。

6. 蜂窝拓扑结构

蜂窝拓扑结构是无线局域网中常用的结构。它以无线传输介质 (微波、卫星、红外等）点到点和多点传输为特征，是一种无线网，适用于环保网、城市网和企业网。

第二节　数字环保网络建设

一、数字环保网络整体架构

数字环保网络是指通过有线或者无线网络（包括卫星网络）的传输方式实现对各个监测目标的数据传输。例如，企业的烟气、废水、放射源，应急指挥中的音视频支持，公众及企业的查询系统等。数字环保网络总体架构见图4-1。

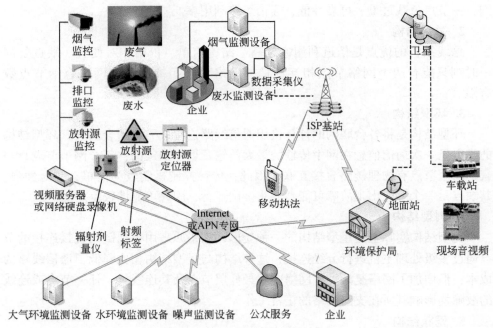

图4-1　数字环保网络总体架构

二、数字环保各种子网建设

（一）监控中心网络

监控中心网络是数字环保各个系统的基础平台及汇聚点，外部信息经 Internet 或专网首先经过防火墙安全策略进入内网，经路由器分配指向对应的交换机或 VLAN，由服务器进行处理。监控中心网络见图4-2。

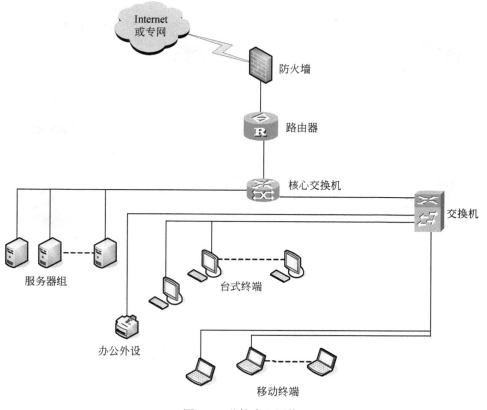

图 4-2　监控中心网络

（二）在线监测网络

在线监测网络由监控中心、空气质量监测站、水环境质量监测站、废气监测站、废水监测站、放射源监控系统、机动车尾气排放监测站、建筑噪声监测设备结合音视频网络及监测数据传输构成，见图 4-3。

（三）放射源监控网络

放射源具有多种监控方式，监控网络由以多种方式相结合的网络组成，包括视频网络、射频卡检测网络、放射源定位网络，以及辐射计量监测网络，见图 4-4。

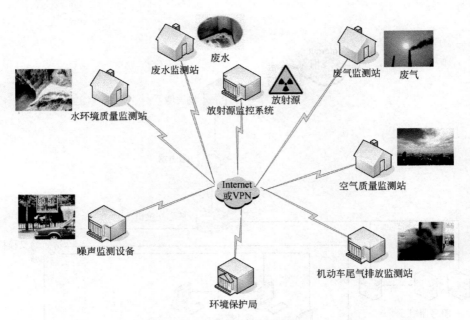

图 4-3　在线监测网络

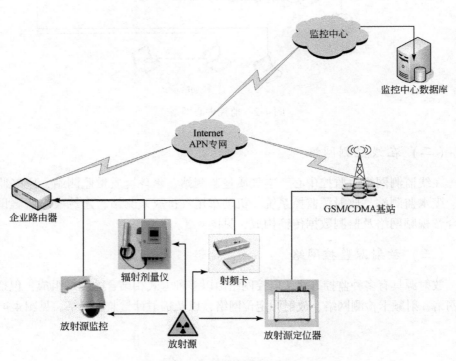

图 4-4　放射源监控网络

（四）　环境应急指挥网络

环境应急指挥网络将指挥中心与应急车载站的信息连接起来，实现应急地点与指挥中心间的音视频信号传输。因为此网络要求在任何时间、地点的信息传输不出现障碍，因此稳定、不受信号塔控制的卫星传输成为首选。环境应急指挥网络如图4-5所示。

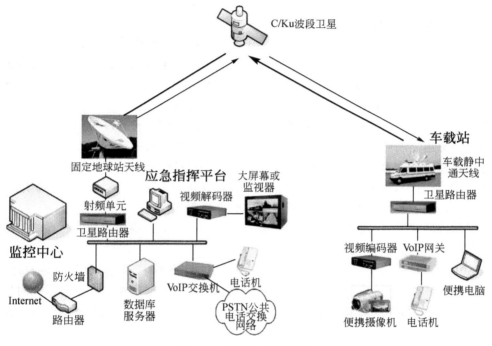

图4-5　环境应急指挥网络

三、数字环保网络基本构成

（一）　路由器

路由器（router）是互联网的主要节点设备。路由器通过路由决定数据的转发，转发策略被称为路由选择（routing），这也是路由器名称的由来（router，转发者）。作为不同网络之间互相连接的枢纽，路由器系统构成了基于TCP/IP的国际互联网Internet的主体脉络，也可以说，路由器构成了Internet的骨架。它的处理速度是网络通信的主要瓶颈之一，它的可靠性则直接影响着网络互联的质量。因此，在园区网、地区网，乃至整个Internet研究领域中，路由器技术始终处于核心地位，其发展历程和方向成为整个 Internet 研究的一个缩影。数字环保网络中的路由器选择与其他通信应用领域的路由器工作原理及选择基本相同，并且对于网络同样有着十分重要的意义。

在数字环保各种级别的网络中，随处都可见到路由器。接入网络使得公众可以连接到某个环保部门网站查看信息；环保部门内网中的路由器连接部门内的计算机；骨干网上的路由器终端系统通常是不能直接访问的，主要用以实现长距离骨干网上的环保机构以及环保部门与其他部门间的信息交流。

1. 路由器的原理

路由器是用于连接多个逻辑上分开的网络，所谓逻辑网络是代表一个单独的网络或者一个子网。当数据从一个子网传输到另一个子网时，这可通过路由器来完成。因此，路由器具有判断网络地址和选择路径的功能，它能在多网络互联环境中建立灵活的连接，可用完全不同的数据分组和介质访问方法连接各种子网，路由器只接受源站或其他路由器的信息，属于网络层的一种互联设备。它不关心各子网使用的硬件设备，但要求运行与网络层协议相一致的软件。路由器分本地路由器和远程路由器，本地路由器是用来连接网络传输介质的，如光纤、同轴电缆、双绞线；远程路由器是用来连接远程传输介质，并要求相应的设备，如电话线要配调制解调器，无线要通过无线接收机、发射机。

路由器除了路由选择这一主要功能外，还具有网络流量控制功能。有的路由器仅支持单一协议，但大部分路由器可以支持多种协议的传输，即多协议路由器。由于每一种协议都有自己的规则，要在一个路由器中完成多种协议的算法，势必会降低路由器的性能。因此，我们以为，支持多协议的路由器的性能相对较低。用户在购买路由器时，需要根据自己的实际情况，选择自己需要的网络协议的路由器。

近年来出现了交换路由器产品，从本质上来说它不是什么新技术，而是为了提高通信能力，把交换机的原理组合到路由器中，使数据传输能力更快、更好。

2. 路由器的作用

路由器的一个作用是连通不同的网络，另一个作用是选择信息传送的线路。选择通畅快捷的近路，能大大提高通信速度，减轻网络系统的通信负荷，节约网络系统资源，提高网络系统的畅通率，从而使网络系统发挥出更大的效益来。

从过滤网络流量的角度来看，路由器的作用与交换机和网桥非常相似。但是与工作在网络物理层、从物理上划分网段的交换机不同，路由器使用专门的软件协议，从逻辑上对整个网络进行划分。例如，一台支持 IP 协议的路由器可以把网络划分成多个子网段，只有指向特殊 IP 地址的网络流量才可以通过路由器。对于每一个接收到的数据包，路由器都会重新计算其校验值，并写入新的物理地址。因此，使用路由器转发和过滤数据的速度往往要比只查看数据包物理地址的交换机慢。但是，对于那些结构复杂的网络，使用路由器可以提高其整体效率。路由器的另外一个明显优势就是可以自动过滤网络广播。从总体上说，在网络中添加路由器的整个安装过程要比即插即用的交换机复杂很多。

一般说来，异种网络互联与多个子网互联都应采用路由器来完成。

路由器的主要工作就是为经过路由器的每个数据帧寻找一条最佳传输路径，并将该数据有效地传送到目的站点。由此可见，选择最佳路径的策略即路由算法是路由器的关键所在。为了完成这项工作，在路由器中保存着各种传输路径的相关数据——路径表（routing table），供路由选择时使用。路径表中保存着子网的标志信息、网上路由器的个数和下一个路由器的名字等内容。路径表可以是由系统管理员固定设置好的，也可以由系统动态修改，可以由路由器自动调整，也可以由主机控制。

1）静态路径表

由系统管理员事先设置好固定的路径表被称为静态（static）路径表，一般是在系统安装时就根据网络的配置情况预先设定的，它不会随未来网络结构的改变而改变。

2）动态路径表

动态（dynamic）路径表是路由器根据网络系统的运行情况而自动调整的路径表。路由器根据路由选择协议（routing protocol）提供的功能，自动学习和记忆网络运行情况，在需要时自动计算数据传输的最佳路径。

3. 路由器的类型

随着通信技术的快速发展，数字环保网络建设的规模逐渐扩展，对路由器也提出了更高的要求，要求路由器能对少数链路进行高速路由转发。企业级路由器不但要求端口数目多、价格低廉，而且还要求配置起来简单方便。

1）接入路由器

接入路由器连接家庭或 ISP 内的小型企业客户、小型环保机构。接入路由器已经不只是提供 SLIP 或 PPP 连接，还支持诸如 PPTP 和 IPSec 等虚拟私有网络协议，这些协议要能在每个端口上运行。如 ADSL 等技术将很快提高各家庭的可用宽带，这将进一步增加接入路由器的负担。由于这些趋势，接入路由器将来会支持许多异构和高速端口，并在各个端口能够运行多种协议，同时还要避开电话交换网。

2）企业级路由器

企业或校园级路由器实现许多环保部门终端系统的连接，其主要目标是以尽量便宜的方法实现尽可能多的端点互连，并且进一步要求支持不同的服务质量。有路由器参与的网络能够将机器分成多个碰撞域，并因此能够控制一个网络的大小。此外，路由器还支持一定的服务等级，至少允许被划分成多个优先级别。但是路由器的每端口造价要贵些，并且在能够使用之前要进行大量的配置工作。因此，企业级路由器的成败就在于是否提供大量端口且每端口的造价是否很低，是否容易配置，是否支持 QoS。企业网络还要处理历史遗留的各种 LAN 技术，支持多种协议，包括 IP、IPX 和 Vine。它们还要支持防火墙、包过滤，以及大量的管理和安全策略及 VLAN。

3）骨干级路由器

骨干级路由器实现各环保部门企业级网络的互联。对它的要求是速度和可靠性，而代价则处于次要地位。硬件可靠性可以采用电话交换网中使用的技术，如热备份、双电源、双数据通路等来获得。这些技术对所有骨干路由器而言差不多是标准的。骨干路由器的主要性能"瓶颈"是在转发表中查找某个路由所耗的时间。当收到一个包时，输入端口在转发表中查找该包的目的地址以确定其目的端口，当包很短或者当包要发往许多目的端口时，势必增加路由查找的代价。因此，将一些常访问的目的端口放到缓存中，能够提高路由查找的效率。不管是输入缓冲还是输出缓冲路由器，都存在路由查找的"瓶颈"问题。除了性能"瓶颈"问题，路由器的稳定性也是一个常被忽视的问题。

4）太比特路由器

在未来核心互联网使用的三种主要技术中，光纤和 DWDM 都已经是很成熟的，并且是现成的。如果没有与现有的光纤技术和 DWDM 技术提供的原始带宽对应的路由器，则新的网络基础设施将无法从根本上得到性能的改善，因此开发高性能的骨干交换/路由器（太比特路由器）已经成为一项迫切的要求。太比特路由器技术现在还主要处于开发实验阶段。

5）多 WAN 路由器

双 WAN 路由器具有物理上的两个 WAN 口作为外网接入，这样内网电脑就可以经过双 WAN 路由器的负载均衡功能同时使用两条外网接入线路，大幅提高了网络带宽。当前双 WAN 路由器主要有"带宽汇聚"和"一网双线"的应用优势，这是传统单 WAN 路由器做不到的。

6）无线网络路由器

无线网络路由器是一种用来连接有线和无线网络的通信设备，它可以通过 Wi-Fi 技术收发无线信号来与个人数码助理和笔记本等设备通信。无线网络路由器可以在不设电缆的情况下，方便地建立一个电脑网络，但是，在户外通过无线网络进行数据传输时，其速度可能会受到天气的影响。其他的无线网络还包括红外线、蓝牙及卫星微波等。

4. 路由器的构成

路由器具有四个要素：输入端口、交换开关、输出端口和路由处理器。

　　输入端口是物理链路和输入包的进口处。端口通常由线卡提供，一块线卡一般支持4个、8个或16个端口，一个输入端口具有许多功能。第一个功能是进行数据链路层的封装和解封装。第二个功能是在转发表中查找输入包目的地址从而决定目的端口（称为路由查找），路由查找可以使用一般的硬件来实现，或者通过在每块线卡上嵌入一个微处理器来完成。第三，为了提供服务质量（QoS），端口要将收到的包分成几个预定义的服务级别。第四，端口可能需要运行诸如串行线网际协议（SLIP）和点对点协议（PPP）这样的数据链路级协议或者诸如点对点隧道协议（PPTP）这样的网络级协议。一旦路由查找完成，必须用交换开关将包送到其输出端口。如果路由器是输入端加队列的，则有几个输入端共享同一个交换开关，这样输入端口的最后一项功能是参加对公共资源（如交换开关）的仲裁协议。

　　交换开关可以使用多种不同的技术来实现。迄今为止，使用最多的交换开关技术是总线、交叉开关和共享存储器。最简单的开关使用一条总线来连接所有输入和输出端口，总线开关的缺点是其交换容量受限于总线的容量以及为共享总线仲裁所带来的额外开销。交叉开关通过开关提供多条数据通路，具有 $N \times N$ 个交叉点的交叉开关可以被认为具有 $2N$ 条总线。如果一个交叉是闭合，输入总线上的数据在输出总线上可用，否则不可用。交叉点的闭合与打开由调度器来控制，因此，调度器限制了交换开关的速度。在共享存储器路由器中，进来的包被存储在共享存储器中，所交换的仅是包的指针，这提高了交换容量，但是，开关的速度受限于存储器的存取速度。尽管存储器容量每18个月能够翻一番，但存储器的存取时间每年仅降低5%，这是共享存储器交换开关的一个固有限制。

　　输出端口在包被发送到输出链路之前对包存储，可以实现复杂的调度算法以支持优先级等要求。与输入端口一样，输出端口同样要能支持数据链路层的封装和解封装，以及许多较高级的协议。

　　路由处理器计算转发表实现路由协议，并运行对路由器进行配置和管理的软件。同时，它还处理那些目的地址不在线卡转发表中的包。

5. 路由器的选型

1）路由器安全特性要求

　　不论在何种网络中，在选择路由器时都应注意其安全性、控制软件、网络扩展能力、网管系统及带电插拔能力等方面。由于路由器是数字环保网络中比较关键的设备，所以针对网络存在的各种安全隐患，路由器必须具有如下的安全特性：

　　（1）可靠性与线路安全。可靠性要求是针对故障恢复和负载能力而提出来的。对于路由器来说，可靠性主要体现在接口故障和网络流量增大两种情况下的处理能力。为此，备份是路由器不可或缺的手段之一。当主接口出现故障时，备份接口自动投入工作，保证网络的正常运行。当网络流量增大时，备份接口又可承担负载分担的任务。

（2）身份认证。路由器中的身份认证主要包括访问路由器时的身份认证、对端路由器的身份认证和路由信息的身份认证。

（3）访问控制。对于路由器的访问控制，需要进行口令的分级保护，有基于 IP 地址的访问控制和基于用户的访问控制。

（4）信息隐藏。与对端通信时，不一定需要用真实身份进行通信。通过地址转换，可以做到隐藏网内地址，只以公共地址的方式访问外部网络。除了由内部网络首先发起的连接，网外用户不能通过地址转换直接访问网内资源。

同时，有时还要求路由器具有数据加密、攻击探测和防范等安全管理功能。

2）外型尺寸的选择

如果网络已完成楼宇级的综合布线，工程要求网络设备上机式集中管理，则应选择 19 英寸宽的机架式路由器，如 H3C MSR 50 系列、H3C MSR 30 和 H3C MSR 20 系列，这些路由器具有更高的性能价格比。

3）协议的选择

由于最初局域网并没先出标准后出产品，所以很多厂商如 Apple 和 IBM 都提出了自己的标准，产生了如 AppleTalk 和 IBM 协议，Novell 公司的网络操作系统运行 IPX/SPX 协议，在连接这些异构网络时，需要路由器对这些协议提供支持。Intel9100 系列和 9200 系列的路由器可提供免费支持，H3C 系列的路由产品也提供较广泛的协议支持。

路由器作为网络设备中的"黑匣子"，工作在后台。用户在选择路由器时，多从技术角度来考虑，如可延展性、路由协议互操作性、广域数据服务支持、内部 ATM 支持，以及 SAN 集成能力等。另外，选择路由器还应遵循如下基本原则：标准化原则、技术简单性原则、环境适应性原则、可管理性原则和容错冗余性原则。对于高端路由器，更多的还应该考虑是否和如何适应骨干网对网络高可靠性、接口高扩展性以及路由查找和数据转发的高性能要求。高可靠性、高扩展性和高性能的"三高"特性是高端路由器区别于中、低端路由器的关键所在。

4）控制软件选择

路由器的控制软件是路由器发挥功能的一个关键环节。从软件的安装、参数自动设置，到软件版本的升级，它都是必不可少的。软件安装、参数设置及调试越方便，用户在使用时就越容易掌握，就能更好地应用。

5）扩展能力选择

随着计算机网络应用的逐渐增加，现有的网络规模有可能不能满足实际需要，会产生扩大网络规模的要求，因此扩展能力是一个网络在设计和建设过程中必须要考虑的。扩展能力的大小主要看路由器支持的扩展槽数目或者扩展端口数目。

6）其他性能指标选择

随着数字环保网络的建设，网络规模会越来越大，网络的维护和管理也越难进行，所以网络管理显得尤为重要。在我们安装、调试、检修和维护或者扩展计算机网络的过程中，免不了要在网络中增减设备，也就是说可能会要插拔网络部件，那么路由器能否支持带电插拔，也是其一个重要的性能指标。

6. 路由器的功能

（1）在网络间截获发送到远地网段的报文，起转发的作用。

（2）选择最合理的路由引导通信。为了实现这一功能，路由器要按照某种路由通信协议，查找路由表，路由表中列出整个互联网络中包含的各个节点，以及节点间的路径情况和与它们相联系的传输费用。如果到特定的节点有一条以上路径，则基于预先确定的准则选择最优（最经济）的路径。由于各种网络段和其相互连接情况可能发生变化，因此路由情况的信息需要及时更新，这由所使用的路由信息协议规定的定时更新或者按变化情况更新来完成。网络中的每个路由器按照这一规则动态地更新它所保持的路由表，以便保持有效的路由信息。

（3）路由器在转发报文的过程中，为了便于在网络间传送报文，按照预定的规则把大的数据包分解成适当大小的数据包，在到达目的地后再把分解的数据包包装成原有形式。

（4）多协议的路由器可以连接使用不同通信协议的网络段，以作为不同通信协议网络段通信连接的平台。

（5）路由器的主要任务是把通信引导到目的地网络，然后到达特定的节点站地址。后一个功能是通过网络地址分解完成的。例如，把网络地址部分的分配指定成网络、子网和区域的一组节点，其余的用来指明子网中的特别站。分层寻址允许路由器对有很多个节点站的网络存储寻址信息。

（6）中间节点路由器在网络中传输时，提供报文的存储和转发，同时根据当前的路由表所保持的路由信息情况，选择最好的路径传送报文。由多个互联的LAN组成的公司或企业网络一侧和外界广域网相连接的路由器，就是这个企业网络的边界路由器。它一方面从外部广域网收集向本企业网络寻址的信息，将其转发到企业网络中有关的网络段；另一方面集中企业网络中各个LAN段向外部广域网发送的报文，对相关的报文确定最好的传输路径。

（二）交换机

1. 网络交换机概念和原理

交换（switching）是按照通信两端传输信息的需要，用人工或设备自动完成的方法，把要传输的信息送到符合要求的相应路由上的技术统称。广义的交换机（switch）就是一种在通信系统中完成信息交换功能的设备。

在计算机网络系统中，交换概念的提出是对于共享工作模式的改进。以前的HUB集线器就是一种共享设备，HUB本身不能识别目的地址，当同一局域网内的A主机给B主机传输数据时，数据包在以HUB为架构的网络上是以广播方式传输的，由每一台终端通过验证数据包头的地址信息来确定是否接收。也就是说，在这种工作方式下，同一时刻网络上只能传输一组数据帧的通信，如果发生碰撞，那么还得重试，这种方式就是共享网络带宽。

交换机拥有一条很高带宽的背部总线和内部交换矩阵。交换机的所有端口都挂接在这条背部总线上，在控制电路收到数据包以后，处理端口会查找内存中的地址对照表以确定目的MAC（网卡的硬件地址）的NIC（网卡）挂接在哪个端口上，通过内部交换矩阵迅速将数据包传送到目的端口，目的MAC若不存在，才将其广播到所有的端口，接收端口回应后交换机会"学习"新的地址，并把它添加到内部MAC地址表中。

使用交换机也可以把网络"分段"，通过对照MAC地址表，交换机只允许必要的网络流量通过交换机。通过交换机的过滤和转发，可以有效地隔离广播风暴，减少误包和错包的出现，以避免共享冲突。

交换机在同一时刻可进行多个端口之间的数据传输。每一端口都可被视为独立的网段，连接在其上的网络设备独自享有全部的带宽，无需同其他设备竞争使用。当节点A向节点D发送数据时，节点B可同时向节点C发送数据，而且这两个传输都享有网络的全部带宽，都有着自己的虚拟连接。假使这里使用的是10Mbps的以太网交换机，那么该交换机这时的总流通量就为$2 \times 10Mbps = 20Mbps$，而在使用10Mbps的共享式HUB时，一个HUB的总流通量也不会超出10Mbps。

总之，交换机是一种基于MAC地址识别，能完成封装转发数据包功能的网络设备。交换机可以"学习"MAC地址，并把其存放在内部地址表中，通过在数据帧的始发者和目标接收者之间建立临时的交换路径，使数据帧直接由源地址到达目的地址。

2. 网络交换机分类

从广义上来看，交换机分为两种：广域网交换机和局域网交换机。广域网交换机主要应用于电信领域，提供通信用的基础平台；而局域网交换机则应用于局域网络，用于连接终端设备，如PC机及网络打印机等。从传输介质和传输速度上，交换机可分为以太网交换机、快速以太网交换机、千兆以太网交换机、FDDI交换机、ATM交换机和令牌环交换机等。从规模应用上，它又可分为企业级交换机、部门级交换机和工作组交换机等。各厂商划分的尺度并不是完全一致的，一般来讲，企业级交换机都是机架式，部门级交换机可以是机架式（插槽数较少），也可以是固定配置式，而工作组级交换机为固定配置式（功能较为简单）。另外，从应用的规模来看，在作为骨干交换机时，支持 500 个信息点以上大型企业应用的交换机为企业级交换机，支持 300 个信息点以下中型企业的交换机为部门级交换机，而支持 100 个信息点以内的交换机为工作组级交换机。

3. 网络交换机功能

交换机的主要功能包括物理编址、网络拓扑结构、错误校验、帧序列以及流控。目前交换机还具备了一些新的功能，如对 VLAN（虚拟局域网）的支持、对链路汇聚的支持，甚至有的还具有防火墙功能。

学习：以太网交换机了解与每一端口相连设备的 MAC 地址，并将地址同相应的端口映射起来存放在交换机缓存中的 MAC 地址表中。

转发/过滤：当一个数据帧的目的地址在 MAC 地址表中有映射时，它被转发到连接目的节点的端口而不是所有端口（如该数据帧为广播/组播帧，则将其转发至所有端口）。

消除回路：当交换机包括一个冗余回路时，以太网交换机通过生成树协议避免回路的产生，同时允许存在后备路径。

交换机除了能够连接同种类型的网络之外，还可以在不同类型的网络（如以太网和快速以太网）之间起到互连作用。如今许多交换机都能够提供支持快速以太网或 FDDI 等的高速连接端口，用于连接网络中的其他交换机或者为带宽占用量大的关键服务器提供附加带宽。

一般来说，交换机的每个端口都用来连接一个独立的网段，但是有时为了提供更快的接入速度，我们可以把一些重要的网络计算机直接连接到交换机的端口上。这样，网络的关键服务器和重要用户就拥有更快的接入速度，支持更大的信息流量。

4. 网络交换机方式

交换机通过以下三种方式进行交换。

1）直通式

直通方式的以太网交换机可以被理解为在各端口间是纵横交叉的线路矩阵电话交换机。它在输入端口检测到一个数据包时，检查该包的包头，获取包的目的地址，启动内部的动态查找表将目的地址转换成相应的输出端口，在输入与输出交叉处接通，把数据包直通到相应的端口，实现交换功能。由于不需要存储，所以延迟非常小、交换非常快，这是它的优点。它的缺点是，因为数据包内容并没有被以太网交换机保存下来，所以无法检查所传送的数据包是否有误，不能提供错误检测能力；由于没有缓存，不能将具有不同速率的输入/输出端口直接接通，而且容易丢包。

2）存储转发

存储转发方式是计算机网络领域应用最为广泛的方式。它把输入端口的数据包先存储起来，然后进行 CRC（循环冗余码校验）检查，在对错误包处理后才取出数据包的目的地址，通过查找表将目的地址转换成输出端口送出包。正因如此，存储转发方式在数据处理时延时大，这是它的不足，但是它可以对进入交换机的数据包进行错误检测，有效地改善网络性能。尤其重要的是，它可以支持不同速度的端口间的转换，保持高速端口与低速端口间的协同工作。

3）碎片隔离

碎片隔离是介于前两者之间的一种解决方案。它检查数据包的长度是否够 64 个字节，如果小于 64 字节，说明是假包，则丢弃该包；如果大于 64 字节，则发送该包。这种方式也不提供数据校验。它的数据处理速度比存储转发方式快，但比直通式慢。

5. 交换机的传输模式

传输模式有全双工、半双工及全双工/半双工自适应。

交换机的全双工是指交换机在发送数据的同时，也能够接收数据，两者同步进行，这好像我们平时打电话一样，在说话的同时也能够听到对方的声音。目前的交换机都支持全双工。全双工的好处在于迟延小、速度快。

与全双工密切对应的另一个概念是"半双工"，所谓半双工就是指在一个时间段内只有一个动作发生。举个简单的例子，一条窄窄的马路，同时只能有一辆车通过，但目前有两辆车对开，在这种情况下就只能让一辆先过，等这辆车到头后另一辆再开，这个例子就形象地说明了半双工的原理。早期的对讲机、集线器等设备都是实行半双工的产品。随着技术的不断进步，半双工会逐渐退出历史舞台。

6. 网络交换机交换技术

1）端口交换

端口交换技术最早出现在插槽式的集线器中，这类集线器的背板通常划分有多条以太网段（每条网段为一个广播域），不用网桥或路由连接，网络之间是互不相通的。以太主模块插入后通常被分配到某个背板的网段上，端口交换用于将以太模块的端口在背板的多个网段之间进行分配、平衡。根据支持的程度，端口交换还可细分为以下三种：

（1）模块交换。将整个模块进行网段迁移。

（2）端口组交换。通常模块上的端口被划分为若干组，每组端口允许进行网段迁移。

（3）端口级交换。支持每个端口在不同网段之间进行迁移。这种交换技术是基于 OSI 第一层上完成的，具有灵活性和负载平衡能力等优点。如果配置得当，那么还可以在一定程度进行容错，但其没有改变共享传输介质的特点，因而不能被称为真正的交换。

2）帧交换

帧交换是目前应用最广的局域网交换技术，它通过对传统传输媒介进行微分段，提供并行传送的机制，以减小冲突域，获得高的带宽。一般来讲，每个产品的实现技术均会有差异，但对网络帧的处理方式一般有以下几种：

（1）直通交换。提供线速处理能力，交换机只读出网络帧的前 14 个字节，便将网络帧传送到相应的端口上。

（2）存储转发。通过对网络帧的读取进行验错和控制。

前一种方法的交换速度非常快，但缺乏对网络帧进行更高级的控制，缺乏智能性和安全性，同时也无法支持具有不同速率的端口的交换。因此，各厂商都把后一种技术作为重点。

有的厂商甚至对网络帧进行分解，将帧分解成固定大小的信元，该信元处理极易用硬件实现，处理速度快，同时能够完成高级控制功能（如美国 MADGE 公司的 LET 集线器），如优先级控制。

（3）信元交换。ATM 技术采用固定长度 53 个字节的信元交换。由于长度固定，因而便于用硬件实现。ATM 采用专用的非差别连接，并行运行，可以通过一个交换机同时建立多个节点，但并不会影响每个节点之间的通信能力。ATM 还容许在源节点和目标、节点建立多个虚拟链接，以保障足够的带宽和容错能力。ATM 采用了统计时分电路进行复用，因而能大大提高通道的利用率。ATM 的带宽可以达到 25M、155M、622M 甚至数 GB 的传输能力。但随着万兆以太网的出现，曾经代表网络和通信技术发展未来方向的 ATM 技术，开始逐渐失去存在的意义。

（三）防火墙

1. 防火墙的定义

所谓防火墙指的是一个由软件和硬件设备组合而成，在内部网和外部网之间、专用网与公共网之间的界面上构造的保护屏障。它是一种获取安全性方法的形象说法，是一种计算机硬件和软件的结合，使 Internet 与 Intranet 之间建立起一个安全网关（security gateway），从而保护内部网免受非法用户的侵入。防火墙主要由服务访问规则、验证工具、包过滤和应用网关四个部分组成。

2. 防火墙的类型

防火墙主要分为网络层防火墙和应用层防火墙两种类型。这两种类型的防火墙也许会重叠，单一系统也许会将两个一起实施。

1）网络层防火墙

网络层防火墙可被视为一种 IP 封包过滤器，运作在底层的 TCP/IP 协议堆栈上。我们可以以枚举的方式，只允许符合特定规则的封包通过，其余的一概禁止其穿越防火墙。这些规则通常可以经由管理员定义或修改，不过某些防火墙设备可能只能套用内置的规则。

我们也能以另一种较宽松的角度来制定防火墙规则，只要封包不符合任何一项"否定规则"，就对其予以放行。现在的操作系统及网络设备大多已内置防火墙功能。

较新的防火墙能利用封包的多样属性来进行过滤，如来源 IP 地址、来源端口号、目的 IP 地址或端口号、服务类型（如 WWW 或是 FTP），也能经由通信协议、TTL 值、来源的网域名称或网段等属性来进行过滤。

2）应用层防火墙

应用层防火墙是在 TCP/IP 堆栈的"应用层"上运作，使用浏览器时所产生的数据流或是使用 FTP 时的数据流都是属于这一层。应用层防火墙可以拦截进出某应用程序的所有封包，并且封锁其他的封包（通常是直接将封包丢弃）。理论上，这一类防火墙可以完全阻绝外部的数据流进到受保护的机器里。

防火墙借由监测所有的封包并找出不符规则的内容，可以防范电脑蠕虫或是木马程序的快速蔓延。不过就实现而言，这个方法非常繁琐复杂，所以大部分的防火墙都不会考虑以这种方法设计。

3. 防火墙的功能

防火墙对流经它的网络通信进行扫描，这样能够过滤掉一些攻击，以免其在目标计算机上被执行。防火墙还可以关闭不使用的端口。而且它还能禁止特定端口的流出通信，封锁特洛伊木马。最后，它可以禁止来自特殊站点的访问，从而防止来自不明入侵者的所有通信。

1）防火墙是网络安全的屏障

一个防火墙（作为阻塞点、控制点）能极大地提高一个内部网络的安全性，并通过过滤不安全的服务而降低风险。由于只有经过精心选择的应用协议才能通过防火墙，所以网络环境变得更安全。例如，防火墙可以禁止诸如众所周知的不安全的 NFS 协议进出受保护网络，这样外部的攻击者就不可能利用这些脆弱的协议来攻击内部网络。防火墙同时可以保护网络免受基于路由的攻击，如 IP 选项中的源路由攻击和 ICMP 重定向中的重定向路径。防火墙可以拒绝以上所有类型攻击的报文并通知防火墙管理员。

2）防火墙可以强化网络安全策略

通过以防火墙为中心的安全方案配置，能将所有安全软件（如口令、加密、身份认证和审计等）配置在防火墙上。与将网络安全问题分散到各个主机上相比，防火墙的集中安全管理更经济。例如，在网络访问时，一次一密口令系统和其他的身份认证系统完全可以不必分散在各个主机上，而集中在防火墙一身上。

3）对网络存取和访问进行监控审计

如果所有的访问都经过防火墙，那么，防火墙就能记录下这些访问并作出日志记录，同时也能提供网络使用情况的统计数据。当发生可疑动作时，防火墙能进行适当的报警，并提供网络是否受到监测和攻击的详细信息。另外，收集一个网络的使用和误用情况也是非常重要的。最重要的理由是这样可以清楚防火墙是否能够抵挡攻击者的探测和攻击，并且清楚防火墙的控制是否充足。而网络使用统计对网络需求分析和威胁分析等而言也是非常重要的。

4）防止内部信息的外泄

通过利用防火墙对内部网络的划分，可实现内部网重点网段的隔离，从而限制了局部重点或敏感网络安全问题对全局网络造成的影响。再者，隐私是内部网络非常关心的问题，一个内部网络中不引人注意的细节可能由于包含了有关安全的线索而引起外部攻击者的兴趣，甚至因此而暴露了内部网络的某些安全漏洞。使用防火墙就可以隐蔽那些透露内部细节如 Finger、DNS 等服务。Finger 显示了主机的所有用户的注册名、真名、最后登录时间和使用 shell 类型等，而且 Finger 显示的信息非常容易被攻击者所获悉。攻击者可以知道一个系统使用的频繁程度，这个系统是否有用户正在连线上网，这个系统是否在被攻击时引起注意，等等。防火墙可以同样阻塞有关内部网络中的 DNS 信息，这样一台主机的域名和 IP 地址就不会被外界所了解。

除了安全作用，防火墙还支持具有 Internet 服务特性的企业内部网络技术体系 VPN（虚拟专用网）。

（四）网闸

1. 网闸的概念

网闸的全称是安全隔离网闸，英文名称是"GAP"，是使用带有多种控制功能的固态开关读写介质连接两个独立主机系统的信息安全设备。由于物理隔离网闸所连接的两个独立主机系统之间不存在通信的物理连接、逻辑连接、信息传输命令和信息传输协议，不存在依据协议的信息包转发，只有数据文件的无协议"摆渡"，且对固态存储介质只有"读"和"写"两个命令。所以，物理隔离网闸从物理上隔离、阻断了具有潜在攻击可能的一切连接，使"黑客"无法入侵、无法攻击、无法破坏，实现了真正的安全。

2. 网闸的分类

如今，网络隔离技术已得到环境信息化领域中越来越多用户的重视，重要的网络和部门均开始采用隔离网闸产品来保护内部网络和关键点的基础设施。目前世界上主要有三类隔离网闸使用的是物理隔离交换（SGAP）技术，即 SCSI 技术、双端口 RAM 技术和物理单向传输技术。SCSI 是典型的拷盘交换技术；双端口 RAM 是模拟拷盘技术；物理单向传输技术则是二极管单向技术。

3. 网闸的功能

网闸在数字环保网络安全性方面的作用主要体现在以下几个方面：

（1）通过虚拟地址，可以划分出多个虚拟安全区，实现内部网络或外部网络自身的网段逻辑隔离；

（2）通过扫描攻击检测模块，可以自动检测端口扫描、洪水攻击、伪造攻击等网络入侵行为，并且能立刻阻断这些网络入侵行为；

（3）通过态机检测模块，可以有效阻断网络中的注入攻击、序列号攻击等；

（4）通过内核过滤模块，可以基于硬件、网络地址、网段和网络协议等设定条件，对网络数据进行直接过滤；

（5）通过数据交换模块（协议还原、协议再生），可以为应用层解析提供完整的应用数据流，并能通过隔离交换服务完成隔离网络之间应用交换；

（6）通过应用数据解析模块，可以对常用协议的应用数据进行内容过滤、病毒扫描；

（7）通过同步数据接收模块，为隔离网络提供专用的数据同步服务。

（五）VPN

1. VPN 概念

VPN 的英文全称是"virtual private network"，翻译过来就是"虚拟专用网络"。顾名思义，对于虚拟专用网络，我们可以把它理解成是虚拟出来的机构内部专线，在数字环保内就是连接各环保机构间的环保专网。VPN 的核心就是利用公共网络建立虚拟私有网。它可以通过特殊加密的通信协议在连接在 Internet 上的位于不同地方的两个或多个环保机构内部网之间建立一条专有的通信线路，就好比是架设了一条专线一样，但是它并不需要真正地去铺设光缆之类的物理线路。VPN 技术原是路由器具有的重要技术之一，目前在交换机、防火墙设备和 Windows 2000 等软件里也都支持 VPN 功能。

2. VPN 网络协议

到目前为止，VPN 已经可以在网络协议的多个层次上实现，从数据链路层、网络层、传输层一直到应用层。各层的安全协议依次介绍如下。

1）数据链路层

PPTP 是由微软公司开发并安装在 Windows NT 4.0、Windows98 等系统上的加密软件，它是以 IP 协议封装 PPP 帧，通过在 IP 网上建立的隧道来透明传送 PPP 帧的隧道化协议。

L2TP 则是将 Cisco 公司开发的 L2F 和 PPTP 综合后的 VPN 协议，它和 IPsec 一起安装在 Windows2000 操作系统上，IETF 正在对其进行标准化。

2）网络层

Internet 工程任务组（IETF）下属的 Internet 安全协议工作组（IPSEC）对 IP 安全协议（IPSP）和对应的 Internet 密钥管理协议（IKMP）进行标准化所得到的新一代因特网安全协议——IPsec，可以说是目前公认的最有前途的网络层标准安全通信协议（IPsec 本身也还处于不断发展和完善之中，没有最后完成）。该协议本身就是下一代 IP 协议——IPv6 的一部分，目的就是改变目前 IPv4 协议本身的不安全性，同时也能够兼容当前流行的 IPv4。

IPsec 协议主要包括：

（1）认证头（AH）。不是对用户的身份进行认证，而是对 IP 分组进行认证，以防止在传输过程中 IP 分组内的数据被篡改，此外它还提供防御重发攻击（replay attack）的功能。

（2）封装安全有效负荷（ESP）。除对 IP 分组进行认证之外，还提供对传输数据的加密处理功能，也提供防御重发攻击的功能。

（3）密钥交换协议（IKE）。当利用 IPsec 进行保密通信时，在通信前双方应当协商交换会话密钥，密钥管理协议包括 ISAKMP（RFC2408）、IKE（RFC2409）及 Oakley（RFC2412）。

最先标准化的是 ISAKMP（Internet 安全组合与密钥管理协议）及 Oakley，前者规定了通用密钥交换的框架；后者规定了密钥具体的交换方法。其后，对 IKE（Internet 密钥交换）协议进行了标准化。

3）传输层

传输层（包括会话层）的安全协议有 Netscape Communications 开发的 SSL（secure sockets layer），以及以其为基础由 IETF 标准化的 TLS（transport layer secure）和 SOCKSv5 等。

SSL 本来是为了对 WWW 浏览器和 WWW 服务器间的超文本传输协议（HTTP）加密而开发的，作为标准配置被安装在 Internet Explorer 及 Netscape Navigator 等 WWW 浏览器上。然而，SSL 并非是 Web 专用的应用协议，它位于 TCP 与应用层之间，也能让 Telnet 及 SMTP、FTP 等其他的应用协议运行。但 SSL 只适用于 TCP，不能处理 UDP 应用。

TLS 是将 SSL 通用化的加密协议，由 IETF 标准化，1999 年 1 月公布了 RFC2246（The TLS Protocol Version 1.0）文件。

SOCKS 是由防火墙技术发展起来的，从版本 5 起成为具有认证功能的 VPN 协议，以 RFC1928 文件发布。SOCKSv5 既适用于 TCP，也适用于 UDP。当 SOCKS 同 SSL 协议配合使用时，可作为建立高度安全的 VPN 的基础。SOCKS 协议的优势在于访问控制，因此适用于安全性较高的 VPN。

4）应用层

加密电子邮件、与远程登录有关的加密技术是典型的应用层安全协议。

（1）加密电子邮件。加密电子邮件有 PEM（privacy enhanced mail）、MOSS（MIME object security services）、S/MIME（secure/multipurpose internet mail extensions）及 PGP（pretty good privacy）等。

PEM 是 Internet 上最初的加密邮件协议，1993 年以 RFC1421～RFC1424 文件发布。MOSS 协议与 PEM 不同，PEM 只处理文本数据，而 MOSS 还能对与 MIME 对应的多媒体数据进行加密，它包含了 PEM，1995 年以 RFC1847.1848 文件发布。S/MIME 不仅处理文本字符，还主要提供适配 MIME 的安全功能，用来处理图像、音频及视频等多媒体数据，1998 年以 RFC2311～RFC2315 文件发布。PGP 是美国 Philip Zimmermann 开发的加密技术，它提供电子邮件及文件的安全服务。

（2）远程登录。在通过 Internet 对本企业的主机做远程登录的情况下，为防止来自外界的非法访问，应充分考虑安全性。SSH（secure shell）、PET（privacy enhanced telnet）及 SSL-Telnet 提供了这种远程登录的安全技术。

SSH 是对 BSD（berkeley software distribution）系列的 Unix 的 rsh（remote shell）/ rlogin（remote login）等 r（remote）命令加密提供安全的技术。它在每次和对方建立连接（session）时，生成不同的密钥。此外，SSH 还支持利用公开密钥的认证。PET 是富士通和 WIDE Project 开发的加密 Telnet（虚拟终端功能）。SSL-Telnet 是利用 SSL 对 Telnet 加密的协议。

S-HTTP 是为保证 WWW 的安全，在 HTTP 协议的基础上，由 EIT（Enterprise Integration Technology Corp.）开发的协议。该协议利用 MIME，基于文本进行加密、报文认证和密钥分发等。

虽然 VPN 协议可在数据链路层到应用层的各个网络层上实现，但从简便性和安全性考虑，最可行的方式还是在应用层或传输层上实现。首先，实现的方法可以针对具体应用和协议分别修改相应协议，但这样做工作量大，且不易实现。其次，可以选择具有一定通用性的安全系统，最好不要求改动原有应用程序（不涉及具体的应用，就可以实现 VPN 协议）。另外，也可以采用认证和密钥分配系统，但认证和密钥分配系统提供的是一个应用编程界面（API），它可以用来为任何网络应用程序提供安全服务，这样做仍要求对应用本身作出改动，所以提供一个标准化的安全 API 就显得格外重要。

3. VPN 的分类方案

针对不同的用户要求，VPN 有三种解决方案：远程访问虚拟网（Access VPN）、企业内部虚拟网（Intranet VPN）和企业扩展虚拟网（Extranet VPN）。这三种类型的 VPN 分别与传统的远程访问网络、企业内部的 Intranet 以及企业网和相关合作伙伴的企业网所构成的 Extranet（外部扩展）相对应。

（六）IDS

IDS 是英文"intrusion detection systems"的缩写，中文意思是"入侵检测系统"。从专业上讲，它就是依照一定的安全策略，对网络、系统的运行状况进行监视，尽可能发现各种攻击企图、攻击行为或者攻击结果，以保证网络系统资源的机密性、完整性和可用性。

我们作一个形象的比喻：假如防火墙是一幢大楼的门锁，那么 IDS 就是这幢大楼里的监视系统。一旦有小偷爬窗进入大楼，或内部人员有越界行为，只有实时监视系统才能发现情况并发出警告。

不同于防火墙，IDS 入侵检测系统是一个监听设备，它没有跨接在任何链路上，无须网络流量流经它便可以工作。因此，对 IDS 的部署唯一的要求是：IDS 应当挂接在所有所关注流量都必须流经的链路上。在这里，"所关注流量"指的是来自高危网络区域的访问流量和需要进行统计、监视的网络报文。在如今的网络拓扑中，已经很难找到以前的 HUB 式的共享介质冲突域的网络，绝大部分的网络区域都已经全面升级到交换式的网络结构。因此，IDS 在交换式网络中的位置一般选择在尽可能靠近攻击源和尽可能靠近受保护资源的位置。这些位置通常是：服务器区域的交换机上；Internet 接入路由器之后的第一台交换机上；以及重点保护网段的局域网交换机上。

防火墙和 IDS 可以分开操作，IDS 是个监控系统，可以自行选择合适的设置或是符合需求的规则，如果发现规则或监控不完善，可以通过更改设置及规则或重新设置来完善。

（七）UTM

1. UTM 概念

2004 年 9 月，IDC（Internet Data Center，互联网数据中心）首度提出"统一威胁管理"（unified threat management，UTM）的概念，即将防病毒、入侵检测和

防火墙安全设备划归这一新类别。该概念引起了业界的广泛重视，并推动了以整合式安全设备为代表的市场细分的诞生。由 IDC 提出的 UTM 是指由硬件、软件和网络技术组成的具有专门用途的设备，它主要提供一项或多项安全功能，将多种安全特性集成于一个硬件设备里，构成一个标准的统一管理平台。从这个定义上来看，IDC 既提出了 UTM 产品的具体形态，又涵盖了更加深远的逻辑范畴。从定义的前半部分来看，众多安全厂商提出的多功能安全网关、综合安全网关、一体化安全设备等产品都可被划归到 UTM 产品的范畴；而从后半部分来看，UTM 的概念还体现出，在信息产业经过多年发展之后，对安全体系的整体认识和深刻理解。目前，UTM 常被定义为由硬件、软件和网络技术组成的具有专门用途的设备，它主要提供一项或多项安全功能，同时将多种安全特性集成于一个硬件设备里，形成标准的统一威胁管理平台。UTM 设备应该具备的基本功能包括网络防火墙、网络入侵检测/防御和网关防病毒功能。

虽然 UTM 集成了多种功能，但却不一定要同时开启。根据不同用户的不同需求以及不同的网络规模，UTM 产品分为不同的级别。也就是说，如果用户需要同时开启多项功能，则需要配置性能比较高、功能比较丰富的产品。

2. UTM 功能

随着时间的演进，不论是数字环保还是全球互联网的信息安全威胁，都开始逐步呈现出网络化和复杂化的态势。无论是从数量还是从形式方面，之前的安全威胁和恶意行为与现今都不可同日而语。仅仅在几年之前，我们还可以如数家珍地讲述各种流行的安全漏洞和攻击手段，而现在这已经相当困难，没有保护的计算机设备面临的安全困境远超从前。

传统的防病毒软件只能用于防范计算机病毒，防火墙只能对非法访问通信进行过滤，而入侵检测系统只能被用来识别特定的恶意攻击行为。在一个没有得到全面防护的计算机设施中，安全问题的炸弹随时都有爆炸的可能，用户必须针对各种安全威胁部署相应的防御手段，这样就使信息安全工作的复杂度和风险性都难以下降。

UTM 类型的产品是一种整合式安全设备，可以更智能、更多渠道地获取危险信息，并可协同处理日益复杂的攻击。

3. UTM 的优点

1）整合所带来的成本降低

UTM 将多种安全功能整合在同一产品当中，能够让这些功能组成统一的整体以发挥作用，相比于单个功能的累加功效更强，特别适用于很多小型环保机构。包含多个功能的 UTM 安全设备的价格较之单独购买这些功能要低，这使得应用者可以用较低的成本获得相比以往更加全面的安全防御设施。

2）降低信息安全工作的强度

由于 UTM 安全产品可以一次性地获得以往多种产品的功能，并且只要插接在网络上就可以完成基本的安全防御功能，所以在部署过程中可以大大降低工作强度。另外，UTM 安全产品的各个功能模块遵循同样的管理接口，并具有内建的联动能力，所以在使用上也远较传统的安全产品简单。在同等安全需求条件下，UTM 安全设备的数量要低于传统安全设备，这样将减小环保机构网络建设和维护的成本。

3）降低技术的复杂度

由于 UTM 安全设备中被装入了很多的功能模块，所以设计者为提高易用性进行了很多考虑。另外，这些功能的协同运作无形中降低了掌握和管理各种安全功能的难度以及用户误操作的可能。对于没有专业信息安全人员及技术力量相对薄弱的环保机构来说，使用 UTM 产品可以提高这些组织应用信息安全设施的质量。

4. UTM 的缺点

1）网关防御的弊端

网关防御在防范外部威胁的时候非常有效，但是在面对内部威胁的时候就无法发挥作用了。有很多资料表明，造成组织信息资产损失的威胁大部分来自于组织内部，所以以网关型防御为主的 UTM 设备目前尚不是解决安全问题的万灵药。

2）过度集成带来的风险

将所有功能集成在 UTM 设备当中，使得抗风险能力有所降低。一旦该 UTM 设备出现问题，那么将导致所有的安全防御措施失效。UTM 设备的安全漏洞也会造成相当严重的损失。

3）性能和稳定性

尽管使用了很多专门的软硬件技术用于提供足够的性能，但是在同样的空间下实现更高的性能输出还是会对系统的稳定性造成影响。目前 UTM 安全设备的稳定程度相比传统安全设备来说仍有不少可改进之处。

5. UTM 发展趋势

总体来看，UTM 产品为信息安全用户提供了一种更加实用也易用的选择。环保机构可以在一个更加统一的架构上建立自己的安全基础设施，而以往困扰数字环保网络建设者的安全产品联动性等问题也能够得到极大的缓解。相对于提供单一的专有功能的安全设备，UTM 在一个通用的平台上提供了组合多种安全功能的可能，数字环保网络建设者既可以选择具备全面功能的 UTM 设备，也可以根据自己的需要选择某几个方面的功能。

当前的整合式安全理念呈现出两种不同的发展方向：一是在统一威胁管理的框架下融合多个厂商的多种技术和产品；二是组合多种功能形成整合化的 UTM

安全设备。虽然整合式的 UTM 安全设备更加简单易用，并具有更多先进的设计元素，但是整合多种现有产品形成有效的解决方案仍然会在 UTM 市场中占有重要的地位。

（八）反病毒软件

1. 反病毒软件简介

反病毒软件，国内也称杀毒软件，简称"杀软"["杀毒软件"是由国内老一辈反病毒软件厂商起的名字，后来由于和世界反病毒业接轨将其称为"反病毒软件"（anti-virus software）或"安全防护软件"（safe-defend software），近年来陆续出现了集成防火墙的"互联网安全套装"、"全功能安全套装"等名词，都属一类]，是用于消除电脑病毒、特洛伊木马和恶意软件的一类软件。反病毒软件通常集成监控识别、病毒扫描及清除和自动升级等功能，有的反病毒软件还带有数据恢复等功能。部分反病毒软件同时具有黑客入侵，网络流量控制等功能。

2. 反病毒软件原理

反病毒软件的任务是实时监控和扫描磁盘。部分反病毒软件通过在系统添加驱动程序的方式进驻系统，并且随操作系统启动。大部分的杀毒软件还具有防火墙功能。

反病毒软件的实时监控方式因软件而异。有的反病毒软件是通过在内存里划分一部分空间，将电脑里流过内存的数据与反病毒软件自身所带的病毒库（包含病毒定义）的特征码相比较，以判断其是否为病毒。另一些反病毒软件则在所划分到的内存空间里面，虚拟执行系统或用户提交的程序，根据其行为或结果作出判断。

而扫描磁盘的方式则和上面提到的实时监控的第一种工作方式一样，只是在这里，反病毒软件将会将磁盘上所有的文件（或者用户自定义的扫描范围内的文件）作一次检查。

3. 杀毒软件最新技术——云安全

"云安全"（cloud security）计划是网络时代信息安全的最新体现，它融合了并行处理、网格计算、未知病毒行为判断等新兴技术和概念，通过网状的大量客户端对网络中软件行为的异常监测，获取互联网中木马、恶意程序的最新信息，将其推送到 Server 端进行自动分析和处理，再把病毒和木马的解决方案分发到每一个客户端。

未来杀毒软件将无法有效地处理日益增多的恶意程序。来自互联网的主要威胁正在由电脑病毒转向恶意程序及木马，在这样的情况下，采用的特征库判别法显然已经过时。在应用云安全技术后，识别和查杀病毒不再仅仅依靠本地硬盘中的病毒库，而是依靠庞大的网络服务，实时进行采集、分析以及处理。整个互联网就是一个巨大的"杀毒软件"，参与者越多，每个参与者就越安全，整个互联网就会更安全。

云安全技术是 P2P 技术、网格技术、云计算技术等分布式计算技术混合发展、自然演化的结果。

第三节 数字环保网络安全

一、数字环保网络安全概述

（一）网络安全概念

网络安全是指网络系统的硬件、软件及其系统中的数据受到保护，不因偶然的或者恶意的原因而遭受到破坏、更改、泄露，系统连续、可靠、正常地运行，网络服务不中断。网络安全从本质上来讲就是网络上的信息安全。从广义来说，凡是涉及网络上信息的保密性、完整性、可用性、真实性和可控性的相关技术和理论都是网络安全的研究领域。网络安全是一门涉及计算机科学、网络技术、通信技术、密码技术、信息安全技术、应用数学、数论及信息论等多种学科的综合性学科。

由于数字环保网络是各种网络技术在环境信息化中的应用，涵盖各种网络类型，所以不同层次、不同规模、不同类型的环保网络建设与维护中所应用到的网络安全技术基本涵盖所有网络安全范畴。由于数字环保网络除了满足基本的连接互联网的需求外，更多的是建设环境管理的信息传输专网，因此，从环保网络的使用者的角度来说，他们更多的是希望环保数据信息在网络上传输时受到机密性、完整性和真实性的保护，避免其他人利用窃听、冒充、篡改及抵赖等手段侵犯用户的利益和隐私。

（二）数字环保网络安全特性

数字环保网络安全应具有以下五个方面的特征。

（1）保密性。非公开环保信息不泄露给非授权用户、实体或过程，或供其利用的特性。

（2）完整性。环境数据未经授权不能进行改变。即环境信息在存储或传输过程中保持不被修改、不被破坏和丢失的特性。

（3）可用性。可被授权实体访问并按需求使用的特性。即当环保网络使用者需要时能否存取所需的信息。

（4）可控性。环保机构或其他环境信息的发布者对信息的传播及内容具有控制能力。

（5）可审查性。当环保网络出现安全问题时提供依据与手段。

对于环保网络安全问题，应该像每家每户的防火、防盗问题一样，做到防患于未然，避免当自己成为被攻击目标的时候措手不及，造成极大的损失。

（三）数字环保网络安全类型

随着计算机技术的迅速发展，在计算机上处理的环保业务也由基于单机的数学运算、文件处理以及基于简单连接的内部网络的内部业务处理、办公自动化等，发展到基于复杂的内部网（Intranet）、环保专网、全球互联网（Internet）的环境管理业务计算机处理系统和世界范围内的环境信息共享和业务处理。在系统处理能力提高的同时，系统的连接能力也在不断地提高。但在连接能力、信息流通能力提高的同时，基于网络连接的安全问题也日益突出，环保网络与其他应用领域网络一样，网络安全主要表现在以下几个方面：

（1）运行系统安全，即保证环境信息处理和传输系统的安全。它侧重于保证整套环境信息传输系统正常运行，避免因为系统的崩溃和损坏而对系统存储、处理和传输的环境信息造成破坏和损失，避免由于电磁泄漏而产生信息泄露，干扰他人或受他人干扰。

（2）网络上的信息安全，即应用包括用户口令鉴别、用户存取权限控制、数据存取权限与方式控制、安全审计、安全问题跟踪、计算机病毒防治、数据加密等安全防护与控制手段保证环保网络上的环境信息的安全性。

（3）网络上环境信息传播安全，即信息传播后果的安全应用信息过滤等手段避免公用网络上大量自由传输的信息失控。它侧重于防止和控制非法、有害的信息进行传播后的后果。

（4）网络上信息内容的安全，侧重于保护信息的保密性、真实性和完整性，避免攻击者利用系统的安全漏洞进行窃听、冒充和诈骗等有损于合法用户的行为，本质上是保护用户的利益和隐私。

二、数字环保网络安全分析

（一）物理安全分析

环保网络的物理安全是整个网络系统安全的前提。在环保网工程建设中，由于网络系统属于弱电工程，耐压值很低。因此，在网络工程的设计和施工中，必须优先考虑保护人和网络设备不受电、火灾和雷击的侵害；考虑布线系统与照明电线、动力电线、通信线路、暖气管道及冷热空气管道之间的距离；考虑布线系统和绝缘线、裸体线以及接地与焊接的安全；必须建设防雷系统，而且防雷系统不仅考虑建筑物防雷，还必须考虑计算机及其他弱电耐压设备的防雷。总体来说，物理安全的风险主要有：地震、水灾、火灾等环境事故；电源故障；人为操作失误或错误；设备被盗、被毁；电磁干扰；线路被截获；高可用性的硬件；双机多冗余的设计；机房环境及报警系统、安全意识等。

（二）网络结构的安全分析

环保网络拓扑结构设计也直接影响到网络系统的安全性。例如，当在某个环保机构的外网和内网之间进行通信时，内网的机器安全就会受到威胁，同时也影响在这一网络上的许多其他系统。透过网络传播，还会影响到连上 Internet/Intrant 的其他网络，还可能涉及政府、金融等安全敏感领域。因此，在设计时有必要将公开服务器（Web、DNS、Email 等）和外网及内部其他业务网络进行必要的隔离，避免网络结构信息外泄；同时还要对外网的服务请求加以过滤，只允许正常通信的数据包到达相应主机，其他的请求服务在到达主机之前就应该遭到拒绝。

（三）系统的安全分析

所谓系统的安全，是指整个环保网络操作系统和网络硬件平台是否可靠且值得信任。目前恐怕没有绝对安全的操作系统可以选择，无论是 Microsoft 的 Windows 系统或者其他任何商用 Unix 操作系统，都有一定的安全漏洞，没有完全安全的操作系统。不同层次的数字环保网络建设者应从不同的方面对其网络作详尽分析，选择安全性尽可能高的操作系统。因此，这就不但要选用尽可能可靠的操作系统和硬件平台，并对操作系统进行安全配置。同时还必须加强登录过程的认证（特别是在到达服务器主机之前的认证），确保用户的合法性，严格限制登录者的操作权限，将其完成的操作限制在最小的范围内。

（四）应用系统的安全分析

环境信息应用系统的安全跟具体的业务应用有关，涉及面很广，其安全是动态的和不断变化的，同时也涉及信息的安全性。

（1）环保信息应用系统的安全是动态的、不断变化的。

应用的安全涉及很多方面，以目前环保领域中应用最为广泛的数据安全来说，其解决方案有冷备、热备、集群、负载均衡、自动及手动等多种方式。环境信息应用系统在不断发展，且应用系统类型也在不断增加。在应用系统的安全性上，主要考虑尽可能建立安全的系统平台，而且通过专业的安全工具不断发现漏洞，修补漏洞，以提高系统的安全性。

（2）环境信息应用系统的安全性涉及信息、数据的安全性。

环境信息的安全性涉及环境机密信息泄露、未经授权的访问、破坏信息完整性、假冒，以及破坏系统的可用性等。在数字环保网络系统中涉及很多环保政府的机密信息，如果一些重要信息遭到窃取或破坏，会造成严重的政治、经济影响。因此，对使用计算机者必须进行身份认证，对于重要信息的通信必须授权，传输必须加密。采用多层次的访问控制与权限控制手段，实现对数据的安全保护；采用加密技术，保证网上传输信息（包括管理员口令与账户、上传信息等）的机密性与完整性。

（五）管理的安全风险分析

管理是数字环保网络安全中最重要的部分。责权不明、安全管理制度不健全及缺乏可操作性等都可能引起管理安全的风险，当环保网络出现攻击行为或受到其他一些安全威胁时（如内部人员的违规操作等），无法进行实时的检测、监控、报告与预警等问题。同时，当事故发生后，也无法提供黑客攻击行为的追踪线索及破案依据，即缺乏对网络的可控性与可审查性。这就要求必须对站点的访问活动进行多层次的记录，及时发现非法入侵行为。

建立数字环保网络安全机制，必须深刻理解网络并能提供直接的解决方案，将制定健全的管理制度和进行严格管理相结合，保障网络的安全运行，使其成为一个具有良好的安全性、可扩充性和易管理性的环境信息网络。

（六）数字环保网络中外网安全隐患的主要体现

环保机构的外网一般连接到互联网（Internet），其安全隐患主要表现在以下几个方面：

（1）Internet 是一个开放的、无控制机构的网络，黑客（hacker）经常会侵入网络中的计算机系统，或窃取机密数据和盗用特权，或破坏重要数据，或使系统功能得不到充分发挥直至瘫痪。

（2）Internet 的数据传输基于 TCP/IP 通信协议进行，这些协议缺乏使传输过程中的信息不被窃取的安全措施。

（3）Internet 上的通信业务多数使用 Unix 操作系统来支持，Unix 操作系统明显存在的安全脆弱性问题会直接影响安全服务。

（4）在计算机上存储、传输和处理的电子信息，还没有像传统的邮件通信那样进行信封保护和签字盖章。信息的来源和去向是否真实，内容是否被改动，以及是否被泄露等，在应用层支持的服务协议中并无保障机制。

（5）电子邮件存在着被拆看、误投和伪造的可能性，使用电子邮件传输重要机密信息存在很大危险。

（6）计算机病毒通过 Internet 的传播会给连接外网的环保机构计算机带来极大危害，病毒可能使计算机和计算机网络系统瘫痪、数据和文件丢失，并有可能传播给环保系统中的其他计算机。

三、数字环保网络安全的解决方案

根据网络的应用现状和网络的结构，可将数字环保网络系统安全防范体系划分为物理层安全、网络层安全、系统层安全、应用层安全和安全管理五个层次（见图 4-6）。数字环保网络安全总体解决方案如图 4-7 所示。

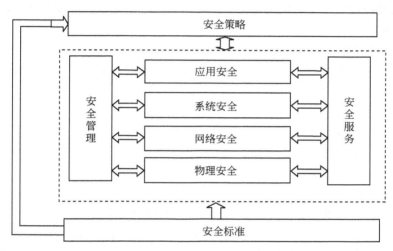

图 4-6 数字环保网络系统安全体系模型

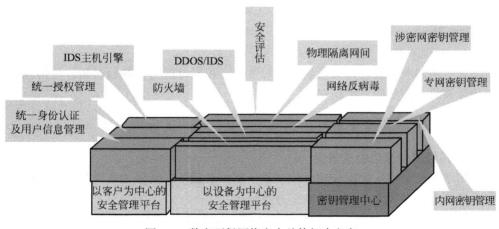

图 4-7 数字环保网络安全总体解决方案

（一）物理层安全解决方案

保证计算机信息系统各种设备的物理安全是保障整个数字环保网络系统安全的前提。物理安全是保护计算机网络设备、设施以及其他媒体免遭水灾、火灾等环境事故，以及人为操作失误或错误及各种计算机犯罪行为导致的破坏的过程。网络的物理层安全风险包括：①设备被盗、被毁坏；②链路老化或被有意或者无意地破坏；③因电子辐射造成信息泄露；④设备意外故障、停电；⑤火灾、水灾等自然灾害。

网络的物理层安全防护主要包括几个方面：环境安全、设备安全、媒体安全和物理隔断。

1）环境安全

环境安全是指对数字环保网络系统所在环境进行安全保护，如区域保护和灾难保护。

2）设备安全

设备安全主要包括数字环保网络相关设备的防盗、防毁、防电磁信息辐射泄漏、防止线路截获、抗电磁干扰、电源保护和设备冗余备份等。这些措施通过严格管理及提高员工的整体安全意识来实现。

3）媒体安全

媒体安全包括媒体数据的安全及媒体本身的安全。为保证信息网络系统的物理安全，除网络规划和场地、环境等要求之外，还要防止系统信息在空间的扩散。计算机系统通过电磁辐射使信息被截获而失密的案例有很多，在理论和技术支持下的验证工作也证实这种截取距离在几百甚至可达上千米的复原显示技术给计算机系统信息的保密工作带来了极大的危害。为了防止系统中的信息在空间上的扩散，通常是通过在物理上采取一定的防护措施，来减少或干扰扩散出去的空间信号。

4）物理隔断

数字环保网络要进行清楚划分，对可信网和不可信网要物理隔断，可信网络上的计算机不能访问不可信网络。

（二）网络层安全解决方案

1. 网络层安全风险的规避

网络层安全存在数据传输风险、重要数据被破坏、网络边界风险、网络设备安全风险等各种风险，可通过以下方案解决。

（1）在内网与专网之间实现逻辑隔离。即配置具有 VPN 功能的防火墙，实现安全代理、信息包过滤、内外地址绑定等，防止非授权用户经过专网非法访问内网。

（2）在外网与互联网的边界处设置防火墙，实现逻辑隔离。

（3）在外网的入口处配置网络入侵检测设备，实时检测网络的安全运行状态，即时发现网络"黑客"的入侵行为。

（4）设置抗拒绝服务网关，保障网络在 DOS/DDOS 攻击之下能安全运行。

（5）对规模较大的内网采用虚拟局部网络（VLAN），保障内网中敏感业务和数据安全。

（6）在网络层采用 IPSec 技术或在传输子层采用 SSL 技术构建 VPN 网络，实现信息传输的保密性、完整性和不可否认性。

（7）设置网络安全漏洞扫描和安全性能评估设备，不定期对全网进行安全漏洞扫描和性能评估。

（8）设置功能强大的网络版的反病毒系统，实时检杀病毒。

2. 防火墙安全技术建议

数字环保网络系统是一个由国家、省市、区县政府网络组成的三级网络体系结构，从网络安全角度上讲，它们属于不同的网络安全域，因此在各中心的网络边界以及观测网络和 Internet 边界都应安装防火墙，并需要实施相应的安全策略控制。另外，根据对外提供信息查询等服务的要求，为控制对关键服务器的授权访问控制，建议把对外公开服务器集合起来划分为一个专门的服务器子网，设置防火墙策略来保护对它们的访问。

数字环保网络边界安全一般是采用防火墙等成熟产品和技术实现网络的访问控制，采用安全检测手段防范非法用户的主动入侵。

采用的防火墙产品应具有以下功能：①基于状态检测的分组过滤；②多级的立体访问控制机制；③面向对象的管理机制；④支持多种连接方式：透明、路由；⑤支持 OSPF、IPX、NetBeui、SNMP 等协议；⑥具有双向的地址转换能力；⑦透明应用代理功能；⑧一次性口令认证机制；⑨带宽管理能力；⑩内置一定的入侵检测功能或能够与入侵检测设备联动；⑪远程管理能力；⑫双机热备份功能；⑬负载均衡；⑭支持动态 IP 地址；⑮内嵌 VPN 支持；⑯灵活的审计、日志功能。

3. 入侵检测安全技术建议

利用防火墙技术，经过仔细的配置，通常能够在环保机构内外网之间提供安全的网络保护，降低了网络安全风险。但是，仅仅使用防火墙，网络安全还远远不够，这种不足主要表现在以下几个方面：

（1）入侵者可寻找防火墙背后可能敞开的后门；

（2）入侵者可能就在防火墙内；

（3）由于性能的限制，防火墙通常不能提供实时的入侵检测能力；

（4）保护措施单一。

入侵检测系统是近年来出现的新型网络安全技术，在数字环保网络系统安全体系中必须建立一个智能化的实时攻击识别和响应系统，管理和降低网络安全风险，保证网络安全防护能力能够不断增强。网络入侵检测系统应能满足以下要求：

（1）能在网络环境下实现实时、分布、协同地入侵检测，全面检测可能的入侵行为，能及时识别各种黑客攻击行为，在发现攻击时，阻断、弱化攻击行为，并能详细记录、生成入侵检测报告，及时向管理员报警；

（2）能够按照管理者的需要进行多个层次的扫描，按照特定的时间、广度和细度的需求配置多个扫描；

（3）能够支持大规模并行检测，能够方便地对大型网络同时执行多个检测；

（4）所采用的入侵检测产品和技术不能通过旁路被绕过；

（5）检测和扫描行为不能影响正常的网络连接服务和网络的效率；

（6）检测的特征库要全面并能够及时更新；

（7）安全检测策略可由用户自行设定，对检测强度和风险程度进行等级管理，用户可根据不同需求选择相应的检测策略；

（8）能够帮助建立安全策略，具有详细的帮助数据库，帮助管理员实现网络的安全，并且制定实际的、可强制执行的网络安全策略。

4. 网络设备安全增强技术建议

在漏洞扫描与风险评估的基础上对网络设备进行安全性增强配置，对数字环保网络的安全性管理也十分重要，下面以 Cisco 路由器的几个安全增强配置为例进行说明。

（1）Login Banner 配置，修改 Login Banner，隐藏路由器系统的真实信息，防止真实信息泄露；

（2）Enable Secret 配置，使用 Enable Secret 来加密 Secret 口令；

（3）Ident 配置，通过 Ident 配置来增加路由器的安全性；

（4）超时配置，通过配置 VTY、Console 的超时来增加系统访问的安全性；

（5）访问控制配置，通过配置 VTY 端口的 Access List 来增加系统访问的安全性；

（6）VTY 访问配置，通过配置 VTY 的访问方式，如 SSH 来增加系统访问的安全性；

（7）用户验证配置，通过配置用户验证方式以增强系统访问的安全性；

（8）AAA 方式配置，通过配置 AAA 方式来增加用户访问的安全性；

（9）路由命令审计配置，通过配置 AAA 命令记账来增强系统访问的安全性。

5. 数据传输安全建议

为保证环境数据传输的机密性和完整性，同时对拨号用户接入采用强身份认证，建议在污染源在线监控平台网络中采用安全 VPN 系统，系统部署如下：在各区县统一安装 VPN 设备，对于移动用户安装 VPN 客户端软件。

VPN 应具有以下功能：

（1）信息透明加解密功能。支持网络 IP 数据包的机密性保护，网络密码机串联在以太网中，凡是流经的 IP 报文无一例外地都要受到它的分析和检查，根据需要进行加解密和认证处理，信息加解密功能支持政务系统专有的业务服务，以及 Web、FTP、SMTP、Telnet 等基于 TCP/IP 的服务。

（2）信息认证功能。支持 IP 数据包的完整性保护，流过的 IP 报文在被加解密的同时，还要进行认证处理，由加密方在每个报文之后都自动附有认证码，其他人无法伪造，由接收方对该认证码进行验证，保证了信息的完整性和不可篡改性。

（3）防火墙功能。支持网络访问控制机制，防止外部非法用户攻击，在操作系统底层直接实现报文包过滤技术、IP 地址伪装技术（NAT），并与信息加密、认证机制无缝结合，可以保证局域网的边界安全，防止了通常的类似于 IP Spoofing（IP 地址欺骗）的攻击。

（4）支持远程分布式集中统一管理功能。

（5）安全审计及告警功能。支持对网络非法访问操作的审计和自动告警，VPN 网关对流过的报文进行动态过滤分析，根据网络安全审计策略，自动调度审计进程，进行审计记录，产生审计报告，并以多种方式，如语音、E-mail 等方式对非法事件进行实时告警，以便安全管理员在第一时间了解情况，采取正确的应对措施，以尽可能将非法事件造成的损失降低至最小。

6. 备份恢复系统

环保机构部分业务应用系统采用 Client/Server 模式，数据库中都存放着许多下属单位的业务数据，为了保证环保机构重要业务的连续性和安全性，为各级有数据库的网络系统配备一套备份与灾难恢复系统，该系统能实现数据库的远程存储备份，而且一旦数据库服务器发生故障，利用灾难恢复系统可以实现快速恢复。

（三）系统层安全解决方案

1. 操作系统安全管理

目前的商用操作系统主要有 IBM AIX、Linux、AS/400、OS/390、SUN Solaris、HP Unix、Windows XP、Windows 2000、Windows 2003、Vista、Win7、OS/2 及 Novell Netware 等，针对操作系统应用环境对安全要求的不同，数字环保网络系统对操作系统的不同适用范围作如下要求：关键的服务器和工作站（如数据库服务器、Web 服务器、代理服务器、E-mail 服务器、病毒服务器、DHCP 主域服务器，以及备份服务器和网管工作站）应该采用服务器版本的操作系统，典型的有 SUN Solaris、HP Unix、Windows XP 和 Windows 2003，网管终端、办公终端可以采用通用图形窗口操作系统，如 Windows XP、Windows 2003 等。

操作系统因为设计和版本的问题，存在许多的安全漏洞。同时因为在使用中安全设置不当，也会增加安全漏洞，带来安全隐患。在没有其他更高安全级别的商用操作系统可供选择的情况下，安全的关键在于对操作系统的安全管理。

为了加强操作系统的安全管理，要从物理安全、登录安全、用户安全、文件系统安全、打印机安全、注册表安全、RAS 安全、数据安全和各应用系统安全等方面来制定强化安全的措施。

2. 数据库安全管理

目前的商用数据库管理系统主要有 MS SQL Sever、Oracle、Sybase 及 Infomix 等。数据库管理系统应具有如下能力：

（1）自主访问控制（DAC），用来决定用户是否有权访问数据库对象。

（2）验证，保证只有授权的合法用户才能注册和访问。

（3）授权，对不同的用户访问数据库授予不同的权限。

（4）审计，监视各用户对数据库施加的动作。

（5）数据库管理系统应能够提供与安全相关事件的审计能力。

（6）系统应提供在数据库级和纪录级标识数据库信息的能力。

（四）应用层安全技术方案

1. 应用层安全风险分析

数字环保网络应用系统中主要存在以下安全风险：

（1）身份认证漏洞。服务系统登录和主机登录使用的是静态口令，口令在一定时间内是不变的，且在数据库中有存储记录，可重复使用。这样非法用户通过网络窃听、非法数据库访问、穷举攻击和重放攻击等手段很容易得到这种静态口令，然后利用口令可对资源非法访问和越权操作。

（2）Web 服务漏洞。Web Server 是环保局对外宣传、开展业务的重要基地。由于其重要性，所以理所当然地成为黑客攻击的首选目标之一。Web Server 经常成为 Internet 用户访问环保内部资源的通道之一，如 Web server 通过中间件访问主机系统，通过数据库连接部件访问数据库，利用 CGI 访问本地文件系统或网络系统中的其他资源。Web 服务器越来越复杂，其被发现的安全漏洞也越来越多。所以，做好 Web Server 的安全管理十分重要。

2. 应用层安全风险的规避

根据数字环保网络的业务内容，一般采用身份认证技术、防病毒技术以及对各种应用服务的安全性增强配置服务来保障网络系统在应用层的安全。

1）身份认证技术

（1）建立统一的身份认证和授权管理系统。根据系统应用者安全级别的不同，使用常规的"ID＋口令"、"动态口令"、"指纹"和"证书"等多种身份认证手段，经过环保机构的门户网站的用户管理系统，对系统使用者实施集中的身份认证和权限管理。统一的身份认证系统应能实现单点注册。

（2）提供加密机制。各种环保应用系统可建立基于PKI的信息传输加密机制，也可建立基于对称密钥的加密机制，实现环境信息传输的保密性。

（3）建立安全邮件系统。实行电子邮件收发的身份认证、邮件信息的加密传输、数字签名和完整性检验等。

（4）建立完整的安全审计和日志管理系统。

（5）建立公钥基础设施。公钥基础设施对于实现电子或网上业务处理，使数字环保网络达到其成熟阶段有不可或缺、极为重要的意义。公钥基础设施是由硬件、软件、各种产品、过程、标准和人构成的一个一体化的结构，可以实现确认发送方的身份、保证发送方所发信息的机密性、保证发送方所发信息不被篡改，以及发送方无法否认已发该信息的事实等功能。

2）防病毒技术

病毒是包括数字环保网络系统在内的所有网络系统中最常见、威胁最大的安全问题来源，建立一个全方位的病毒防范系统是数字环保网络系统安全体系建设的重要任务。

目前主要采用病毒防范系统解决病毒的查找、清杀问题。根据数字环保网络结构和计算机分布情况，病毒防范系统的安装实施要求如下：

（1）能够配置成分布式运行和集中管理，由防病毒代理和防病毒服务器端组成；

（2）防病毒客户端安装在系统的关键主机中，如关键服务器、工作站和网管终端；

（3）在防病毒服务器端能够交互式地操作防病毒客户端进行病毒扫描和清杀，设定病毒防范策略；

（4）能够从多层次进行病毒防范，第一层工作站、第二层服务器、第三层网关都能有相应的防毒软件提供完整的、全面的防病毒保护。

3）E-mail服务器安全性增强方案

邮件服务在公众服务中属于关键应用，但由于邮件服务程序自身存在许多安全隐患，所以其往往成为黑客进攻的目标，因此做好E-mail系统安全，确保服务质量，是确保数字环保网络安全的当务之急。在安全地配置邮件服务器的同时，邮件服务器的防毒也是网络安全防护中需要考虑的重点。此外，我们还应该注意以下几点：①邮件系统自身的安全；②邮件加密与签名；③邮件系统配置安全；④执行邮件安全配置；⑤邮件覆盖问题；⑥远程命令执行配置；⑦POP3 及 IMAP 服务安全配置。

（五）数据备份与恢复系统

在数字环保中，对环境管理业务的重要数据应实时进行备份，有条件的地方应实现异地备份，以保障在灾难发生时的数据安全。

当门户网站的页面被黑客攻击或灾难发生时，系统应能及时发现，并能及时恢复。

（六）安全管理方案建议

1. 管理层安全风险分析

再安全的网络设备也离不开人的管理，再好的安全策略最终也要靠人来实现，因此管理是整个网络安全中最为重要的一环，尤其是对于数字环保网络中比较庞大和复杂的网络更是如此。经过分析，管理所带来的安全风险包括责权不明、管理混乱、安全管理制度不健全及缺乏可操作性等。责权不明与管理混乱，将使得一些员工或管理员随便让一些非本地员工甚至外来人员进入机房重地，或者员工有意或无意泄漏他们所知道的一些重要信息，而管理上却没有相应的制度来约束这些行为。当网络出现攻击行为或网络受到其他一些安全威胁时（如内部人员的违规操作等），无法进行实时的检测、监控、报告与预警。同时，当事故发生后，也无法提供黑客攻击行为的追踪线索及破案依据，即缺乏对网络的可控性与可审查性。这就要求必须对站点的访问活动进行多层次的记录，及时发现非法入侵行为。因此，最可行的做法是将建立管理制度和实施管理解决方案相结合。

2. 管理层安全风险的规避

做好数字环保网络安全管理制度与安全解决方案的良好结合要求建立全系统的安全设备管理平台，实现安全策略的统一制定、安全设备的集中配置、安全事件报告的集中管理、安全策略的统一修改与安全响应的统一实施，并建立以客户管理为中心的安全管理平台，实现客户的统一身份认证、统一授权和统一审计。

四、网络安全案例

市级环境监控中心采用100M带宽连接到 Internet，同时在防火墙部署入侵防御策略，阻止一些不必要的流量。为网络增加安全性，如对外业务服务器只有一台网站服务器，可以直接连防火墙的 DMZ 区；如果对外业务服务器比较多，可通过防火墙的 DMZ 直接接入核心交换机，通过 NAT 及端口映射实现多业务服务器与外网的互联。

上联到省监控中心出口采用 10M 电子政务专网，下联到县级监控中心出口采用 SDH 或 IP 专线方式组建网络，县级监控中心采用 2MSDH 或 IP 专线方式组网。如果办公人员不在局内，则采用 VPN 拨号方式连接到环保局网络，以方便办公。

当环保局内的其他部门需要联入局域网时，采用接入式交换机连接，接入交换机和核心之间采用千兆光纤或千兆以太相联，交换机到桌面是百兆共享式连接。在交换式网络中采用 DHCP 自动分配 IP 地址，以方便用户联网。另外，采用 DHCP snooping 防护、IP 源防护、防范 ARP 欺骗攻击等安全措施来保护网络安全。

在前端监控点的 VPN 设备上做 VPN 通道，连接至该市监控中心实现监测数据安全稳定上传到监控中心。

某市级环境监控中心网络结构如图 4-8 所示。

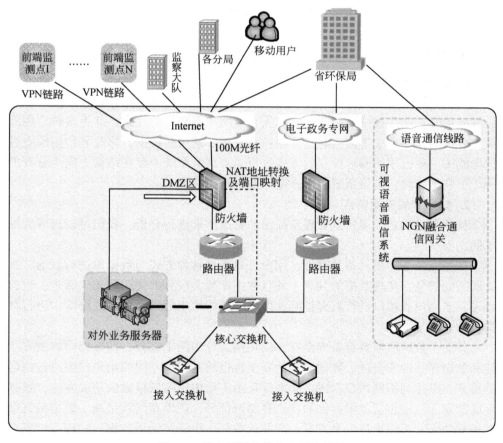

图 4-8 某市环境监控中心网络结构

第五章　数字环保支撑平台

数字环保是一个囊括软件和硬件的综合体系，这个体系是以 3S 技术、传感器、快速分析技术、信息共享技术、环境模型、决策模型技术、数据库技术及安全保障技术等多种技术手段作为支撑，而 GIS 技术、数据库技术、MIS 技术和数据仓库等软件技术是环境信息应用软件开发与应用的前提和关键。下面简要介绍一下这些技术以及它们常用的平台和工具。

第一节　常用数据库平台

一、数据库概述

1. 数据库定义

J. Martin 给数据库下了一个比较完整的定义："数据库是存储在一起的相关数据的集合，这些数据是结构化的，无有害的或不必要的冗余，并为多种应用服务；数据的存储独立于使用它的程序；对数据库插入新数据，修改和检索原有数据均能按一种公用的和可控制的方式进行。当某个系统中存在结构上完全分开的若干个数据库时，则该系统包含一个'数据库集合'。"

2. 数据库的主要特点

从环保机构对环境信息管理所提出的普遍需求进行分析，我们可以理解数据库的主要功能。

首先，数据库要具备共享性，用户可以通过各种方式与数据库进行联通，提取所需的信息，实现数据的共享。并且数据库要实现分散使用和集中管理，也就是说，多用户或接口进行数据访问，但最终目的地永远只会是在数据库中进行数据存储。

其次，数据库需要具备安全性，安全性又分为两个部分，即数据内容的安全性和数据存储的安全性。数据内容的安全性也就是根据不同的用户权限进行内容的检索，以达到不同用户权限之间数据显示不会出现跨域检索的情况发生。数据存储的安全性还包括逻辑存储和物理存储两部分，逻辑存储就是减少数据的冗余和相对独立，不应出现大量重复、无效的数据，也就是无用数据；物理存储安全性就是不论物理存储介质如何变化都不应该破坏逻辑存储结构，应该保证数据的稳定性。

最后，数据库需要具备良好的故障恢复机制，当数据库的访问出现故障的时候能够最大限度地保证数据的可用性和完整性，能尽快恢复数据库系统运行时出现的故障。

二、常用关系型数据库

在数据库经历了近50年发展后的今天，应用最广泛而且可选择产品类型最丰富的数据库类型就是关系型数据库。现在我们经常使用的关系型数据库产品集中在两大阵营——Oracle和微软的数据库产品中。由于IBM的DB2和MySql等非主流数据库的应用范围都比较窄，用户群体较少，故本书对此不进行细致的讨论。

1. Oracle

Oracle公司于1979年首先推出基于SQL标准的关系数据库产品，这些产品可在100多种硬件平台上运行（包括微机、工作站、小型机、中型机和大型机），支持多种操作系统。用户的Oracle应用可方便地从一种计算机配置移至另一种计算机配置上。Oracle的分布式结构可将数据和应用驻留在多台计算机上，而相互间的通信是透明的。1992年6月Oracle公司推出的Oracle7协同服务器数据库，使关系数据库技术迈上了新台阶。根据IDG（国际数据集团）1992年全球Unix数据库市场报告，Oracle占市场销售量的50%。Oracle之所以能得到广泛应用，主要是因为它具有以下特点：

（1）支持大数据库、多用户的高性能、持续的事务处理。Oracle所支持的最大数据库可达几百千兆，可充分利用硬件设备。它还支持大量用户同时在同一数据上执行各种数据应用，并使数据争用最小，保证数据的一致性。Oracle系统维护具有高性能，每天可连续24小时工作，正常的系统操作（后备或个别计算机系统故障）不会中断数据库的使用。还可控制数据库数据的可用性，可在数据库级或子数据库级上控制。

（2）Oracle遵守数据存取语言、操作系统、用户接口和网络通信协议的工业标准，是一个开放系统。美国标准化和技术研究所（NIST）对Oracle7 Server进行检验，发现它100%地与ANSI/ISO SQL89标准的二级相兼容。

（3）支持分布式数据库和分布处理。Oracle为了充分利用计算机系统和网络，允许将处理分为数据库服务器和客户应用程序，所有共享的数据管理由数据库管理系统的计算机处理，而运行数据库应用的工作站集中于解释和显示数据。通过网络连接的计算机环境，Oracle将存放在多台计算机上的数据组合成一个逻辑数据库，可被全部网络用户存取。分布式系统像集中式数据库一样具有透明性和数据一致性。

（4）具有可移植性、可兼容性和可连接性。由于 Oracle 软件可在许多不同的操作系统上运行，以致 Oracle 上所开发的应用可被移植到任何操作系统，只需很少修改或不需修改。Oracle 软件同工业标准相兼容，所开发应用系统可在任何操作系统上运行。可连接性是指 Oralce 允许不同类型的计算机和操作系统通过网络可共享信息。

2. SQL Server

SQL Server 从 20 世纪 80 年代后期开始被开发，最早起源于 1987 年的 Sybase SQL Server。SQL Server 最初由微软、Sybase 和 Ashton-Tate 三家公司共同开发，1988 年，微软公司、Sybase 公司和 Aston-Tate 公司把该产品移植到 OS/2 上。之后 Aston-Tate 公司退出了该产品的开发，微软公司和 Sybase 公司签署了一项共同开发协议，共同开发结果是发布了用于 Windows NT 操作系统的 SQL Server。1992 年，SQL Server 被移植到了 Windows NT 平台上。

SQL Server 在 2000 年之前的版本改进效果不明显，真正被称为跨时代产品的版本是 SQL Server 2000。SQL Server2000 在可扩缩性和可靠性上有了很大改进，成为企业级数据库市场中的重要一员。2001 年，在 Windows 数据库市场，Oracle（34% 的市场份额）不敌 SQL Server（40% 的市场份额），目前，SQL Server 是 Windows 数据库市场应用最普遍的数据库平台。

2005 年，微软推出 SQL Server 2005，对 SQL Server 的许多地方进行了改写，例如，通过名为集成服务（Integration Service）的工具来加载数据，并引入了 .NET Framework。引入的 .NET Framework 将允许构建 .NET SQL Server 专有对象，从而使 SQL Server 具有灵活的功能。2008 年微软推出的新一代数据检索机制，通过提供新的数据类型和使用语言集成查询（LINQ），提供了在一个框架中设置规则的能力，以确保数据库和对象符合定义的标准，并且，当这些对象不符合该标准时，还能够就此进行报告。

三、SQL Server、Oracle 数据库特点比较

关系型数据库在现阶段的数字环保软件开发中应用比较普遍。数字环保软件开发业务应用针对性较强，根据不同业务的信息存储需求不同，对数据库平台的需求也有所不同。就目前数字环保领域来说，应用的数据库平台主要为 SQL Server 和 Oracle，下面就对两者进行简单的比较。

在操作系统方面，Oracle 数据库采用开放的策略，可在所有主流平台上运行，使用者可以选择一种最适合他们特定需要的解决方案，可以利用多种第三方应用程序、工具，使软件开发较为便利。而 SQL Server 只能在 Windows 上运行，

但其与 Windows 操作系统的整体结合紧密性、使用方便性，以及和微软开发平台的兼容性都比 Oracle 要强很多。对于 Windows 操作系统的稳定性及可靠性，大家是有目共睹的。微软公司的策略目标是将客户都锁定到 Windows 平台的环境当中，只有随着 Windows 性能的改善，SQL Server 才能进一步提高。在操作平台方面，Oracle 比 SQL Server 更具有开放性。

在安全性方面，相关资料显示，Oracle 曾获得最高认证级别的 ISO 标准认证，而 SQL Server 则没有。所以 Oracle 的安全性要高于 SQL Server。

要建立并运行一个数据库系统，不仅仅包含最初购置软件、硬件的费用，还包含了培训及以后维护的费用。在价格方面，Orcale 数据库的价格远比 SQL Server 数据库要高。其中一个原因是 Oracle 的初始花费相对较高，特别是在考虑工具软件的时候，Oracle 的很多工具软件需要另外购买，与微软提供免费的 SQL Server 工具软件相比，Oracle 价格不菲。

在应用层面，SQL Server 在操作上明显要比 Orcale 简单。Java 和 Dotnet 的开发平台基本的区别就是 Oracle 和 SQL Server 不同。Oracle 的界面基本是基于 Java 的，大部分的工具是 DOS 界面的，甚至 SQLPlus 也是，而 SQL Server 跟 VB 一样，全图形界面，很少见到 DOS 窗口。SQL Server 中的企业管理器给用户提供一个全图形界面的集成管理控制台来集中管理多个服务器。Oracle 也有自己的企业管理器，而且它的性能在某些方面甚至超过了 SQL Server 的企业管理器，但它的安装较为困难。

SQL Server 只能在 Windows 下运行的原因，是一般认为 SQL Server 数据库的可靠性比较差。Oracle 的性能优势体现在它的多用户上，而 SQL Server 的性能优势在多用户上就显得力不从心。

Orcale 数据库和 SQL Server 数据库的运行效率孰优孰劣，因为存在许多不定因素，包括处理类型、数据分布以及硬件基础设施等，所以很难评定。考虑选择哪种数据库，需要综合考虑数据库特点、自己的业务需求和基础设施来决定。

Oracle 和 SQL Server 两种数据库平台目前几乎垄断了数据库业务，一般 3 年进行一次升级改版，目前最新的分别为 Oracle Database 11g 产品和 SQL Server 2008。无论数据库平台将来的发展方向如何，关键必须结合数字环保领域进行创新，借助数据库技术的进步来推动数字环保的进步。

第二节 常用 GIS 平台

一、GIS 平台概述

自 20 世纪 60 年代以来，大量的空间数据与落后的处理和应用手段之间的矛盾日益突出地表现出来。计算机技术的发展使一种新型、高效的处理手段成为可能，地理信息系统（GIS）应运而生，它是空间技术与计算机技术发展的必然产物。

地理信息系统是在计算机软硬件的支持下，对具有空间内涵的地理信息进行输入、存储、查询、运算、分析和表达的技术系统。它还可用于地理信息的动态描述，通过时空构模分析地理系统的发展和演变过程。其最显著的特点是能够科学管理和综合分析空间数据，反映地理分布特征及其之间的拓扑关系，并具有决策功能。环境地理信息系统主要用于对空间环境数据进行管理、查询、分析，它通过分析信息的空间分布，监测信息的时序变化，比较不同的空间数据集，实现对空间信息及其他各类信息的标准化管理与信息交换，使大量抽象、枯燥的数据变得生动、直观和易于理解，并根据应用目的进行各种形式的专题图表输出、统计、分析功能，形象地展示出各种环境专题内容、环境数据空间分布与数量统计规律，以满足环境保护的各种实际需要。该技术在环境保护领域应用广泛，可用于环境质量监测、污染源监测、污染事故应急处理、城市环境规划、环境评价及环境科研等方面，进行测点定位、定高、标定和计算面积、显示运动轨迹、空间导航，以及模拟分析等业务操作。

GIS 技术的出现为环境保护工作迈向信息化、现代化提供了技术支持，解决了环保行业的许多问题，如位置问题、条件问题、趋势问题、格局问题和模型问题等，在环境保护管理和决策工作中发挥着越来越重要的作用。其具体应用如图 5-1 所示。

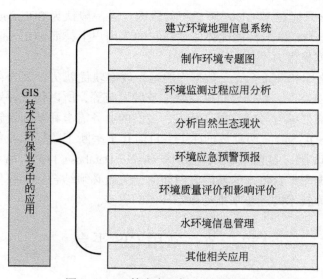

图 5-1　GIS 技术在环保业务中的应用

GIS 的发展离不开 GIS 软件平台，国内外 GIS 软件平台的迅速发展，极大地推动了地理信息的发展。目前常用的 GIS 软件平台包括：国内的 MapGIS 系列软件、SuperMap GIS；国外的 ArcGIS 系列软件、GeoMedia 系列软件、MapInfo 系统软件等。下面对几种软件作一个简单的分析说明。

二、常用 GIS 平台介绍

（一）ArcGIS 系列软件

ArcGIS 是由 ESRI 出品的一个地理信息系统系列软件的名称，桌面版本主要包括 ArcReader、ArcView、ArcEditor、ArcInfo 和 ArcGIS Extension 等。服务器端包括 ArcIMS、ArcGIS Server、ArcGIS Image Server 和 ArcSDE 等。移动 GIS 包括 ArcPad 等。ArcGIS 是目前功能最为完善、性能最为稳定的专业地理信息系统软件平台之一，也是最庞大的 GIS 软件。它一般用于部门级和企业级的大型地理信息系统的开发应用。该系列软件在各个行业都有广泛的应用，其主要特点如下：

（1）支持多种系统平台，如 Windows、Unix、SUN Solaris、SGI IRIX 和 IBM AIX 等，可方便地调用各种系统平台上的数据和应用；

（2）将最广泛的数据源集成到统一的环境下，如矢量（x，y 坐标）地图数据、栅格图像数据、CAD 数据、声像数据以及大量的 DBMS 表格数据等；

（3）具有地理数据和相关数据的自动化采集、管理、显示功能；

（4）具有强大的地理空间分析功能。Arc/Info 提供了各种分析工具，如拓扑地理叠置分析、buffer 分析、空间与逻辑查询和临近性分析等；

（5）建立了多种数据模型，如水文建模、网络建模、栅格建模及 APDM 模型等；

（6）拥有专业性和功能性非常强的 TIN 模块，可生成、显示、分析地表模型，同时进行地图晕暄、模拟飞行动画、通视分析、剖面提取及工程土方量计算等；

（7）提供了栅格分析功能，可进行栅格矢量一体化查询与叠加显示；

（8）开发了数据库管理模块，可管理大量的数据，并能进行工作数据的维护和动态更新；

（9）拥有高效的图形显示功能，Arc/Info 开发了一个图形加速模块，可提高图形显示的速度；

（10）面向企业级的 SOA 的图形发布，提供强大的 WebGIS 开发展示工具。

（二）Mapinfo 系列软件

Mapinfo 是美国 Mapinfo 公司于 1986 年推出的桌面地图信息系统，至今已从最初的 Mapinfo for DOS1.0 发展到了 Mapinfo Professional 9.0。Mapinfo 产品定位在

桌面地图信息系统上，与 Arc/Info 等大型 GIS 系统相比，因 Mapinfo 图元数据不含拓扑结构，它的制图及空间分析能力相对较弱，但对大众化的 PC 桌面数据可视及信息地图化应用来说，Mapinfo 小巧玲珑，易学易用，价位较低，是一个不错的产品。Mapinfo 提供了自己的二次开发平台，用户可以在平台上开发各自的 GIS 应用。二次开发方法归结起来有三种：基于 MapBasic 开发、基于 OLE 的自动化开发及利用 MapX 控件开发。该软件的特点如下：

（1）Mapinfo 适用于桌面地图信息系统，易学易用，价位较低；

（2）可以进行快速数据查询及高速屏幕刷新，使得用户界面具有良好的图形显示效果；

（3）集成能力强，能够根据数据的地理属性分析信息的应用开发工具，是功能强大的地图数据组织和显示软件包；

（4）数据可视化和数据分析能力较强，可以直接访问多种数据库的数据，如 Oracle、Microsoft Access、Informix、SQL Server 和 Dbase 等；

（5）专题地图制作方便，数据地图化方便；

（6）具有完整的 Client/Server 体系结构；

（7）拥有完善的图形无缝连接技术；

（8）支持 OLE2.0 标准，使得其他开发语言，如 Visual Basic、Visual C＋＋、PB、Dephi 等能运用 Integrated Mapping 技术将 MapInfo 作为 OLE 对象进行开发。

（三）MapGIS 系列软件

MapGIS 是由中国地质大学信息工程学院开发的工具型地理信息系统软件。该软件产品在由科技部组织的国产地理信息系统软件测评中连续三年均名列前茅，是科技部向全国推荐的国产地理信息系统软件平台。以该软件为平台，人们开发出了用于城市规划、通信管网及配线、城镇供水、城镇煤气、综合管网、电力配网、地籍管理、土地详查、GPS 导航与监控、作战指挥、公安报警、环保监测及大众地理信息制作等一系列应用系统。该软件的特点如下：

（1）采用分布式跨平台的多层多级体系结构，采用面向"服务"的设计思想；

（2）具有面向地理实体的空间数据模型，可描述任意复杂度的空间特征和非空间特征，完全表达空间、非空间、实体的空间共生性、多重性等关系；

（3）具备海量空间数据存储与管理能力，能进行矢量、栅格、影像、三维四位一体的海量数据存储，以及高效的空间索引；

（4）采用版本与增量相结合的时空数据处理模型，"元组级基态＋增量修正法"的实施方案，可实现单个实体的时态演变；

（5）具有版本管理和冲突检测机制的版本与长事务处理机制；

（6）基于网络拓扑数据模型的工作流管理与控制引擎，实现业务的灵活调整和定制，解决 GIS 和 OA 的无缝集成；

（7）标准自适应的空间元数据管理系统，实现元数据的采集、存储、建库、查询和共享发布，支持 SRW 协议，具有分布检索能力；

（8）支持真三维建模与可视化，能进行三维海量数据的有效存储和管理、三维专业模型的快速建立，以及三维数据的综合可视化和融合分析；

（9）提供基于 SOAP 和 XML 的空间信息应用服务，遵循 Opengis 规范，支持 WMS、WFS、WCS 和 GLM3，支持互联网和无线互联网，支持各种智能移动终端。

（四）SuperMap GIS 系列软件

SuperMap GIS 是由北京超图软件股份有限公司开发的具有完全自主知识产权的大型地理信息系统软件平台，包括组件式 GIS 开发平台、服务式 GIS 开发平台、嵌入式 GIS 开发平台、桌面 GIS 平台、导航应用开发平台以及相关的空间数据生产、加工和管理工具。经过发展，SuperMap GIS 已经成为产品门类较为齐全、功能较强大的 GIS 平台。目前该平台覆盖的行业范围较为广泛，已被应用到国内多个行业。该软件的特点如下：

（1）具有相同的数据模型，SuperMap GIS 系列软件具有统一的地图配置；

（2）具有多源数据集成技术，支持多种数据格式转换，还具有多源空间数据无缝集成技术，支持 XML；

（3）具有海量空间数据管理技术、多级混合空间索引技术、海量空间数据库引擎技术 SDX + 和海量影像数据管理技术；

（4）拥有较强的地图编辑功能，即灵活的交互式地图编辑，还有超强智能捕捉功能，能进行半自动跟踪矢量化、自动维护拓扑关系；

（5）拥有较强的空间分析功能，包括最短及最佳路径分析、关键点和关键边分析、服务区分析，以及缓冲区分析等。

（五）GeoMedia 系列软件

GeoMedia 系列软件是美国 Intergraph 公司开发的地理信息系统平台。Intergraph 成立于 1969 年，总部设在美国阿拉巴马州。该软件的特点如下：

（1）基于 COM 的开发模式，使用户不必依赖某种平台；

（2）内嵌关系数据库引擎，可对 Oracle、SQL Server、Access 等专业数据库直接进行数据读写，不需要中间件；

（3）多源数据的无缝集成，可以将 Arc/Info、ArcView、MGE、MapInfo、CAD（包括 AutoCAD 和 MicroStation）、Access、Oracle 及 SQL Server 等多个 GIS 数据源的

数据直接读取；

（4）数据仓库新技术和 OpenGIS 新概念的地理信息系统，管理数据、分析数据的能力大大加强，先进的数据库管理技术为 GIS 数据的安全性提供了保障；

（5）对于开发者来说，开发简单，易学易用。

第三节　MIS 系统及其关键技术

一、MIS 系统

MIS 代表管理信息系统，是一个由人、计算机及其他外围设备等组成的能够对信息进行收集、传递、存储、加工、维护和使用的系统。它是一门新兴的科学，主要目的是最大限度地利用现代计算机及网络通信技术来加强企业的信息管理，通过对企业的人力、物力、财力、设备和技术等综合资源的调查了解，建立正确的中心数据，然后对数据进行加工、处理并生成各种管理人员所需要的信息资料，以便各层管理人员进行正确的决策，不断提高各层管理的管理水平和经济效益。随着我国与世界信息高速公路的接轨，环保部门办公自动化的需求越来越强烈，MIS 便成为数字环保建设中必不可少的平台之一。

MIS 系统通过程序从各种相关的资源（部门外部和内部）收集相应的信息，为环保部门各个层次提供相应的功能，以便它们能够对自己所负责的各种计划、监测和控制活动等作出及时、有效的决策。MIS 的本质是一个关于内部和外部信息的数据库，这个数据库可以帮助环保部门各个层次作分析、决策、计划和设定控制目标。因此，重点是如何使用这些信息，而不是如何形成这些信息。

最有效的 MIS 系统能够反映随着时间的推移和程序的改变，外部的情况会如何改变，也就是说，时间和内部条件的改变是否会对外部产生影响。这就建立了一个强大而且有效的知识库，它可以帮助环保部门领导进行预测。虽然建立和维护一个 MIS 系统是非常耗时和昂贵的，但是与其带来的潜在的利益和对决策准确性的提高相比较，这对于任何环保部门来说还是值得的。

二、系统平台模式

MIS 系统平台模式目前主要是客户机/服务器模式和 Web 浏览器/服务器模式。

客户机/服务器模式主要由客户应用程序、中间件和服务器管理程序组成。客户应用程序主要负责系统中用户与数据的交互。中间件负责客户程序与服务器程序的连接协调，从而完成一个作业，以满足用户对数据的管理。服务器程序主要负责有效地管理系统中的资源，如管理一个数据库，其主要任务是当有多个浏览器并发请求服务器上的相同资源时，对这些资源进行最优化、合理化的分配和管理。

Web 浏览器/服务器模式是以 Web 技术为基础的 MIS 系统平台模式。它把传统的作为客户机/服务器模式中的服务器部分进行分解，分解为数据服务器和应用服务器。

客户端程序负责用户与整个系统的交互。客户端的程序可以是一个通用的浏览器软件，如微软公司的 IE。浏览器将会把 HTML 代码转化成相应的网页，呈现给客户，允许客户在网页上输入必要的信息然后提交到后台，并且提出处理申请到后台。

Web 服务器主要是响应客户端提出的后台请求，对客户端提出的请求进行处理，将处理结果形成 HTML 代码，然后返回给客户机的浏览器。如果客户机提交的有请求数据存储的任务，Web 服务器将会与数据库服务器通信，进行协同工作来完成这一任务。

数据库服务器主要负责数据的存储，接受和处理 Web 服务器发送过来的请求，对多个不同的 Web 服务器发送过来的请求进行协调，统一管理数据库。

1. 客户机/服务器模式的优势

第一，采用客户机/服务器模式将能降低网络的通信量。Web 浏览器/服务器一般在逻辑上采用三层结构，但是物理上的网络结构还是原来的结构。这样每层之间的通信都要占用同一条网络线路。而客户机/服务器只有两层结构，网络通信量只存在客户端和服务器端之间，这样效率和速度降都会提高很多，所以当处理大量信息的时候，客户机/服务器模式的处理能力是 Web 浏览器/服务器模式无法相比的。

第二，在安全方面，客户机/服务器模式具有很好的处理方式。由于客户机/服务器是点对点的结构模式，采用了安全性比较好、适用于局域网的网络协议，所以安全性可以得到很好的保证。而 Web 浏览器/服务器采用的是单点对多点或者多点对多点的开放式结构，并采用了 TCP/IP 的协议（用于 Internet 的开放性协议），所以它的安全性只能通过验证方法和数据服务器上数据库的访问密码来保证。但是现在的环保政府一般都需要有个开放的信息环境与外界进行联系，对有的企业还需要在网上发布环境信息，这样就会使大多数企业的内部网与外界的互联网进行相联，所以 Web 浏览器/服务器模式的安全性不好得到保证。

第三，操作的交互性强是客户机/服务器的一大优点。在这种模式中，客户端将有完整的应用程序，可以在所有的子程序或者功能模块之间进行任意切换。Web 浏览器/服务器模式现在虽然通过 JavaScript、VBScript 脚本可以提供一定的交互能力，但是在切换方便性和效率方面与客户机/服务器模式的客户端相比，它还有一定的局限性。

2. Web 浏览器/服务器模式的优势

首先，它简化了客户端的安装和部署，只需要安装一个通用的浏览器软件即可。

这样既可以节省客户机的硬盘空间与内存消耗，又使安装过程变得更加简便和灵活。

其次，这种方式降低了系统的开发和维护费用。系统的开发者无需再为不同级别的用户专门开发不同的客户端程序，只要把所有的功能都在 Web 服务器上实现，设置不同的用户级别，根据不同的用户级别设置不同的功能权限。各个用户通过浏览器操作在权限范围内的不同功能模块，从而完成数据查询、修改和删除等操作。

再次，它在操作的简单通用方面具有一大优点，对于客户机/服务器模式，不同的客户有自己特定的风格，每个使用者需要专门的培训。而采用 Web 浏览器/服务器模式时，客户端就是一个简单易用的浏览器软件。无论是环保部门哪个层次的人员都无需培训就可以直接使用浏览器访问系统，对系统进行操作。由于 Web 浏览器/服务器模式具有这种特性，所以使 MIS 系统的可维护性更高。

最后，Web 浏览器/服务器特别适用于网上发布信息，这是客户机/服务器模式无法实现的。而这种新增的扩展功能虽然在安全性方面需要注意，但是它给环保部门带来的效益更大。

根据 Web 浏览器/服务器相对于客户机/服务器的先进性，Web 浏览器/服务器已经逐渐成为一种流行的 MIS 系统平台。很多环保部门已经开始使用这种模式的系统，并且收到了一定的成效。

三、系统架构

随着信息化和软件工程的发展，目前典型的分层架构是三层架构，即自底向上依次是应用数据访问层、应用业务逻辑层和应用表现层，结构图如图 5-2 所示。

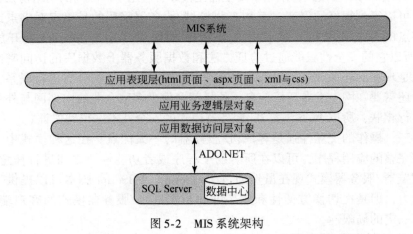

图 5-2 MIS 系统架构

应用表现层：主要负责接收用户的输入并将输出数据呈现给用户，负责呈现的样式，对输出数据的正确性不负责，但是当数据不正确时负责相应的提示，是用户和系统之间的一个接口。

应用业务逻辑层：负责系统中所有业务的处理，负责系统中数据的生成、处理和转换。对输入的数据进行正确性和有效性的校正，对输出的数据及用户性数据不负责，不负责数据在用户面前的呈现方式。当设计业务层时，需要遵循以下原则：

（1）如果可能，尽可能使用一个单独的业务层，这样就可以提高应用系统的可维护性。

（2）明确业务层的责任。业务层是用来处理那些复杂的业务规则，对数据的正确性和真实性进行验证，传送业务数据。

（3）重用公用的业务逻辑。通过使用公用的业务逻辑模块，从而提高系统的重用性。

（4）确定业务层的使用者，以帮助确定业务层的调用方式。

（5）当访问远程业务层时，要尽量减少数据往返。

（6）层之间尽量不要使用紧耦合。

应用数据访问层：负责业务层与数据源的交互访问，负责数据的插入、修改及删除等操作。对插入数据的正确性和有效性不作检查，不负责任何业务过程的处理。目前设计数据访问层存在以下原则：①使用面向对象特性；②利用现有的基础结构；③根据外部界面进行选择；④由抽象 . NET 框架中组件的数据提供程序。

第四节　数据仓库与商业智能

对于环保业务人员来说，数据库中庞大、繁冗的数据是一堆无法有效应用的信息。这些数据经过分类整理成一个面向主题的、业务人员容易理解的各种报表，进而辅助决策，就属于商业智能（business intelligence，BI）的低端实现。在此基础上，还可以进一步作多维数据库的在线分析系统（on- line analytical processing，OLAP）和数据挖掘（data mining），进行更深的数据分析。

商业智能的具体实现步骤包括：通过 ETL 技术（extract、transform、load，数据抽取、转换、装载）把各种数据导入到数据仓库（data warehouse，DW），然后根据应用的具体要求建立多维数据模型，进而进行报表输出、数据分析及数据挖掘等不同层次应用。

一、数据仓库与商业智能工具

一个完整的 BI 解决方案最少包括 ETL、报表和 OLAP 工具。

1. ETL 工具

ETL 指数据抽取、转换和加载工具。ETL 工具应具有以下特性：

（1）能方便地定义流程并自动化执行 ETL 任务；

（2）集中存储和管理符合业界标准的元数据；

（3）可以检验数据的质量；

（4）在大负荷的任务执行中仍然有良好的性能；

（5）具有良好的弹性，支持多种操作系统和数据库系统，能操作多种异构的数据源；

（6）具有开放的架构和易于使用的二次开发接口。

2. 报表工具

报表工具应具有以下特性：

（1）支持多种数据源；

（2）具有直观的可视化设计器，以及简单易用的报表定制功能；

（3）可以进行方便的数据访问和格式化，具有丰富的数据呈现方式；

（4）符合数据呈现的通用标准，能和应用程序很好地进行结合；

（5）易于扩展和部署。

3. OLAP 工具

OLAP 工具是指联机分析处理工具，应有以下特性：

（1）具有良好的执行性能，能快速地进行分析处理工作；

（2）具有良好的适用性和可伸缩性；

（3）具有开放式接口和丰富的应用程序编程接口（application programming interface，API）。

二、Oracle 商业智能应用技术

下面以 Oracle 的一些服务组件为例，简要介绍一下商业智能应用的技术与过程。

1. Oracle Business Intelligence Server

Oracle Business Intelligence Server 是提供数据仓库智能应用的基础组件，为数据仓库提供了高可扩展、优化并发和强大并行能力的智能服务器，以便支持尽可能多的用户在线应用。数据仓库通过 Intelligence Server 提供中心数据访问和计算平台，从而给业务组织中的任何人在任何地方通过任何形式洞察组织中的任何信息提供了便捷通道。

数据仓库通过 Oracle Business Intelligence Server 构建所有使用信息进行业务流程的中心，业务流程包括：智能信息仪表板、分析和查询、智能交互能力、数据挖掘、前瞻性的预警、高级报表编制和其他基于 WEB Service 的应用。所有这些应用都需要能访问整个组织中的所有数据，并且需要能够提供数据复杂计算和汇总的基础架构。而通过 Intelligence Server 搭建的数据仓库智能应用平台具备全面访问、分析和信息交付等能力，所有功能全面集成在基于 WEB 的应用中。数据仓库将所有的智能服务组件都集成在同一个通用的架构之上，从而使用户得到完全无缝和流畅的使用体验。

2. Oracle Interactive Dashboard

数据仓库通过 Oracle Interactive Dashboard 组件使组织中的任何成员能够以直观的、交互的和个性化的方式访问可指导业务行动的相关信息。

在数据仓库的 Interactive Dashboard 中，所有最终用户都能在浏览器中访问事实报告、提示、图形、表格和透视表等（无需插件）。每个用户都能对仪表板上的结果进行全面的钻取、导航、修改和交互，同时还可以将互联网、共享文件服务器和文档资料库等其他信息源都聚合在数据仓库的 Interactive Dashboard 上。

3. Oracle Answers

数据仓库通过 Oracle Answers 组件实现真正的自助式查询分析，使用户能够轻松快速地创建、修改和编制报告、图表、数据透视表和信息仪表板。

数据仓库通过 Answers 组件为最终用户在浏览器中提供即席查询的能力。用户通过对统一信息的逻辑视图进行交互——完全隐藏复杂的底层数据结构，并防止超出职权的信息查询——非常简便地完成图表、交叉表、何仪表板。所有这些成果都可以交互操作和深度钻取，并且能够保存、共享、修改、格式化以及嵌入到个人个性化的数据仓库（Interactive Dashboard）上。

4. Oracle Delivers

数据仓库应用 Oracle Delivers 组件通过邮件、信息仪表板和移动设备向用户提供监控、分析工作流和警告信息，从而促进自动化的前瞻性职能。

应用 Oracle Delivers 组件，数据仓库可以主动提供业务活动监控和预警信息，并且可以通过多种渠道，如电子邮件和移动设备来提醒用户。同时，数据仓库将提供一个基于 Web 的自我警告创建窗口，能主动动态判断接受者，从而自动完成在正确的时候把正确的消息传递给正确的人。

5. Oracle Disconnected Analytics

数据仓库通过 Oracle Disconnected Analytics 组件向外出的决策人员、分析人员和一线环境管理人员提供不与环保局网络相连接的交互式信息仪表板和特定分析。

数据仓库将为外出的决策人员、分析人员和一线环境管理人员提供全面的分析功能、交互式的即席查询、分析。无论联网或断网，应用了 Oracle Disconnected Analytics 组件的数据仓库都能提供相同的用户界面，并且利用到数据库的高级数据同步能力，数据仓库能提供完全和增量的企业数据同步功能。所有数据经过个性化，基于角色进行安全和可视化的维护管理，并且在同步时进行压缩，从而减少离线数据的大小和提高同步速度。

第六章 环境数据中心

第一节 环境数据中心概述

环保系统中的环境数据历史长、数量大、格式不统一，分散于不同部门、不同介质。由环境数据中心对环境数据进行统一的管理，可以为环保部门提供科学、完整的数据共享和决策依据。

数据中心是业务系统与数据资源进行集中、集成、共享和分析的场地、工具及流程的有机组合。从应用层面看，它包括业务系统、基于数据仓库的分析系统；从数据层面看，它包括操作型数据、分析型数据以及数据与数据的集成/整合流程；从基础设施层面看，它包括服务器、网络、存储和整体 IT 运行维护服务。

环境数据中心平台为环保应用系统的基础数据平台，用于统一组织、存储和管理环境保护部门的全部工作数据，从底层实现环保基础数据、地理信息数据和业务数据的共享，提高环保局的环境业务管理、应急处理、环保服务水平、综合管理与分析决策等能力。环境数据中心应符合环境保护部数据中心建设的总体要求，遵循《环境数据库设计与运行管理规范》的相应要求。它采用 Web Service 数据访问技术、ETL 数据加工分析技术、数据仓库技术等整合环境管理各项业务数据，并通过对数据的整理、加工、挖掘和分析，提取综合、有效的环境数据结果，为环境数据的发布提供展现平台，为环境管理决策提供高效、准确的支持。

通过构建数字环保数据中心，全面提高对环境数据的管理水平，极大增强环境数据的共享服务能力，为环境管理、政府决策、环境信息公开提供全面的多层次的环境数据服务，实现信息数据的科学化、规范化和自动化管理，按统一的规范格式存储所有信息，确保环境信息资料的统一性和完整性。从而能够准确地了解污染物排放情况，有利于正确判断环境形势，科学制定环境保护的政策和规划；有利于有效实施主要污染物排放总量的控制计划，切实改善环境质量状况；有利于提高环境监管和执法水平，保障国家环境安全；有利于加强和改善宏观调控，促进经济结构的调整，推进资源节约型、环境友好型社会建设。

第二节　环境数据中心建设需求分析

随着计算机、通信和网络技术的发展，整个社会的信息、数字化进程大大加快。污染源在线监控管理系统、总量减排管理系统、污染源普查管理系统和放射源监控管理系统等环境综合业务系统相继建成，这些系统多数都是服务于特定的部门或环保业务领域，在日常工作中积累了大量的数据，而封闭的信息系统阻碍了这些数据的信息为更多用户所用，从而无法发挥更大的作用。

环境数据资源是国家基础信息资源的重要组成部分，随着全社会对环境问题的日益关注，社会各部门和公众对环境数据共享与服务的需求也越来越迫切，要求也越来越高。环境数据资源的共享和应用是国家环境信息化工作的重要内容，也是国家环境信息化工作的奋斗目标。随着知识工程、数据挖掘技术的完善和企业对智能决策潜在需求的增加，环保业务的信息化和数字化开始向着知识管理、决策支持和信息门户的方向发展，通过数据集成整合方法消除"信息孤岛效应"，实现数据的综合利用和交换共享显得尤为迫切。

建设环境数据中心，对环境数据进行整理、规范，加强部门间的数据和信息交流，建设统一、规范的环境元数据库，把分散的环境数据资源统一整合到数据中心平台，实现环境数据的共享服务，不仅是社会经济发展和科学创新工作的需要，也是我国环境保护工作的必然要求。

根据业务需求，环保部门需要对不同的环境数据进行实时调用和查询，而各种系统和平台的建立，使平台之间相互重叠、交叉，在进行数据查询时工作繁杂。在找出众多平台与系统的共同点后，将业务数据整合到一个单独的数据中心平台，每个用户就能准确、便捷地根据各自的需要在这个数据平台上查找和调用所需数据，并以多种方式进行展示。

环保局的各个业务系统需要按照统一的数据标准和规范（优先采用国家、行业标准，积极采用国际标准），并结合实际应用制定相关标准来进行规划；把所有数据通过数据中心进行整合、加工、管理，以提供满足用户个性化业务要求的信息服务。

第三节　环境数据中心总体架构

建设完整的环境数据中心平台，要满足以下需求：

（1）对已存在的异源异构数据进行数据融合；

（2）具有灵活性和扩展性，对不断增加的新源新构数据可灵活整合和再融合；

（3）对融合后的数据可进行深入分析和信息挖掘；

（4）用户对数据的个性化服务需求；

（5）数据管理的方便性和安全性需求；

（6）系统运行稳定性需求。

环境数据中心平台总体架构见图6-1所示。

图6-1　环境数据中心平台总体架构

数据中心平台是一个综合的多层面平台，在技术上，它综合了WebGIS技术、Web数据库技术、元数据技术及网络动态模型技术多种先进技术，并对信息共享的政策和共享的数据标准进行统一定义。数据中心平台的总体结构可以抽象成一个简单的分层模型，这个模型共有硬件网络层、系统软件层、数据中心、应用服务层、Web服务层、客户端层、技术支撑层和管理层八个层次，它们互相联系，形成一个有机的整体。

（1）硬件网络层。它包含了服务器、网络设备、存储设备等硬件设备，解决数据的安全存储和快速访问的问题。

（2）系统软件层。它包含了操作系统、备份系统、安全系统等，解决硬件管理问题和支持上层的数据管理问题。

（3）数据中心。数据中心软件是数据中心平台的核心。数据的实用性、完整性、精确性和动态更新能力等从根本上决定了本平台的价值。

数据中心集成了所有环境保护业务平台的数据，所涉及的部门包括整个环保系统、工厂、企业。通过数据中心可以调用各种环保业务数据，在利用数据仓库技术对数据中心的数据进行统一管理、加工、整合后，为环境管理决策提供服务，为信息应用、共享等服务提供数据支持。

（4）应用服务层。它对用户提供高质量的服务，包括信息查询、数据分析、动态运行模型等。应用服务层建立在数据中心之上，是提供业务决策支持服务的应用系统。

应用服务层主要具备两种功能，即数据查询和数据分析。在数据查询方面，它必须能提供快速、灵活的数据查询功能，能保证从数据仓库中有效地获取信息和支持决策；在数据分析方面，它通常包括 OLAP 分析、数据挖掘、统计分析和 OLAM 等技术。建立在数据仓库基础上的数据查询、分析的效率和能力将大大提高。

（5）Web 服务层。它负责管理客户端与应用服务器之间的信息流，接收客户端的 HTTP 请求和 XML 消息，将其解析后传递给应用服务器；将应用服务器运行结果以 XML 的形式返回至客户端的浏览器。

（6）客户端层。从用户角度看，信息数据共享平台是一个信息服务机构，客户端通过浏览器将数据查询请求发送给 Web 服务，实现数据的查询、浏览和下载等功能，客户既可以通过局域网，也可以通过广域网访问本平台。

（7）技术支撑层。它贯穿以上六个层，通过结合使用各种技术，确保平台目标得以实现。技术服务层同前面六个层次相结合，使得平台的实现在技术上成为可能。在网络层上，根据需要确保与各种网络的顺利连接，并保证网络安全；在数据层上，需完成原有数据库的改造并建造一个集中管理的数据中心；在应用服务层上，要开发前端和后端的各种软件，并与各种环保业务软件相集成；在用户层上，要建立完美的系统工程主页，能与用户有效交流。

（8）管理层。它是整个平台功能完整性和以后正常运行的保证。环境数据中心平台基于统一的信息共享的政策和共享的数据标准进行建设。环境数据中心平台的运行维护涉及组织水平、人员状况、经济条件、应用水平、系统状况、技术水平及设备状况等方面，所以必须建立信息平台的管理维护机制，才能相应地做到计划、制度、标准、检查、考核、培训及奖惩等管理措施的落实，最终实现环境数据中心平台的建设目标。

环境数据中心是各种业务数据的集成和交换中心，利用数据仓库技术对各种环保业务数据进行统一处理、加工、整合，消除"信息孤岛"现象，同时提供数据的查询、统计分析结果展示、资源目录和数据服务接口等。

数据中心软件主要包括数据汇集、数据仓库及数据应用与服务三部分。

数据中心软件架构如图 6-2 所示。

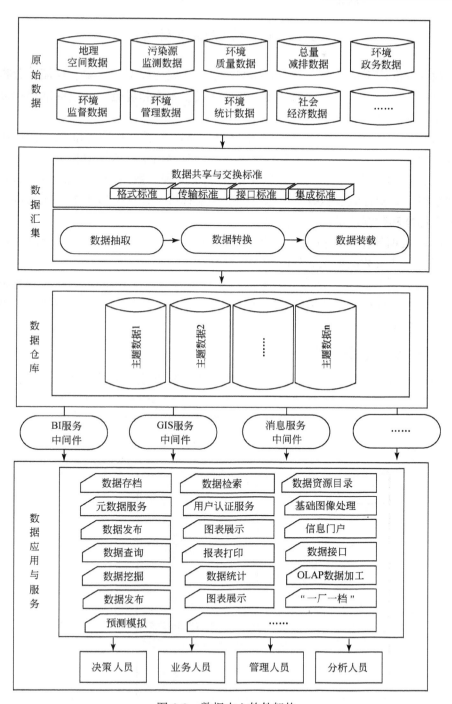

图6-2　数据中心软件架构

第四节　数据标准体系

数据标准体系定义了一系列的标准规范，来规约数据的采集、存储、分析和管理以及数据的表达、发布和交换的各种格式、方法和规范。这些标准根据涉及的方面不同，可以分成以下四大类。

（1）框架体系。框架体系和参考模型主要定义了一系列标准规范，说明其中各个标准的应用范围、作用及相互关系，同时提供了参考模型和术语等标准。

（2）数据管理。数据管理包括了数据加工流程、数据分类标准、数据采集、数据组织、质量控制及数据维护等方面的相应标准，比如，数据的采集标准、数据汇交标准和数据质量控制标准等。

（3）数据制作。它包括元数据标准、数据标引规范、数据著录标准及数据表示规范等涉及数据加工流程的操作标准和规范。

（4）数据服务。它包括了环境信息化数据发布、交换和共享方面的相关标准。主要包括环境信息化数据的转换格式和方法、互操作的方法和规则，以及用户认证、数据库性能监督和改进等各方面的标准。

一、环境数据中心标准参考模型

环境数据中心标准参考模型是环境数据中心标准建设的抽象概念表示，并提

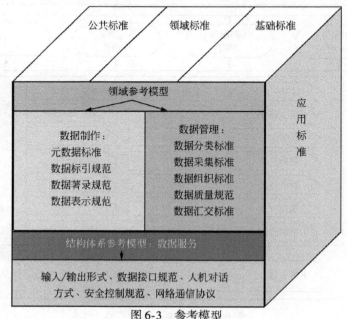

图6-3　参考模型

供标准建立过程所需要的抽象模型。该参考模型是环境数据中心标准体系建设的总体指导性标准。

根据抽象建模的规则，对环境数据中心活动的各个方面进行抽象。对数据管理、数据加工抽象可以得到领域参考模型，对于信息服务抽象可以得到结构体系参考模型。根据不同的具体应用，可以抽象出具体的应用标准。将上述抽象过程集成即形成环境数据中心标准参考模型，如图6-3所示。参考模型中包括了抽象建模、领域参考模型、体系结构参考模型和应用标准，这些参考模型都有对应的标准和规范。

二、环境数据中心标准体系

环境数据中心主要遵循以下标准及规范，如表6-1所示。

表 6-1　环境数据中心遵循的标准及规范

序号	标准及规范名称	标准及规范代号
1	环境污染类别代码	GB/T16705—1996
2	环境污染源类别代码	GB/T16706—1996
3	环境信息分类与代码	HJ/T417—2007
4	环境数据库设计与运行管理规范	HJ/T419—2007
5	环境污染源自动监控信息传输、交换技术规范	HJ/T352—2007
6	环境信息术语	HJ/T416—2007
⋮	⋮	⋮

第五节　环境数据中心建设

一、环境数据库建设

（一）元数据库建设

元数据库是服务于数据库的数据库，其存储的元数据是关于数据的描述性数据信息，大量地反映了数据集自身的特征规律，方便用户对数据集的准确、高效、充分开发与利用。通过元数据可以检索、访问数据库，有利于有效利用信息资源。

在进行元数据库建设时，需把改造完的数据转入数据库中，建立数据服务器，并提交有关文档，包括数据库改造报告、数据字典和使用说明等。

元数据的标准框架主要有以下内容：

（1）管理信息，提供对元数据进行管理所需要的一些信息，包括元数据的作者、元数据编写的日期、元数据最后修改的日期及元数据的状态等。

（2）数据标识信息，包括数据集的作者、主要研究者、数据集的标题、数据集的学科、数据发布日期、数据集持有者及数据来源等。

（3）数据内容摘要，是元数据的核心，是关于数据集的描述，主要描述了数据集的结构、内容，以及与学科相联系的数据属性等。它包括数据集所用的语言，数据的性质，数据集的空间属性、时间属性，数据集产生的目的、主要方法，仪器，数据集的主要结论，数据集摘要，质量控制信息，数据集的属性描述，数据集属性关系描述，以及相关数据集等信息。

（4）关键词，为了方便查询需要提供若干关键词。

（5）访问信息，是关于如何访问数据集的信息，指如何与数据持有人联系、数据的共享政策、数据访问的限制条件等。一般包括数据存入地点、状态、更新频率、数据存放介质、访问限制、使用限制及数据量。

（6）参考信息，是编写元数据中所引用的参考文献等引文信息。

（二）环境业务数据库建设

1. 环境业务数据库分类

环保业务数据库包括但不限于：①建设项目环保审批系统数据库；②排污申报与收费管理系统数据库；③污染源自动监控和监督性监测数据库；④环境质量在线监测和常规监测数据库；⑤公众监督与现场执法系统数据库；⑥环境统计数据库；⑦污染源普查数据库；⑧总量减排数据库；⑨其他生态环境基础数据库。

环境业务数据库设计规范需参考《环境数据库设计与运行管理规范》（HJ/T 419—2007）中的相关范例与规则。

2. 数据表分类

根据环境业务的特点，将数据表分类如下：基础数据表、汇总数据表、基本代码表、辅助代码表、系统信息表及其他数据表。

（1）基础数据表，记录业务发生的过程和结果。如环境统计基表、环境监测数据表。

（2）汇总数据表，存放各个时期内发生的汇总或统计值。如环综表、环境质量中间数据表等。

（3）基本代码表，描述业务实体的基本信息和代码。如区县、流域、海域等，一般有标准或业务规范可依。

（4）辅助代码表，描述属性的列表值。

（5）系统信息表，存放与系统操作、业务控制有关的参数。如用户信息、权限、用户配置信息等。

3. 命名规范

（1）基础数据表，T_Bas_［＜数据库标识＞］_＜表标识＞；

（2）汇总数据表，T_Mid_［＜数据库标识＞］_＜表标识＞；

（3）基本代码表，T_Cod_［＜数据库标识＞］_＜表标识＞；

（4）辅助代码表，T_Cod_［＜数据库标识＞］_＜表标识＞；

（5）系统信息表，T_Sys_［＜数据库标识＞］_＜表标识＞；

（6）其他数据表，T_Oth_［＜数据库标识＞］_＜表标识＞。

为了减少数据冗余，保持数据库数据的完整性（避免由于数据库模式设计的不合理引起的插入异常、删除异常、更新异常），需要对数据库的模式设计进行规范化。关系数据库中的关系需要满足一定要求，满足不同要求的为不同范式，目前针对关系数据库设计的不同要求分为五类范式：第一范式（1NF），第二范式（2NF），第三范式（3NF），BCNF，第四范式。

基于目前大多数应用的要求，一般的关系数据库的模式设计达到第三范式就可以了。在结合环保部数据库的设计要求的基础上，对于数据库的模式设计应该达到第三范式的要求，但是在某些条件下，考虑效率和实用性等方面的要求，可以适当调整。

（三）空间数据库建设

空间数据包括基础地形数据、地质土壤数据、地区矢量数据、遥感影像、航片资料和遥感动态解析数据等。

针对不同层次的业务，可以将空间数据库的建设内容划分为基础空间数据、专题图空间数据。所有空间数据（包括遥感影像数据）都采用图层方式进行管理。

图层是代表相同特征的地理实体在一定空间范围的集合，通常由点、线、面图元构成。图层是数据库应用与数据库管理的联系纽带，正确划分图层是建设空间数据库的重要工作。图层划分主要参照国家及行业的有关规定和约定进行。

空间数据库建立包括三个数据集：基础图形数据集、基础影像数据集和专题图数据集。它们分别用来存储基础图像数据、基础影像数据和专题图数据，命名分别为 SD_VECTOR_SET、SD_RASTOR_SET、SD_THEME_SET。

1. 基础图形数据库

基础图形数据库存储不同比例尺、不同行政区划下的矢量图层。

基础图形数据库按照比例尺，分成不同数据集进行存储。各个比例尺数据集的命名规则如下：

（1）1：25 万，SD_VECTOR_250K；

（2）1：5 万，SD_VECTOR_50K；

（3）1：1 万，SD_VECTOR_10K；

（4）1：5 千，SD_VECTOR_5K；

（5）1：2 千，SD_VECTOR_2K。

比例尺数据集下面根据地图制作年份建立数据集。年份数据集命名规则如下：在比例尺数据集名称的后面加上"_年份"，如 SD_VECTOR_250K_2009。

不同行政区划下的矢量图层按照其比例尺和年份入库在不同的数据集中。

2. 基础影像数据库

基础影像数据库按照数据类型，分成不同数据集进行存储管理。各个类型数据集的命名规则为"SD_RASTER_ + 数据类型"。例如：

（1）SPOT：SD_RASTER_SPOT；

（2）QUICK BIRD：SD_RASTER_QUICKBIRD；

（3）TM：SD_RASTER_TM。

3. 专题图数据库

专题图数据库根据不同的专题图类型建立数据集。其命名举例如下：

（1）水环境功能区划：SD_WATER_EMT_THEME。

（2）生态功能区划：生态环境现状图，SD_CURRENT_EMT_THEME；生态环境敏感性分布图，SD_SEN_EMT_THEME；生态服务功能重要性分布图，SD_FUN_IMP_THEME；生态功能区划图，SD_WATER_DIS_THEME。

（3）饮用水源保护地规划：SD_WATER_DEPEN_THEME。

（4）工业污染源及入河排污口分布：SD_POL_SRC_THEME。

（5）环境监测站点分布：SD_STATION_THEME。

二、环境数据汇集与整合

目前，环境数据在各个环保业务系统中分别存储，其中某些业务数据之间有着密不可分的关联，但是其数据结构却差别较大。因此需要通过一定的技术手段将上述各业务系统中共同需要的数据提取出来，并进行分类汇总进入数据库，如需要将重点污染源在线监控、环境质量监测管理、污染源基础数据采集管理及排污收费等的各项数据进行整合，为环境数据的进一步加工处理打下基础。

数据汇集主要是通过信息系统完成多种渠道来源数据的采集、加载、整合、集成、数据质量控制和基础数据管理等。通过数据汇集，从源数据库中对业务基本数据按一定主题和规则进行抽取、清洗、转换，并加载到数据仓库中，为数据展现提供支持服务。

ETL 是数据抽取、转换、清洗及装载的过程，是构建数据仓库的重要一环。用户从数据源抽取出所需的数据，经过数据清洗，最终按照预先定义好的数据仓库模型，将数据加载到数据仓库中去。

ETL 过程可以说是数据仓库最为复杂的过程。应根据系统特点建立 ETL 策略，如什么时候进行数据的抽取，抽取完后如何进行汇总和清洗，在清洗完后什么时候加载，抽取的频率有多高，数据的颗粒度有多高，以及是否采用 workflow 技术等。ETL 完成时还要进行整个过程的监控及跟踪处理。

（一）数据抽取

在进行数据仓库构建时，确定从系统中选取哪些数据装载到数据仓库中去是一个关键的决策。一旦选定了源数据，就要着手考虑如何将它们装载到数据仓库中，而在这个过程中须对整个系统进行分析，决定其中哪些是对决策支持有用的数据。

数据抽取程序一般是指搜索整个文件或数据库，使用某些规定的标准，选择合乎标准的数据，并把数据传送到数据仓库中。可以利用抽取功能识别源数据系统中的数据元素，并对元数据进行观察。

通过抽取，可以得到源数据系统的信息，并选取所需的信息进行转换。对于不同时期、不同格式、不同数据库类型的历史数据或操作型数据，必须经过工程性的数据类型转换。例如，原始的数据可能是文本格式（DAT 文件）数据、电子表格（Excel）等，事先经过工程性的数据处理，经处理使原始数据转换为不同的数据库（Oracle、SQL Server、DB2 等）表。

在进行数据抽取时应考虑如下一些问题：

（1）能对不同时期、不同存储介质、不同数据格式、不同数据库类型及跨操作系统的历史数据或操作型数据进行集成。

（2）当存在多个输入文件时，这些文件的顺序可能是不相同甚至是互不相容的，在这种情况下需要对这些输入文件进行重新排序。

（3）当存在多个输入文件时，在对这些文件合并之前首先要进行键码解析。这意味着如果不同的输入文件使用不同的键码结构，那么完成文件合并的程序就必须能提供键码解析功能。

（4）从操作型环境中选择数据是非常复杂的。为了判定一个记录是否可进行抽取处理，往往需要对多个文件中的其他记录完成多种协调查询，需要进行键码读取、连接逻辑等。

（5）操作型环境中的输入键码在输出到数据仓库之前往往需要重新建立。在操作型环境中读出和写入数据仓库系统时，输入键码很少能够保持不变。在简单情况下，在输出键码结构中加入时间成分；在复杂情况下，则整个输入键码必须被重新散列或者重新构造。

（6）需要经常进行数据的汇总。多个操作型输入记录被连接成单个的"简要"数据仓库记录。为了完成汇总，需要汇总的详细输入记录就必须被正确排序。当把不同类型的记录汇总为一个数据仓库记录时，这些不同输入记录类型的到达次序就必须进行协调，以便产生一个单一记录。

（二）数据转换

数据转换是数据集成的又一重要问题。例如，同一字段在不同应用中有不同的名字，为了保证转换到数据仓库的数据正确性，就必须建立不同源字段到数据仓库字段的映射。数据转换包括字段类型的转换、字段值的修改和字段的筛选等。

在进行数据转换时应考虑如下几个问题：

（1）在确定对应关系前，即历史数据或操作型数据已经经过初步处理，必须能保证对应字段之间的一致性，即已经经过了抽取处理。

（2）在数据转换时，数据的列可以通过各种方法进行转换，从而可以在目标表（或文件）中得到所希望的结果。

（3）数据可用多种方法在大小和类型上进行转换。

（4）根据主题中的基事实表所有字段，逐个在操作型数据表字段中选择、对应、编写字段转换函数。

（5）数据被重新格式化。假设某个操作型系统使用的是不区分大小写格式的文本，而数据仓库需要的是大写格式的文本，这时就需要格式的转换。

（6）在数据元素从操作型环境到数据仓库的数据转移过程中，对数据元素的重命名应该进行跟踪。当一个数据项移动时，往往被改变名字，这样就必须生成记录这些变化的文档。

（7）需要提供缺省值。有时候，数据仓库的一个输出值没有对应的输入源，就必须提供缺省值。

（三）数据清理

数据的转换过程是和数据清理分不开的。数据清理包括确认数据的正确性，校正不正确的数据，然后以有效格式将其转换为正确数据。这些数据可以通过广泛的脚本（在数据集成过程中根据主题的信息自动生成的各维查询函数脚本代码和自动生成的用于实现转换、清理和装载的存储过程的脚本代码）处理语言进行校正。

数据智能校验是保证数据一致性、完整性的必要手段。它贯穿整个系统，对入库的所有信息进行严格的审核，不符合要求或无法判定的信息，均不得入库，以保证数据的安全；它通过一定的验证规则，对数据进行验证，如果有数据冲突，则会向用户提示，以确保数据的一致性和正确性，验证规则可以根据需要自定义。验证采用触发模式，一旦数据库监测到有数据要求入库，随即对数据进行效验，以确保效验的实时性。

在数据入库时，对数据的合法性、有效性、一致性进行检查，去除数据表中重复、无效、空值的数据，并对数据之间的关系建立关联，检查源数据及目的数据结构的逻辑对应关系。在进行数据清理时应考虑如下几个问题：

（1）构建清理日志表（LOG－基事实表名），用于进行对无效、错误数据的校正。

（2）利用清理日志表（LOG－基事实表名）和清理表（CLEAR－基事实表名）对无效、错误数据进行校正（手动）。

（3）对无效、错误数据可以查清理日志表，进行校正后再装载。

（4）在某些情况下，为了保证输入的正确性，需要一个简单的算法。在复杂情况下，需要调用人工智能的一些子程序把输入数据清理为可接受的输出形式。

（四）数据装载

数据装载将经过数据抽取、转换、清理的历史数据或操作型数据和经过校正的数据导入数据仓库。

数据装载应考虑的问题是：

（1）数据装载分为历史数据的装载和操作型数据的装载。

（2）在数据装载时，逐条把合法的数据导入目标数据表，将不合法的数据则放入清理表，清理表数据经过校正后，重新再装载。

（3）对于历史数据而言，原有的数据一般都有一个工程能对其进行处理，经处理得到的数据可能与主题中的基事实表结构相近，只需作小的变化就可以实现数据转换。

（4）依据一个或多个筛选条件，有选择地将数据装载到一个或多个表中。

（5）产生详尽的错误报告，以便对无效、错误数据进行校正。当被装载到数据仓库的记录中包含与目标表的对应字段的限制不一致的数据时，该记录被称为包含坏数据（即无效、错误数据）。

（6）可能会产生多个输出结果。同一个数据仓库的创建程序会产生不同概括层次之上的结果。

三、环境数据应用平台建设

（一）信息资源目录体系

信息资源目录体系是以信息资源分类为基础，采用统一的标准对环境信息资源进行描述，以目录技术、元数据技术和网络环境为支撑，为政府部门和社会公众提供政务信息资源发现、定位功能以及相关应用的系统。元数据技术和目录技术为统一描述不同种类的信息资源提供了技术基础。在信息资源元数据标准、政务信息资源分类编码标准和信息资源标识编码规则等资源内容管理标准的基础上，可以构造出目录数据库。通过应用目录数据库和其他网络技术，可以完成对环境信息资源的采集、发布、查询和管理。目录技术包括资源的分类、目录的构成、目录的结构、目录存储及目录查询等技术。元数据技术是对多样化的、多技术特性的信息进行结构化描述的方法。这些都是管理和利用信息资源的技术方法。

（二）数据门户

实现环境数据发布的门户，显示重要的数据分类、数据集合、数据更新的通知以及数据订阅等信息；提供环保搜索功能，可按权限快速查询各类环境信息；提供元数据查询和发布；可以按权限通过对元数据的检索进行环境数据的分类查询。

（三）OLAP 数据分析

数据库中不同数据源的表不同，数据字段的个数、名称也不相同，体现在UI 中，即不同数据源有着不同个数和不同名称的可抽取维度和指标。基于污染源数据内容具有多重维度的特点，可以设计环境数据的统计维度和统计指标，对数据进行分析评估，从多个角度、多个层次、多个侧面理解和展示环境数据，形成一系列面向主题的环境信息管理报表。

要实现不同数据源的多维抽取和数据分析对比，需要在污普生活源、污普工业源、申报工业源和集中式污染源等不同数据源能够自由组合的基础上，筛选出可用的维度和指标，然后动态生成数据操作代码，最终实现数据结果的展示。

利用 OLAP 的多维数据模型和数据聚合技术可以组织并汇总大量的数据，以便能够利用联机分析和图形工具迅速对数据进行评估。对以多维形式组织起来的数据采取切片（slice）、切块（dice）、钻取（drill-down 和 roll-up）及旋转（pivot）等各种分析动作，以求剖析数据，使用户能从多个角度、多个侧面观察数据库中的数据，从而深入理解包含在数据中的信息。

（四）数据分析与挖掘

通俗地讲，数据挖掘就是对海量数据进行精加工；严格地说，数据挖掘是一种技术，是指从大量的数据中抽取出潜在的、不为人知的有价值信息、模式和趋势，然后以易于理解的可视化形式将其表达出来，其目的是为了提高决策能力、检测异常模式、控制可预见风险，以及在经验模型基础上预测未来趋势等。数据挖掘技术在环保行业的应用正在变得日益深入和广泛，对海量环境监测数据的分析挖掘，对于评价环境状况、预测未来环境状况的变化趋势起到了重要作用。

数据挖掘与传统的数据分析（如查询、报表、联机应用分析）的本质区别是，数据挖掘是在没有明确假设的前提下去挖掘信息、发现知识。数据挖掘所得到的信息应具有先未知、有效和可实用三个特征。数据中心系统集成先进的数据挖掘工具，采用人工神经网络、决策树、遗传算法和近邻算法等挖掘技术，计算出环境状况的变化趋势。

（五）数据个性化定制

需要提供数据的个性化定制功能，主要包括：
1）根据部门和角色定制数据
（1）根据业务部门进行定制，包括环评、污控、监察等；
（2）根据业务角色定性定制，包括局长、部门领导、业务人员等；
（3）根据应用方式进行定制，包括数据查询、数据统计、数据分析等。
2）采用多种数据布局模板
（1）可根据数据定制资源目录，并进行定制内容选择；
（2）可进行展现模板选择，包括布局、风格、更新频率等；
（3）可进行展现方式选择，包括报表、图表、GIS等。

四、环境数据服务接口

建立规范的环境数据共享交换标准，提出各业务数据集成到环境数据平台的标准数据内容和数据格式、数据集成方式及数据传输标准。

结合国家环境信息标准规范，制定环境数据平台的数据共享交换规范，涉及的数据交换标准主要有数据接口标准，包括统一的信息保存格式、统一的信息传递方式和统一的信息共享方式。

建立基于数据平台的一对多的数据共享交换机制，统一管理和使用环境数据。定义各类业务的 Web Service 数据接口，为其他业务系统获取数据平台的数据，以及数据平台与业务应用系统互动提供服务。

（一）应用服务接口

应用接口用以提供数据中心各类相对完整的应用服务，服务内容包括以下三方面。

（1）内容检索，提供内容检索引擎，实现全文检索功能；

（2）报表定制，为其他系统提供定制报表的功能接口；

（3）数据分析，提供多维数据分析引擎，实现主题数据的钻取与挖掘功能。

数据中心提供应用接口的方式包括：

（1）通过 URL 地址调用已完成的各类应用，并以 Portlet 方式在门户上展现。

例如，通过综合分析功能创建的"地表水污染状况分析"功能，以 URL 方式被 GIS、OA 系统、门户等系统调用，嵌入至各应用系统，直接展现其分析、钻取、透视等特色功能，无需二次开发。

（2）通过数据中心提供的各类应用平台，实现应用功能。

例如，各系统需开发应用系统报表，则可通过数据中心的报表平台，进行报表定义与各类编辑操作，快速实现报表开发。

（二）数据服务接口

数据中心作为环保数据的集中管理者，为综合办公系统、地理信息系统、监管集成系统、监察系统和公众服务平台等业务系统提供不同的数据支持。由于数据需求的不断变化要求提供灵活多样的数据服务，所以数据中心应当提供多种数据接口方式以满足不同的数据需求。

1）基于数据库的数据接口

通过数据库的管理功能，创建不同数据库用户，将相应数据集权限分配给不同数据库用户，封装为数据接口用户，分系统通过不同的数据接口用户获得数据服务。

数据库管理具有创建数据库用户、数据集权限分配和封装数据接口用户等功能。

2）基于 XML 的数据接口

数据接口规范用于在数据中心与其他环境系统间进行信息交换时的数据接口，可支持结构化数据和非结构化数据的封装。

数据接口规范的数据接口模型由数据结构、数据集组成。数据结构是可选元素，元素名称是 DataStructure，用来描述交换信息内容的结构信息。数据集是必需的元素，元素名称是 DataSet，用来封装具体的交换信息内容。

数据集封装信息资源实体，用来封装结构化数据。数据集由一个或多个数据记录组成，如图6-4所示。

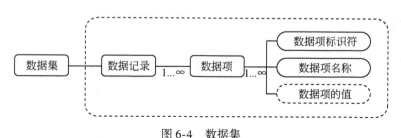

图6-4　数据集

（1）数据记录。

XML 元素名称：RecordData。

说明：组成数据集的基本单位，表示一条记录。例如，关系数据库表的一行，或电子表格的一行等。数据记录由一个或多个数据项组成。

（2）数据项。

XML 元素名称：UnitData。

说明：组成数据记录的基本单位。例如，关系数据库表中的某个字段，或电子表格中的某个单元格。数据项由数据项表示符、数据项名称和数据项值 3 个元素组成。

（3）数据项标识符。

XML 元素名称：UnitIDName。

说明：数据项的标识符。与数据结构中的某个数据项对应。

（4）数据项名称。

XML 元素名称：UnitDisplayName。

说明：数据项的名称。

（5）数据项值。

XML 元素名称：UnitValue。

说明：数据项的值。

第六节　数 据 安 全

一、数据备份管理

环境数据中心要求定期、定时备份业务数据。

数据备份周期为：每月执行一次完全备份，每周执行一次差量备份，每天执行一次增量备份。

在"数据备份记录"中给出备份方式、备份内容、原数据的存储路径、备份数据存储的标识、备份起止时间及备份者。

二、数据恢复管理

数据中心在恢复数据时，应遵循以下原则：

（1）对数据恢复设立专门的岗位，亦可与数据备份岗位合并；

（2）数据恢复时要首先经主管部门批准，并有安全管理人员在场；

（3）数据恢复前应通知相应业务部门的事件处理人员；

（4）若需要业务部门参与（如模拟重演某个时段的业务处理），则数据中心应为相应的业务部门提供详细的操作流程，双方协同完成数据恢复；

（5）在"数据恢复记录"中给出恢复原因、恢复内容和原数据的存储路径；

（6）备份数据存储介质的标识、恢复起止时间、恢复者和批准者。

第七章 环保综合管理业务

第一节 环保综合管理业务应用信息化体系概述

一、环保综合管理业务应用信息化体系

环境信息化是国家信息化的重要组成部分，它与企业信息化、社会信息化彼此融合、相互作用，把环保系统的工作和社会的环保工作紧密联系在一起，和谐推进环保事业不断发展。

环保综合管理业务应用系统根据环保业务的管理需求而开发，目前需求较为普遍的环保业务管理系统包括环保业务综合办公系统、放射源管理系统、污染源普查数据综合应用系统、总量减排管理系统、农业面源污染与评价系统、环境监察与移动执法管理系统、生态保护管理系统及环境地理信息系统等。随着环保业务的发展以及信息化应用的不断加深，环保业务管理系统也将不断推陈出新，以满足环保管理业务发展的需要。

当前，我国环境保护事业进入新的发展阶段，研究如何加快环境信息化建设，推动环保工作开展，对于落实科学发展观，构建环境友好型社会有着重要意义。环境信息化是国家信息化重要组成部分，环境信息化与企业信息化、社会信息化彼此融合、相互作用，不再是单纯的环保管理信息化，而是通过信息化把环保系统的工作和社会上相关工作联系在一起，共同推进。环境信息化带来的不仅是技术上的更新，更是政府管理流程和行政管理体制上的变革，提升的是整个环保系统的行政效率和业务能力。环保综合业务管理信息化是环境信息化的重要组成部分，对我国信息化和环保事业的发展都有着重要的作用。

二、环保综合管理业务信息化在数字环保中的作用

通过环境信息化，建立环境监测、污染源监控、生态保护和核安全与辐射环境安全等信息系统，有利于实时收集大量准确数据，进行定量和定性的分析，为环境管理工作提供科学决策支持。

通过环境信息化，突破环境管理时间和地域限制，最大程度地保障环境信息的客观性和真实性，有利于打破地方保护主义，增强环保执法能力。

通过环境信息化，建立环境实时监测和环境突发事件应急指挥系统，有利于对环境突发事件作出快速反应，对事件的影响程度和危害性作出正确估计，有效地进行指挥处置，保障国家环境安全。

通过环境信息化，利用现代信息网络更好地收集和公开环保信息，有利于开展政府与公众互动，保障公众在环境保护方面的知情权、监督权和参与权，更好地保障公众权益，调动和发挥公众参与环境保护公共事业的积极性。

第二节　环境业务综合办公系统

一、系统概述

环境信息化作为城市信息化的一部分，是促进环境保护工作、改善环境质量的重要手段。特别是随着城市的发展，生态破坏、环境污染、突发性污染事故问题日趋突出，国家和地方政府已将环境保护工作摆到政府工作的重要位置。因此，利用先进的信息技术，整合资源，建立一套环保业务综合办公系统，实现环境信息的统一管理，是提高环保业务管理能力、应急处理能力、执法水平、为民众服务水平及综合管理与分析决策能力的必然选择，对有效控制环境污染，改善环境质量，实现创建国家环保模范城市的目标具有重要的现实意义。

一体化的环保业务综合办公系统包括从建设项目审批、建设项目试生产、建设项目验收到排污许可证、排污收费、污染源日常管理、污染源监测、限期整改、限期治理、行政处罚、环保信访、固体废物转移管理，以及核与辐射管理等。系统使得各种污染源从产生开始，自动将相关信息转到后续监管部门共享，并且后续的信息自动归聚到同一污染源，随时反映污染源的动态管理状况；同时加强对环境质量数据的管理，并且在污染源排污状况与环境质量状况之间建立联系，从而达到通过对点源的管理改善宏观环境质量的目标。

二、建设目标

环保综合业务管理信息系统是政府面向社会的一个窗口，对于信息处理及系统集成有着很高的要求。该系统充分利用了现代通信、计算机网络技术、地理信息技术和卫星定位技术，是集无线在线监控、视频监控、GIS 空间管理、GPS 定位和有线无线指挥调度为一体的高度集成的全方位的综合办公系统。

通过一套以污染源、监测、管理基础数据库为基础的环保业务综合管理系统，实现对污染源、大气、水和声环境的在线管理，提高环保部门的监督管理和应急处理能力，以及业务管理能力，从而为污染源管理、监理和排污收费提供快速高效的技术手段。

三、系统功能

（一）环保门户网站发布

1. 环保信息发布

系统通过环保局政府网站向公众发布环保信息，网站具有丰富、实用、透明的信息，同时实现环保局与公众和企业之间的交互、交流及公众监督的作用，使网站成为环保局服务于公众的一个网上平台。环保局政府网站涵盖政务公开要求的所有业务和信息，并提供互动交流、企业服务窗口。

环保信息发布页面如图7-1所示。

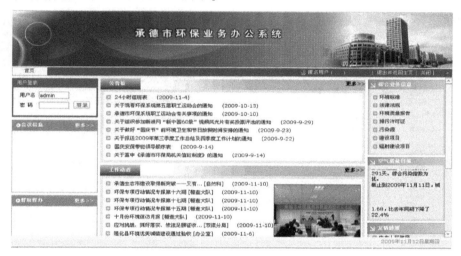

图7-1　环保信息发布页面

2. 环保信息交流

环保局政府网站与内部门户网站有着必然的联系。内部门户产生的信息，可以通过审批机制发布到公众网站；同时公众网站接纳的企业申请、公众投诉，也可以转移到内网流程上进行处理。

3. 网站后台管理维护

1）网站基本信息维护

通过政府网站可以实现对网站文字/HTML、链接、图片、模块镜像、栏目模块维护、通知公告、搜索、信息发布、分页内容、文档管理、网站地图、在线用户、网上调查、网站安全管理及版权保护等相关内容的维护。

2）文章采编发管理

文章采编发管理提供强大的信息的采集、编辑、审批、发布、评论、专题、统计、搜索和分类等，实现信息综合管理的能力。

3）通用信息维护

系统管理员可以对各种通用信息进行设置和修改。

4）网站统计

可按时间范围统计各工作人员的工作情况、网站和各功能的访问情况。

（二）办公自动化管理

办公自动化管理集办公收发文、会议管理、信息采编、公用信息发布、电子邮件、督办查办和领导批示等系统功能于一体，大大减少了工作人员的劳动强度和重复劳动，有效实现了环保局各部门之间的无纸化办公，实现了环保局与各级政府部门之间高效率的公文运转、信息交流和信息共享，如图7-2所示。

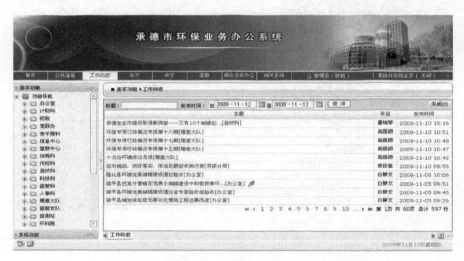

图7-2　办公自动化管理

办公自动化管理主要包括以下几部分内容。

1. 办公桌模块

1）通告与要闻

通告与要闻提供通告的发布、浏览以及维护功能。

2）待办事宜

待办事宜显示当前用户需要办理的各类办公事务，提供给各部门制定并发布工作计划的功能，领导可以通过工作动态来掌握全局各部门的工作内容。

3）公文管理

公文管理包括发文管理、收文管理、签报管理和文献库四个功能模块，实现文件的起草/登记、批示、办理和归档的全过程。

4）会议管理

会议管理提供给单位内部发布会议通知和记录会议内容的功能，与会人员可以根据自己的情况对会议通知进行回复。事后，还可以根据会议纪要查阅会议的相关信息。

5）日程安排

日程安排显示当前用户需要办理的各类办公事务的数量，以及随后一段时间内的具体日程安排。

6）论坛交流

论坛由专门人员进行栏目内容的管理，可实现单位内部各类信息的发布，提供给全体人员一个自由讨论的场所。

2. 人事信息管理模块

1）人员基本信息

人员基本信息提供员工资料库，提供调用查询等功能。

2）员工考勤登记

员工考勤登记让用户能够更简便、准确地完成员工考勤管理，满足多种需求，达到强化单位管理的目的。

3）劳动合同

劳动合同提供随时查询以及到期提醒功能。

3. 规划财务管理

规划财务管理包括排污费、环境规划、"三废"综合利用、总量控制、污染治理设备报废、单位信息及环境系统单位的登记、查询和管理功能，还包括各级领导层次的审批功能。

4. 法规稽查管理

系统具有对地方性法规文件导入、输出和打印的功能；执法责任考核和重大环境处罚的登记、管理功能；环境监察督办和处罚强制执行登记、监督管理功能；文件登报、案件强制执行、行政复议、行政诉讼和行政执法证管理的登记、查询及管理功能。

5. 科技管理

科技管理主要包括科研计划管理、科技信息管理、标准认证管理和环保产业管理。

（三）建设项目管理

系统可以实现环评的网上申报及与市政府审批中心的数据共享。利用系统可令环保局快速响应市民投诉及各类服务需求，体现为民办事的宗旨，提高为民服务质量。系统主要用于上级环保部门对下级环保部门审批的建设项目进行备案审查，使流于形式的备案审查被赋予实质意义。在上报备案项目后，只要输入该项目的几项主要有关情况，即可由计算机给出对该项目的备案审查意见。

1）建设项目管理

建设项目管理包括建设项目信息管理、监理计划、现场监理单等项目文档的管理，同时生成报表以便导入导出。

2）污染控制管理

对分布于各企业的污染源进行排污许可证、污染源排放、污染治理设施监理等事件管理。整理企业污染源信息表，制定监理计划，填写现场监理单等文档，并根据污染源的排放区分正常、异常情况，进行分类列表。

（四）排污许可监督管理

排污许可监督管理是基于总量控制的排污许可证动态管理。系统具有工业污染源基本情况库，录入现有排污许可证的污染源基本情况数据，通过关键字获取污染源基本数据，然后点击有关污染源名称和有关业务信息条目，通过统一编码检索出各业务数据库的数据。

系统具有对排污许可证的发放、换证、注销申请、年审和企业监督等进行管理，并对所有属性数据查询统计的功能。

（五）排污费征收管理系统

在统一污染源台账的基础之上，对排污申报、排污费核定、排污费复核、缴费通知书生成打印、限期缴纳通知书生成及管理、排污费减免管理、排污费缓征管理、入账登记、发票打印及有关统计分析等建立一套标准体系，为其他系统提供收费历史数据查询。

具体内容包括污染源基本信息管理、排污口信息维护、排污申报数据录入、排污核定、排污费复核、缴费通知书生成及打印、银行数据交换及对账、排污费减免缓操作、排污核定公告及银行托收处理。

（六）建筑工地管理系统

建筑工地管理系统将建筑工地备案登记、核发建筑工地的建筑施工噪声排放许可证管理纳入到统一的污染源管理平台。

1）建筑工地登记申报

建筑工地登记申报指根据要求，建筑工地填写"建筑施工排放污染物申报登记表"，并提交相关资料。根据申报的资料，核定建筑施工噪声排污费，下达排污核定通知书及排污费缴费通知书，由企业缴纳噪声超标排污费。

2）建筑施工噪声许可证管理

建筑工程需提前向环保部门申请，领取"建筑施工噪声许可证"，并按许可证规定的时间施工。

3）建筑工地跟踪管理

对备案登记的建筑工地进行跟踪检查，以防止超时施工及其他违法行为。

（七）环境信访管理

信访投诉管理包括电话投诉登记台、环保信访登记台、任务办理台、投诉调查处理、复函、转办函、环保信访查询库、投诉详情查看及查询统计等。

任务办理台集中环保投诉各业务处理于一身，专门用来由各业务员在其中处理各类业务，包括环保投诉调查处理、领导的审核及签批、环保投诉登记表的打印及任务办理轨迹查看等。

（八）环境法规标准查询

环境法规标准查询提供法律、法规、标准查询及相关知识。

（九）环境保护规划管理

根据环境现状和环境资源条件，给出最佳环境利用规划，通过 GIS 和环境质量现状分析和评价的模型，可进行环境质量评价和环境辅助规划。

污染源调查包括工业污染源、生活污染源、农业污染源和交通污染源。环境功能区划包括综合环境区划、按环境要素分项的环境区划。

图 7-3　环境监察管理

（十）环境监察管理

系统以现行的国家有关环境保护法律、法规为依据，根据环境监察管理工作的流程，实现环境监察管理业务的规范化和环境监察管理信息的文件化。鉴于环境监察管理工作细节多，具体情况差别较大，该系统为用户提供了项目监理、行政处罚、征收排污费等多项实用功能，对于促进环境监理工作的规范化、制度化有着十分积极的作用，如图7-3所示。

第三节　放射源管理系统

一、系统概述

放射源是指用放射性物质制成的能产生辐射照射的物质或实体。随着我国核工业、核技术的不断发展，放射源在工业、农业、医疗卫生及食品加工等领域得到了广泛应用。但是近年来，因管理不善等原因造成放射源丢失、被盗的事件时有发生，导致多起放射性污染事故，严重威胁了人民群众的生命健康。因此，急需加强放射源的环境监督管理，为放射源使用单位和政府监管部门提供较好的管理工具，保障放射源的安全使用和公共安全。

在放射源管理方面，自20世纪80年代以来，我国陆续建造了25个城市放射性废物库，对废弃放射源进行了统一管理，同时，各省市根据辖区内放射性污染源的分布情况，进行监督性监测。但由于放射源分属各单位管理，分布分散，一旦发生泄漏或丢失，所造成的后果很严重，所以需要对放射源进行有效、统一监管。

放射源管理系统就是为实现这种目的而开发的系统。系统包括放射源信息管理、放射源监督执法业务管理、核与辐射事故应急决策支持、放射源知识库和系统管理等模块，实现了对放射源生命周期的信息化管理。

二、建设目标

放射源管理系统通过对放射源信息管理以及管理过程的信息化，实现放射源生产（进口）、运输、销售、使用（移动使用）、转让、转移、回收、储存和处置整个生命周期的信息统一管理、监督执法办公自动化，并为放射源管理及应急工作提供决策支持，保障放射源的安全使用和公共安全。系统的建设思路架构如图7-4所示。

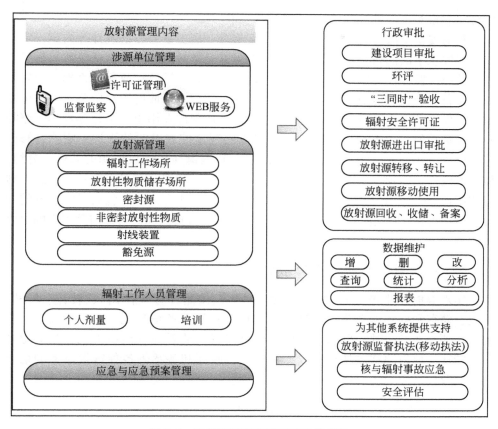

图 7-4　放射源管理系统建设思路架构

三、系统功能

（一）放射源信息管理

实现对各种类型放射源的登记、管理、涉源单位管理以及对辐射安全事故应急事件的管理，实现信息的登记、查询、统计、管理（增、删、改）、分析报告、报表输出以及结合 GIS 的管理功能，包括放射源登记管理、涉源单位管理、辐射安全事故应急管理和放射源监控信息管理等模块。

放射源登记管理包括密封源登记管理、非密封放射性物质登记管理、射线装置登记管理、低于豁免水平放射源登记管理，以及贫铀罐、核设施管理等管理内容，实现对不同种放射源的信息登记及管理。

涉源单位管理包括放射源单位管理、射线装置单位管理和通讯录管理等管理内容，实现对不同种涉源单位的信息登记和管理。

辐射安全事故应急管理包括事故登记管理、历史事故查询统计等内容，实现对辐射安全事故的信息登记及管理，为辐射安全事故应急提供信息基础。

放射源监控信息管理包括放射源在用单位管理、被监控放射源管理、放射源监控设备管理及放射源监控信息显示与管理等内容。以放射源在用单位为一个放射源工作组或群，通过系统群组管理可以实现放射源在用单位名称等增加、删除和修改等功能。放射源监控信息管理可以实现监控放射源的添加、删除、修改等，也可以实现放射源基本属性信息的修改和编辑（包括放射源的名称、分组、核元素名称、图片、活度、标定时间、购置时间、状况、数量、位置信息、产地及使用地点等），还可以实现对放射源监控初始信息的编辑（包括了定位器的卡号、检测类型、IP 地址、通信端口、报警的企业负责人和监管部门负责人的手机号码等）。

（二）放射源监督执法业务管理

实现放射源生产（进口）、运输、销售、使用（移动使用）、转让、转移、回收、储存和处置整个生命周期管理的监督执法业务信息化。实现建设项目审批、环评、"三同时"验收、辐射安全许可证、放射源进出口审批、放射源转移、转让、放射源移动使用、放射源回收、收储和备案等各种审批业务的信息化，以及放射源现场监督执法管理的信息化。

（三）核与辐射事故应急决策支持

实现对核与辐射事故应急的日常管理信息化（包括应急预案管理、历史事件管理、应急资源管理等），以及在发生突发事件时提供突发事件应急决策支持，最后逐步完善。

（四）放射源知识库管理

知识库主要内容包括专业词汇、核素物理参数、核素在环境中转移相关参数、核素放射源类别分类、核素毒性、各类转换系数、法律、法规、条例、标准、规范、导则、通知，以及通告文档等。实现对放射源知识库的管理（增、删、改信息），提供知识库信息服务（查询、全文检索等），并为其他系统提供信息支撑（应急、监督执法、审批及在线监控等）。

（五）系统管理

系统管理包括运行日志、报警日志、操作日志、端口管理及用户管理五方面。

第四节 污染源普查数据综合应用系统

一、系统概述

随着科学技术的发展和居民生活水平的提高，全国范围内的水污染、大气污染、噪声污染和放射性污染等环境污染在不断增加。为全面落实科学发展观，切实加强环境监督管理，提高科学决策水平，我国于 2008 年初开展了第一次全国污染源普查，污染源普查内容主要包括：工业污染源排放的污染物，规模化的养殖场和以农业面源为主的农业污染源排放的污染物，城镇生活污染源排放的污水，集中式污染治理设施等。

污染源普查数据库是普查成果的集中体现，是普查成果开发利用的基础。为使污染源普查数据库变为一个"活"库，不断增强普查资料的实时性，最大限度地发挥普查数据的使用价值，开发一套污染源普查数据综合应用系统是实现普查数据信息化的必然选择。污染源普查数据综合应用系统可以使单调、枯燥的普查信息被赋予空间概念，更加清晰、直观地再现污染源的污染时空状况。

开发的污染源普查数据综合应用系统基于网络和"4S"技术，系统功能均为综合性环境地理信息系统平台。系统中不仅有污染源普查信息，还有污染源在线监控、环境在线监测、环境质量评价等。系统的功能主要有污染源显示、查询、统计、分析、地图制作和区域报警六个方面，能随时显示、汇总区域或河流污染物的种类、浓度和总量，并结合地区环境功能区划、饮用水源保护区和自然保护区等环境信息，开展分析评价工作。在操作上，实现了图形化、图像化、实时化及实用化。

二、建设目标

污染源普查数据综合应用系统的总体目标是建设以环保机构目前的核心业务与污染源普查为主，以相关管理业务处室数据为辅，以空间地理信息等基础数据为载体的信息化体系。通过计算重点企业、重点行业的排污量、原辅材料用量，能源消耗量，为市环保局方针政策的制定乃至产业结构调整提供强有力的数据支撑。该系统将传统工作信息与"4S"[管理信息系统（MIS）、地理信息系统（GIS）、遥感（RS）、全球定位系统（GPS）]、数据库、计算机网络等先进技术相结合，实现将工业源、生活源、集中式处理设施和重点农业源四大类污染源普查信息入库并可方便查阅、导出及汇总分析，同时允许对污染源普查数据进行长期、动态的更新维护，保证了污染源管理的可持续性。

三、系统功能

（一）污染源普查数据查询

数据查询功能是在第一次全国污染源普查数据处理系统的基础上，根据市环境监测中心站日常业务开发的功能模块，用以最大化地利用全国污染源普查的数据。在系统中，查询功能分布在各个子模块中，并单独为查询提供专用的菜单项，满足在日常业务处理中的大量查询需要。主要包括以下三种查询方式。

1. 定制查询

对于用户常用的查询，系统提供简单的查询界面供用户来进行快速的查询。用户只需要制定简单的查询条件，如企业代码、单位名称、录入人或录入时间等信息，就可以实现数据的查询，并允许将查询结构进行保存和导出，供用户进行数据的再次挖掘。

2. 高级查询

高级查询方式非常灵活，用户可以自行配置查询条件。在定制好查询条件后，用户可以将该次定制的查询条件进行保存，系统应自动将其纳入到针对用户的定制查询中，如果以后用户想再次使用，直接点击就可以再次调入查询规则。同样，查询的结果也可以进行保存和导出，以供用户进行数据的再次挖掘。另外，高级查询也可以对用户在先前查询所得到的结果进行再次查询。用户可以按污染物类型、对象、代码、名称和行政区划查询污染源普查数据。

3. 空间查询

本系统将查询功能扩展到地理空间范围。无论是定制查询还是高级查询，其查询条件都可以加入对于地图区域的约束条件，即在指定了正常的查询条件的同时，用户也能以地图范围（包括城市、区县、乡镇轮廓、用户指定的任意选区范围等）为过滤条件，对数据进行筛选，以得到更加精确、有效的查询结果。

污染源分布查询如图7-5所示。

（二）污染源普查数据统计

与系统的数据查询功能相类似，系统数据统计功能主要包括定制统计、高级统计和空间统计三种方式。

对于用户常用的统计，系统提供简单的统计界面供用户来进行快捷的统计操作。用户只需要指定简单的统计条件，如录入人、录入时间或单位性质等信息，就可以实现数据的统计，并可以将统计的结果进行导出，以供自己使用。通过设计统计条件，按行政区划、时间和行业差别将 COD、SO_2、废水排放结果以图

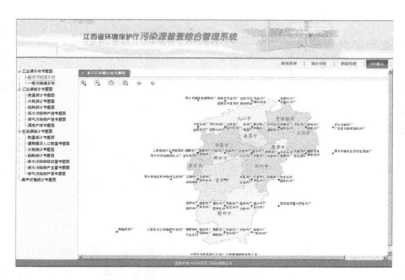

图 7-5　污染源分布查询

标、表格、饼图或直方图的形式呈现，包括对工业源、生活源、集中治理设施及农业源等的统计。此外，用户还可以自行配置统计的条件，或在地理空间范围上计算统计结果，如图 7-6 所示。

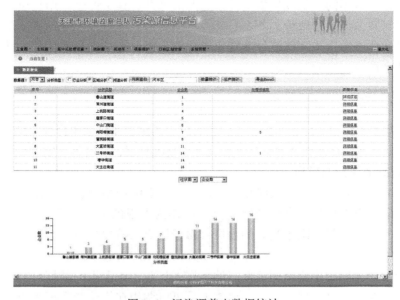

图 7-6　污染源普查数据统计

（三）污染源普查数据分析

1. 普查数据处理与分析

污染源普查数据分析主要是对工业源、农业源、生活源、集中式污染物治理设施、机动车、放射性污染源及特殊污染物数据七个方面工业污染源的数据处理与分析。

2. 空间分析

通过用户指定的空间范围（包括省、城市、区县、乡镇轮廓、用户指定的任意选区范围等）可对该范围内的相关污染源进行分析。在分析过程中，用户还可以对数据的年份、所属行业和主要污染物等相关的一些分析条件进行指定，缩小分析范围，扩大分析精度。

3. 自定义分析

自定义分析是对于传统的分析功能的扩展，如总量分析、指标分析等。用户看自定义分析公式，允许对待分析的字段，如工业总产值、工业用水量等进行相应的计算，并将计算的结果进行排序操作，更加直观地反映出分析结果。

4. 数据比对

系统提供对环境统计数据的管理功能，将污染源数据与环境统计数据进行对比，判断其指标含义是否一致，对于一致的指标对其数据进行比较分析，进而判断污染源普查数据的质量或环境统计数据的准确性、真实性等，用户可以在此基础上作出对数值结果的取舍判断。

污染源普查数据与环境统计数据比对功能主要包括基础指标比较、统计值比较和一致性调整三方面的比较功能。

（四）污染源台账管理

该系统具有重点污染台账数据库，同时可以确定工业污染源普查的重污染行业及重点行业名录。该系统能自动生成企业排污情况日报，同时具有数据审核功能。

1. 企业排污情况日报

系统为每个企业用户开设账号、密码。企业登陆该系统，将日排放数据登记上报，可以查看本单位的在线监测数据，以作为上报的数据来源；还可以修改、删除上报的数据，但仅限于当天的数据，对于历史的数据只能查询，不能更改。

2. 数据审核

每天由环境监测中心站相关部门的工作人员对企业上报的数据进行审查，审查的依据为在线监测数据，因此，审查人员可以调用在线监测数据来审核企业日报数据，如果审查不通过，需写明不通过的原因，并给企业发送通知。

（五）污染源普查档案管理

档案管理系统的主要功能是存放全市污染源普查的相关文件、文档、制度、代码、简报、培训课件、会议纪要、工作安排、领导讲话、核查清查结果和普查样表等，并且能按类型、时间等进行模糊查询和统计汇总。

（六）污染源普查数据专题分析

系统可以借助 GIS 平台的专题分析能力，实现对专题数据的制作和管理，并按照行业、流域（珠江、重点水源地）、区域（人工选择区域和特定区域）等分类对数据进行专题应用。针对不同行业、流域和行政区域，系统可以结合时间、区域等纬度进行各种专题分析应用。

第五节　总量减排管理系统

一、系统概述

为确保实现"十一五"主要污染物总量减排目标，加强和规范主要污染物总量减排核查工作，环境保护部制定了《"十一五"主要污染物总量减排核查办法（试行）》，并与各省人民政府签订了《"十一五"主要污染物总量削减目标责任书》。总量减排是一个硬性的指标，是政府必须完成的一项任务，其日常工作主要由环保部门来落实。

总量减排管理要求能够充分体现节能减排工作的核算和项目管理两大核心理念，应遵循环境保护部"淡化基数、算清增量、核准减量"的要求，为减排工作的清算和核算工作提供便捷的工具和手段。

二、建设目标

总量控制应包括水污染物（COD）总量控制和大气（SO_2）污染物总量控制。

在 COD 总量控制管理方面，系统应对污染源普查数据分流域和区域汇总，建立流域和区域的 COD 污染源基础数据库；在此基础上，统计得到 COD 排放总量现状。同时，应为用户提供社会经济数据录入窗口，在用户提供社会经济数据的基础上，计算出由于社会经济发展产生的新增排放量；把普查结果体现的排放现状、预测的新增排放量结合，与减排任务相对照，判断未来某一时期必须完成的具体 COD 削减任务；根据这些对比结果，明确决策目标。

在 SO_2 总量控制管理方面，应分区域对以燃煤电厂为重点的 SO_2 污染源的普查结果汇总，建立区域的 SO_2 污染源基础数据库；在此基础上，应统计得到 SO_2 排放总量现状。同时，应为用户提供社会经济数据录入窗口，在用户提供社会经济数据的基础上，计算出由于社会经济发展产生的新增排放量；把普查结果体现的排放现状、预测的新增排放量结合，与减排任务相对照，判断未来某一时期必须完成的具体 SO_2 削减任务；根据这些对比结果，明确决策目标。

三、系统功能

（一）目标计划

1. 计划登记

省环保局每年接受上级分配的总量排放计划，再对下级环保局进行总量分配。省环保局对管辖区内的市环保部门进行总量分配，分配的依据来自环境统计及排污申报数据。该系统按月将企业的总量排放计划记录下来，并且可以查询、维护；还可以提取排污申报的数据作为总量计划数值，然后由录入人员进行人为修改。

2. 计划查询统计

可以按照日期、行政区域和企业类别等条件查询企业的总量计划数据；还可以对总量削减计划数据进行统计，根据时间段、行政区域等进行总量汇总。

3. 计划完成情况

将企业日排放量数据按月汇总，算出实际总量削减数值，对照总量削减计划，可得出实际总量削减情况与计划值的差额，并标识出没有完成计划量的单位。

目标计划如图7-7所示。

（二）总量台账

1. 企业排污情况日报

系统为每个企业用户开设账号、密码，企业登陆该系统，将日排放数据登记上报，企业用户可以查看本单位的在线监测数据，以作为上报的数据来源；还可以修改、删除上报的数据，但仅限于当天的数据，对于历史的数据只能查询，不能更改。

2. 数据审核

审查人员可以调用在线监测数据来审核企业日报数据，若审查不通过，要写明不通过的原因，并给企业发送通知。

3. 企业排污情况查询

按照时间、行政区和企业类别等查询企业排污情况，可以将企业日报数据按

图7-7 目标计划

月、季、半年和年以及按行政区域、行业等进行排放量汇总。

（三）总量核算

1. 排污情况核查

总量核查人员将核查数据录入到系统中，核查的内容包括 COD 和 SO_2 的核查。

COD 新增削减量的核查包括城市污水处理厂新增的 COD 削减量，企业事业单位治理工程新增的 COD 削减量，取缔关停企业、工艺、设施新增的 COD 削减量，以及提高现有排污单位排放达标率新增的 COD 削减量。

SO_2 新增削减量的核查包括燃煤电厂脱硫工程新增的 SO_2 削减量、非电工业企业烟气脱硫新增的 SO_2 削减量，以及产业结构调整新增的 SO_2 削减量。

2. 定期核查报表

定期核查是指对各省、自治区、直辖市上报的半年或年度污染减排计划的执行情况及工程治理减排项目、结构调整减排项目和监督管理减排措施的实施情况，以及完成的 COD 和 SO_2 削减量数据的真实性和一致性进行的检查与核实。

利用该系统中的报表模版，可以生成上报的报表。上报的内容包括：地方各级人民政府污染减排工作组织领导情况、地方各级环保部门组织实施污染减排工作情况、地方各级政府的相关职能部门组织实施污染减排工作情况、相关企业事业单位开展污染减排工作的典型事例、核查期内地方各级人民政府确定的减排计划的完成情况，以及按照减排计划应该完成的削减量及其测算依据，工程治理减排项目、结构调整减排项目和监督管理减排措施的列项清单及其实施效果。

总量核算如图7-8所示。

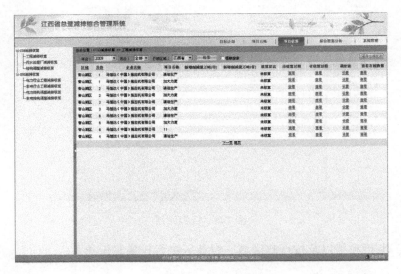

图7-8   总量核算

（四）考核评价

考核评价分为对目标完成情况（按区域考核、按企业考核）、环境质量情况、减排措施完成情况及管理体系建设和运行情况四大部分进行应用和分别考核，目标完成情况应专门针对下级环保局的整体指标进行考核和评价，也可以针对重点污染源企业进行考核。

（五）决策支持

决策支持应提供总量预测功能，根据总量核算的需要按高、中、低三个不同层次的控制指标设置预测参数，对主要污染物的排放量进行预测，根据预测结果调整减排计划。

决策支持还可进行费用效益分析，进行污染源排名，基于历年数据生成各种样式的列表、统计图和统计报表，用预置模型对环境污染进行模拟，为环境业务管理人员提供统一的数据管理，以提高其工作效率和环境管理水平。

（六）项目综合管理

项目综合管理应以项目的时间、计划、实施进度、验收资料和减排效益核算等为主线，每个项目都应显示详细的资料，纳入证明材料和验收资料，形成项目管理和档案管理相融合的完整的总量项目管理体系。

第六节　农业面源污染与评价系统

一、系统概述

环境污染分为点源污染与面源污染。自 20 世纪 70 年代起，点源污染就受到了重视，当点源污染逐步得到控制后，面源污染对环境的影响已开始显露出来。我国许多地区的农业面源污染负荷比已超过了工业点源污染，带来了严峻的环境问题。我国《国民经济和社会发展第十一个五年规划纲要》明确提出，要"防治农药、化肥和农膜等面源污染"。

农业面源污染治理是一个比较复杂的系统工程，涉及面广，需要运用系统的方法通过控制整个面源污染的全过程，构建一个农业面源污染的复合控制系统，采用源头阻控、迁移途径阻断和末端治理的综合治理方法，使之达到合理、经济、有效的预期目标。

由于农业面源污染的发生具有动态的、随机的特点，所以在缺乏强有力的空间规划决策支持工具时，往往造成规划决策过程慢长、难度大和结果的随意性和不确定性。因此，需要借助地理信息系统、遥感影像分析、空间定位、计算机和网络通信等技术结合实现对农业面源污染的动态监测，以及对相关信息的集成管理与应用分析，从而更好地实现面源污染的系统控制——以末端监控管理促进源头治理，以信息的有效管理及分析辅助管理决策。

系统登录首页如图 7-9 所示。

二、建设目标

系统结合地理信息系统、遥感技术和数据库技术等先进技术，实现对面源污染的实时动态监控，控制面源污染给我们的生产、生活和环境带来的影响，最终达到治理、减少面源污染的目的。

项目基于环境地理信息系统，实现面源污染源的业务信息与地理环境信息的整合。同时，GIS 系统的强大地图分布功能能够实现监测点地图的显示，更加直观地反映监测点的情况。通过 GIS 与数据库的有机结合，对面源污染进行模型分析、统计分析和空间分析等不同的数据类型分析，调用数据库的相关数据，生成

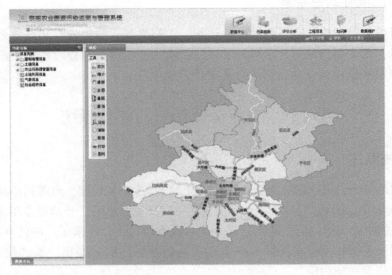

图 7-9　面源污染系统

相应的分析结果，方便相关部门领导把握面源污染的整体情况，并根据实际情况制定有效的辅助决策与环境应急处理指挥对策。

三、系统功能

（一）农业污染源动态监测

1. 数据查询

数据查询是系统的基本组成部分，也是一般用户使用频率最高的功能。数据查询的范围包括：监控点的实时数据、历史数据，数据管理中录入的各种数据，以及按时间（月、季、年）、空间（行政区域）等进行统计的结果。

数据查询结果的表现形式丰富多样，除了数字和文本外，还包括直观的图表（包括曲线图、柱状图和直方图等）、GIS 空间分布等，并且，用户可将查询的结果打印，也可以导出到多种的数据库格式（包括 XML、FoxPro、Excel、Access、带格式的文本），方便与其他的业务作数据交换。

项目信息查询如图 7-10 所示。

2. 数据统计及报表

系统可以按照时间、空间等各种因素计算出相应的统计数据，并在此基础上进行分析和挖掘，结合业务人员的专业知识，为环境决策提供可靠的信息支持。统计和报表应符合国家标准规范要求。

图 7-10　项目信息查询

3. 监测点管理

系统可以监测点位的添加和修改，监测点位空间数据的编辑与管理，根据经纬度在地图上显示监测点，在鼠标指向监测点时显示最后一组监测数据。系统能够管理监测点的基本信息，包括编号、名称、性质、地址、设备信息、安装时间和图片等，并可快捷地查看监测的瞬时数据和历史数据信息。

4. 报警管理

系统具备自动报警功能，以提醒管理人员及时地关注和处理所发生的危险事件。报警信号可分为两种类型：设备异常报警和环境安全报警。当发生污染治理设备关闭、监测设备运行异常、通信网络中断等事件时，系统会产生设备异常报警信号；当监测项目的浓度、流量和温度等值超过设定的标准值时，系统会产生环境安全报警信号。系统还提供声音报警功能，或将报警信息以短信方式发送给指定人员。

（二）农业面源污染评价

1. 农业面源污染模型管理

自 20 世纪 60 年代开始，农业面源污染的定量化工作产生了不少模型，包括通用土壤流失方程，农业管理系统的化学、径流、侵蚀模型（CREAMS），以及农业非点源污染模型（AGNPS）等。系统能够调用这些模型，如图 7-11 所示。

图 7-11　模型管理

2. 农业面源污染评价

根据各指标的超标情况可以从整体上了解该地区主要面源污染因子和主要污染区域。根据电子地图中农业生产的分布情况可以定性判断主要污染来源。

对各监测指标的污染负荷情况按监测站或监测河段进行一定的统计分析，可得到同一监测站或河段在一定时间的主要污染指标或在不同时间主要污染指标比较，并以表或图的形式对结果进行展现。

对同一区域、不同时间的污染变化进行趋势分析，对不同区域、不同时间的污染变化进行时间序列分析，并以图或表的形式展现分析结果。

第七节　环境监察与移动执法管理系统

一、系统概述

环境监察与移动执法管理系统是为加强环境执法能力、创新环境执法手段、提高执法成效而建立的创新型执法管理系统。系统充分利用无线通信、计算机网络、GPS 和 GIS 等先进技术，构建了集 PDA 端的现场移动执法系统和 PC 端的后台支撑系统于一体的移动执法体系。本系统着重解决执法人员的现场执法和监督管理功能。

二、建设目标

系统实现以下三方面的建设。

现场移动执法系统：是位于智能手机上的现场执法软件，负责现场检查信息的录入，实时查询在线监测信息、危化品的处置方法。

中心处理服务系统：是整个系统的数据交换中心，负责接收移动端上发的各种消息，将这些消息分发给客户端或存储在后台数据库；实时检查任务分配情况，并根据任务执行人将任务消息发送到对应的移动手机上。

后台支撑系统：负责进行污染源信息、人员信息和各种字典信息的数据维护，并可录入检查信息、现场监察报告和现场勘查笔录，完成人员任务分配等各种工作。

三、系统功能

（一）现场移动执法系统

移动执法终端界面如图7-12所示。

图7-12　移动执法终端界面

图7-13　任务管理

1）任务管理

任务管理模块从中心系统接收个人任务信息，包括任务ID、污染源单位、任务名称、任务描述、任务执行人、任务开始时间，以及任务最晚结束时间。针对各个任务，现场执法人员进入日常检查、现场笔录和案件调查报告的录入界面。当任务处理完成后，提交任务完成信息给中心系统，以便管理人员及时了解任务的执行情况。当任务完成后，自动从任务列表中删除该任务，如图7-13所示。

2）移动执法

移动执法模块首先是现场电子地图，在该地图上将实时显示执法人员所在的位置，并动态显示附近的污染源企业。执法人员将登录企业信息显示界面、废水处理设施录入界面、废气设施录入界面、固体废物录入界面、噪声污染录入界面，以及现场图片（视频）采集界面等，进行督察工作。

3）在线监测

在线监测包括重点污染源监测、空气质量检测、水质断面监测，可实时显示监测数据，并查询历史数据。

4）危化品查询

危化品查询模块可以查询危化品的基本信息和处置方法，供执法人员进行参考和决策。

5）任务执行情况查询

任务执行情况查询模块可以查询分配给自己的任务，以及任务执行情况；还可查询历史发送不成功的消息，并可手工进行再次发送；同时可以链接其他相关网站，查询政策法规和科技标准。

6）办公自动化

办公自动化模块可显示每天的动态信息、当天发送给登录人的邮件信息和当天发送给登录人及其所在科室的提示信息。

（二）中心处理服务系统

1）用户认证

认证移动端登录人的用户名和密码是否正确。

2）任务管理

实时监测后台系统给移动端登录人的任务信息，并将其发送给手机。

3）检查信息接收

从移动端接收检查信息，并将其保存到后台数据库中。

4）现场笔录信息接收

接收现场笔录信息，并将其保存到后台数据库中。

5）案件调查报告信息接收

接收案件调查报告信息，并将其保存到后台数据库中。

6）视频图片文件传输

支持视频图片文件的断点续传功能。

（三）后台支撑系统

1）污染源管理

系统可进行污染源的增加、删除、修改和查询操作，包括企业的基本信息、主要产品信息、公司平面图及公司管网图，如图 7-14 所示。

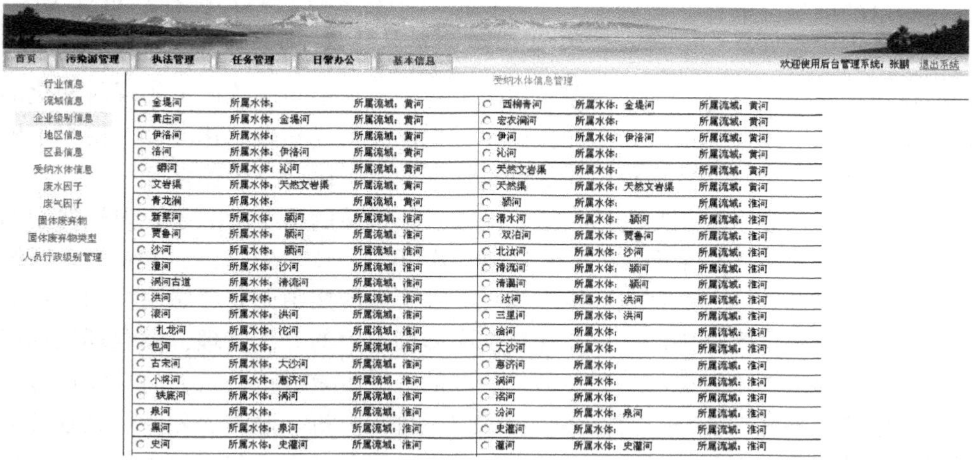

图 7-14　污染源信息管理

2）执法管理

执法管理是从后台查看和打印已经录入的检查单信息、案件调查报告信息和现场笔录信息。

3）任务管理

系统可对现场执法人员进行任务分配，并查询任务处理情况。

4）基本信息维护

系统可对基本信息进行维护，包括行业信息、流域信息、企业级别信息、地区信息、区县信息、受纳水体信息、废水因子、废气因子、固体废弃物类型和人员行政级别管理等。

第八节　环境地理信息系统

一、系统概述

随着总量控制、达标排放、排污收费和排污许可证等一系列规章制度的建立，在总量控制的大前提下，环境管理利用手工进行的弊端日趋明显，利用手工计算来进行海量数据处理与计算的工作量将十分巨大、缓慢甚至是不可能的。传统的环境监测、环境管理方法已远不能满足日益增长的社会与经济发展的要求，所以说环境问题已经成为阻碍经济发展的瓶颈。如何高效、快捷、高水平地进行环境管理，成为对环境管理部门而言迫在眉睫的问题。

环境管理具有复杂性和动态性的特点，涉及多部门、多地区和多领域，需要处理大量的数据；而在此基础上，系统还应具有符合环保工作特征的设计方案，使隐藏在错综复杂的关系下的众多因素变得清晰，可随条件的改变而动态变化，并通过模拟使用户看到结果。显然，对于这样一个复杂的系统，不实现科学化的管理是不行的。因此，设计一个操作简单，提供交互式和可视化环境，使复杂模式与数据处理对用户而言变得透明的环境地理信息系统已是势在必行。

环境地理信息系统正是在这种迫切的需求下被研制开发的。系统内核使用国际流行的地理信息系统平台 ARCGIS 进行二次开发，技术先进，功能强大。系统根据环境管理部门的行业特点和需求设计，在实际应用中充分考虑用户的工作需求。该系统对环境管理中的各种专业数据实施强有力的分类管理，根据环保部门的实际应用要求，不仅能够对影响环境状况的各种要素进行分析，而且能通过污染源、监测点的详细资料，对整体环境的状况进行分析、监测。环保信息系统的推出，使环境管理部门从日常繁重的图数查询和手工分析、制图的工作中解脱出来，使管理者有了充裕的时间去进行环境污染源的监督、查处，环境保护计划的实施以及环境规划的制定等工作。

二、建设目标

环境地理信息系统是应用在政府环境管理机构中的一套集资源、数据、信息交换、监测数据采集处理及数据统计分析等功能于一体的信息系统。系统通过统一的数据管理中心，对排污申报、环境统计、排污收费等具体业务数据进行整合，通过网络地图调用的方式进行访问，查询和分析各业务科室有需要的结果数据，从而构成一套适合环保、安全和统计等不同部门使用的网络版信息系统。

三、系统功能

（一）控制管理

控制管理主要为系统管理人员设置，在系统运行时，管理人员能实现操作系统一级的功能调用，利用操作系统的多任务环境充分共享资源；同时，还可在系统运行过程中对系统本身加以修改，增强了人机交互中人的主观能动性，并且该模块还为用户提供系统说明以及有关的使用说明。

（二）基本功能

基本功能包括数据采集、数据变换、数据库管理、信息输出图形图像显示以及信息查询等，该功能为用户提供输入数据、浏览数据和输出数据的基本操作，如图 7-15 所示。

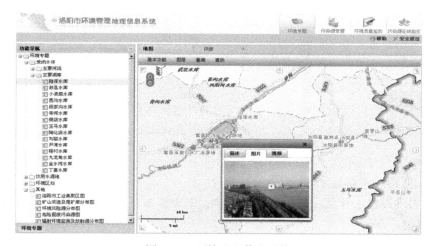

图 7-15　环境地理信息系统

1）数据采集

在系统软硬件环境的基础上，通过数字化、数据录入和数字图像处理等方法获得，并装入可容错数据。

2）数据变换

将多源数据转换成在系统设计时定义的通用格式，包括数据重构、空间变换以及数据集成三个方面。

3）数据库管理

数据库管理包括图形库管理和属性库管理功能，能完成对数据库的基本操作，并且能和其他属性数据库连接，使系统更加灵活和具有开放性。

4）信息输出

对于所需属性数据及图件资料可以直接输出，并有制图功能。

5）查询

包括两种基本的查询方式：基于位置的查询，也就是从图到属性的查询；基于属性的查询，也就是从属性到图的查询。用户在系统中可对自己感兴趣的某项内容进行定位查询、标题关键字查询，所查询的内容以图形、图像和文字等形式予以显示，以便全方位、多层次地提取信息，如图 7-16 所示。

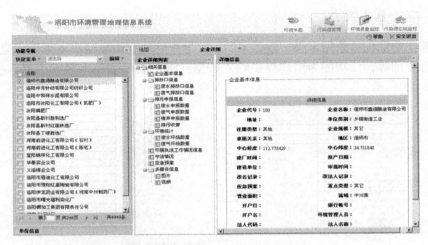

图 7-16　基本信息查询

6）图形、图像显示

为用户提供了开窗、关闭、中心缩小、中心放大、漫游和刷新等高效的图形操作功能。

7）统计分析

对各专业部门的信息进行分析与统计，统计的结果可以按表格形式、统计直方图和专题图形式直观地输出显示，并可直接输出成图。统计分析使管理者对专业信息有直观的了解，便于在决策时使用。

8）多媒体功能

环境管理信息系统所使用的图形符号和地理数据大多是抽象的，利用多媒体手段，将抽象的点、线、面等图符配以声音、动画、照片、图表和文字等，这样可以多角度、多层次地再现环境信息，并可对某个区域的环境变化进行动态模拟。

（三）专题图制作与管理

1）专题图制作

提供自定义专题图功能。用户可以根据需要选择专题图的种类、需显示图层和指标信息，并根据需要配置专题图的渲染颜色、表现图形符号（灰度渲染图、饼图和柱图等）。

提供已有专题图的导入修改功能。用户可以导入已有的专题图，然后根据需要修改，并将其另存为新的专题图，以减少在制作专题图过程中的重复性工作。

2）专题图浏览

专题图的浏览功能方便用户调出并浏览已制作并存储的专题图，同时还可以对专题图上的信息进行查询分析。

3）专题图分类

按污染源种类、行业、行政区和统计指标类型（污染源基本情况、资源消耗情况、污染物产生和排放总量情况、污染物排放强度情况及污染物处理处置情况）进行专题图分类管理。

4）专题图的存储和维护

提供专题图的存储功能，并针对已存储的专题图提供编辑、删除功能。在现有技术的基础上，系统针对各类形式的专题图具有丰富的展现、分析方式。

（四）环境质量专题分析

1）大气环境质量信息图

分层和全部显示大气国控、省控、市控重点污染源，大气环境功能区划和所有大气环境监测点，按年度分市区、县（市）显示环境质量，如图7-17所示。

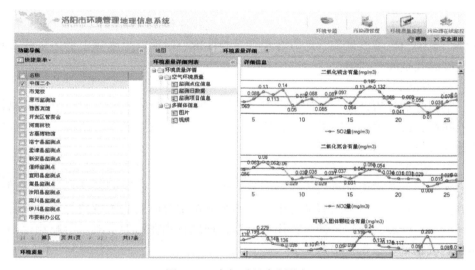

图7-17　大气质量专题分析

2）地表水水环境质量图

分层和全部显示水国控、省控、市控重点污染源及主要河流、水环境功能区划、地表水饮用水源及保护范围和水环境质量监测点，包括国控、省控、市控、出境水、饮用水源等断面，按年度分综合和COD、氨氮等单因子显示环境质量，包括达标率。

3）地下水环境质量信息图

分层和全部显示地下水饮用水源及保护范围、监测点位置和地下水环境质量。分市区、县（市）。

4）城市饮用水源地环境质量信息图

分层和全部显示城市饮用水源及保护范围、监测点位置和饮用水源水环境质量。分市区、县（市）。

（五）空间分析

空间分析包括空间统计分析、空间叠加分析和缓冲区分析等功能，这些基本的空间分析功能由 GIS 平台提供，只要按其要求装入数据，设定参数，便可获得分析结果。

1）空间统计分析

空间统计分析主要是将大量未经分类的数据输入信息系统数据，然后要求用户建立具体的分类算法，以获得所需要的信息，并将其以直观的图形的方式展现出来。分类评价中常用的几种数学方法有主成分分析、层次分析、聚类分析和判别分析。

这一分析工具主要应用于区域环境质量现状评价工作中，利用空间分析模块对整个系统的环境质量现状进行客观全面的评价，以反映出区域中受污染或影响的程度以及空间分布情况。

2）空间叠加分析

空间叠加分析是将两个或两个以上的图层中的地物，根据空间位置或者属性间的联系，进行关联分析的一种方法。采用网格叠加空间分析方法进行生态环境敏感性分析。

3）缓冲分析

缓冲分析是解决临近度问题的空间分析工具之一。所谓的缓冲区就是地理空间目标的一种影响范围或服务范围。缓冲区分析主要应用的领域就是污染源管理及环境应急领域，通过缓冲分析用户可以直观地看到在污染事故一定影响范围内存在的敏感单位数量、信息等。

（六）决策支持

在模型知识库的支持下，进行以各专业领域问题为驱动的决策模拟应用，包括城市环境最佳规划、环境适宜性评价、环境动态监测及环境预警等功能。

第八章 环保监测与监控

第一节 环境在线监控体系概述

一、体系简介

　　环境在线自动监控系统是对排污单位的污染物排放情况（废水、烟尘气及放射性等）和环境质量状况（水质、城市空气质量、城市区域噪声和辐射环境）进行实时、连续自动监控，并能及时做出相应反馈的系统。它主要包括污染源在线监控系统、环境质量在线监控系统和环保局的自动监控指挥中心（又称监控中心）。环境在线监测监控平台是集数据中心、污染源监控、水气声监测和放射源监控等系统为一体的综合业务管理系统，利用先进的计算机网络技术、数据库技术、计算机软件技术、全球定位系统（GPS）、地理信息系统（GIS）、管理信息系统、门户技术及企业信息门户（EIP）技术等，将环境质量监测、监控数据进行统一的管理与调用，组建成环境监测、监控信息门户，实现环境质量的总体监控，平台采用一体化设计、一体化访问，从而达到数据共享、统一访问的目的，提高环保局对环境质量进行统一监测、监控和统一管理的能力。

二、体系架构

　　环境在线监控系统体系架构如图 8-1 所示。

　　整个应用集成框架在横行上分为横向和纵向两个主干，纵向是环境自动监控平台的建设规范，包括环境信息标准规范体系、环境信息安全保障体系和环境信息管理系统，是环保信息化的基础。横向是一体化平台的业务主干，包括面向网络基础平台、数据中心、基本功能、系统集成及环境信息门户等五个层次，是平台的业务实现。

　　横向主干是环境自动监控平台的核心模块，其完成了对原有系统的改造，公共服务的抽象封装，数据中心、污染源监控系统、水气声监测系统与放射源监控系统的集成整合，以及环境门户的搭建等功能，将现有的业务进行统一的整合及封装，从而提供高速的信息门户、信息统一访问门户等，各模块描述如下。

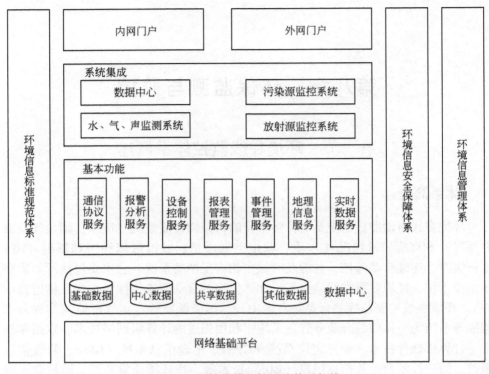

图 8-1 环境在线监控系统体系架构

1）网络基础平台

网络基础平台是环保监测与监控系统的基础，包括无线、有线等网络传输方式及相应的硬件设备。

2）数据中心

系统数据中心主要是系统的数据支撑层，包括了系统的数据资源及数据资源管理功能。系统的数据包括监测数据、事件数据、执法数据、社会安全数据，以及其他业务数据、基础地形图数据和遥感数据；数据管理组件集提供对环保数据、生产安全数据、社会安全数据、基础地形图数据、遥感数据和其他业务数据的管理和维护功能，通过扩展，其还可以提供数据的分层、分级安全共享。数据层为系统提供真实的基础数据支持。

3）基本功能

公共服务模块是各个子系统共享的服务模块，其对系统的部门功能进行抽象与封装，从而为各个子系统提供公共服务，包括实时数据服务、报警分析服务和地理信息服务等。

4）系统集成

环境自动监控平台采用 Portal 技术将数据中心、污染源监控、水气声监测与放射源监控等各个子系统进行统一的管理与集成，实现如单点登陆、统一访问界和统一权限管理等功能。

5）环境信息门户

环境自动监控平台通过面向服务架构改造、公共服务封装、系统集成后，将为环保部门提供一套完整的环境信息门户，为系统的使用者以及管理者提供统一的访问入口，以方便其对系统进行统一访问和管理。

三、环境在线监控体系在环境保护中的作用

环境在线监控子系统是针对各种环境监测需求设计的，将为环保局的污染控制工作带来以下益处。

1）对重点污染企业的实时监控

环保部门对重点污染企业的污染物排放进行监督管理的传统方法是主要依靠环保执法人员的人工监督管理，这容易出现以下问题：

对重点排放企业的监督管理通常是依靠每年寥寥几次甚至是一次的监测数据，环保执法依据一年可数的几次现场执法，使得监督执法难以有效到位，对超标排放和偷排现象控制处于被动地位。

很多污染企业多位置偏远，交通不便，加上监督管理人员有限，它们难以得到有效监督控制，偷排、超排信息难以被获得，环保执法人员即使接到举报也无法及时制止。

系统的建设将使这类问题得到很好的解决。环境管理人员可在线实时显示、查看、搜索各重点污染企业废气、废水排放情况，充分了解重点污染控制企业的排污信息，并能接到短信报警，及时获得超标排放信息及相关超标企业信息。这些都将在很大程度上有效遏制超标排放、偷排现象的发生。

另外，管理人员可实现对前端监测设备的远程控制。管理人员在监控中心就可对监测仪器在前端的监测情况了如指掌，并加以控制。

2）对环境进行监控

建立环境质量在线监控系统，采用先进的地理信息技术、空间定位技术以及遥感技术搭建一个综合的信息平台，用来管理环保的各种数据。系统以实时监控、预报预警、统计分析、地理信息系统表征、网络管理、信息发布、有线和无线通信及视听集成控制等技术应用和功能为支撑，充分应用环境科学成果，实现基于数字地图的在线监控。

3）为环境执法提供可靠依据

没有在线监测系统的支撑，排污收费就只能主要依据各排污企业根据一年几次的监测数据填报的排污申报登记。一方面，各排污企业的监测水平参差不齐，排污收费有失公允，使得环保局在出现纠纷时处于被动地位；另一方面，一年几次的监测数据缺乏代表性，使得依此为根据的污染控制效果大打折扣。而本系统实时采集、传输并自动入库的监测数据将为环境执法提供可靠的依据，使环保局在环境执法时在与排污企业的博弈中处于有利地位。

4）为环境管理提供决策支持

系统可根据监测数据自动计算排放量，并能按照设定或要求自动生成日月报表及统计图，为其他环境管理业务（如排污收费、污染减排、环境容量计算和总量控制等）提供基础数据资料，为管理决策提供可靠支持。

第二节　环境在线监控体系总体设计

一、系统结构

环境自动监控系统是利用自动监控仪器技术、计算机技术和网络通信技术，对排污单位的废水、烟尘的排放量和主要排污因子的浓度或环境质量参数等指标实现连续自动监测，自动采集监测数据，自动将这些数据远程传输至各级管理部门，并自动分析处理的系统。其主要组成部分有以下三个。

监控中心：是安装在各级环保部门，有权限通过传输线路与自动监控设备连接，对其发出查询和控制等文本规定指定的数据接收和数据处理的系统，包括计算机信息终端设备及计算机软件等，简称上位机。

数据采集传输仪：是采集各种类型监控仪器仪表的数据，完成数据存储与上位机数据通信传输功能的单片机、工控机、嵌入式计算机、嵌入式可编程自动控制器（PAC）或可编程控制器（PLC）等。

自动监控设备：是安装在现场，用于监控环境或污染源排污状况及完成与上位机的数据通信传输的单台或多台设备及设施，包括污染源排放监控（监测）仪器、流量计、污染治理设施运行记录仪和数据采集传输仪等，是污染防止设施的组成部分，简称现场机。

二、监控中心

环境自动监控中心（简称监控中心）建立在各级环保部门，通过通信传输线路与污染源自动监控设备连接，实现对污染源主要污染物排放情况的在线、连续监测，并对污染治理设施的运行情况实时监控。

　　环境自动监控中心是环境管理中心的使用场所，一般包括大屏幕演示厅、监控工作室（图像和数据监控中心）及中央控制机房等。图 8-2 为某市监控中心图片。

图 8-2　某市监控中心

三、传输网络

　　系统由现场数据采集传输仪、传输网络和监控中心组成。数据采集传输仪实时监测现场治污设施、生产设施的运行情况，并能对所采集的原始数据进行记录储存和定时上传。数据采集传输仪具有逻辑判断功能，在异常情况出现后能及时通过传输网络将报警信息上传至监控中心。传输网络如图 8-3 所示。

四、数据采集仪

　　监测数据是污染源监测系统的核心，是获取原始监测数据的主要途径。可靠、准确、快速地获得这些数据是污染源监测系统的基础，在系统中占有非常重要的地位。网络架构、数据传输方式及前端的采集装置的可靠运行，对于系统的准确性、实时性起着决定性作用。

　　数据采集仪实现前端在线监测设备与环境监控中心间的信息传输，其作用如图 8-3 所示，其基本功能与技术参数如下所述。

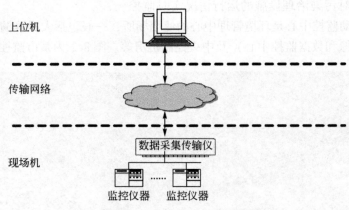

图 8-3　环境自动监控系统结构

（一）基本功能

（1）多种类型的数据输入接口功能，基本配置：8AI 16DI 4DO 4 路 RS232/485（可扩展）；

（2）主板提供 2MByte 存储空间，在出现通信不畅及意外情况时，历史数据能可靠地保存三个月以上；

（3）支持 GPRS/CDMA/ADSL/PSTN/WLAN/短波电台等多路通信方式；

（4）GPRS/CDMA 支持多中心传送（UDP 模式可支持四中心，TCP 模式可支持双中心），支持数据召测功能；

（5）系统自带实时时钟，具有掉电自动计时功能，支持远程校时；

（6）支持本地或远程参数设置，例如，修改定时上传间隔时间、最大及最小量程、数采仪地址及报警上下限值等；

（7）支持反控功能及设置工业设备运行开关机状态的特征阀值；

（8）系统内部程序采取模块化方式，以适应将来对诸如协议指令的扩充和修改。

（二）基本技术参数要求

1. 输入信号

（1）模拟信号。8 路模拟量输入（4～20mA，0～20mA，0～5V，1～5V）A/D 分辨率$\geqslant$12Bits。

（2）数字信号。4 路 RS232 信号输入（RS232/RS485），支持多种协议，最高波特率为 38400。

（3）控制回路。16 路开关量输入，其中，2 路支持 10kHz 高速计数，12 路支持 1kHz 计数，计数器为 32 位，4 路开关量输出。

（4）存储器。FLASH，2MByte，可以按照 10 分钟间隔存储 1 年以上数据，2kbye 铁电存储器，保证寄存器内容掉电不丢失。

（5）实时钟。实时钟芯片，掉电支持 1 周时钟运行。

（6）系统功耗。12V、50mA，特殊要求可以做到 12V、10mA 以下，保证一个 12V、10mA 的电池能够工作 1 个月。太阳能电池建议配置 12V/15V、10W，蓄电池配置免维护铅电池配置 12V、10~30mA。

（7）采样时间。可设。

（8）记录容量。2MByte。

（9）供电方式。主板内部 DC12V 供电，系统外部 AC220V ± 10%，50Hz，支持太阳能电池板和蓄电池供电，系统直接提供充、放电管理电路。

（10）系统工作温度。 – 20 ~ 85℃。

（11）电磁兼容性。满足 IEC 三级标准。

（12）产品可靠性。MTBF > 50 000h。

（13）安装方式。410mm × 320mm × 110mm 壁挂式。

2. 数据传输方式

（1）PSTN 拨号数据传输方式，不建议采用，原因如下：

①点对点通信方式，网络可扩展性差，系统承载能力低；

②实时性很差；

③需要铺设电话线路，使系统的应用受到很大制约；

④电话线路容易受到各种因素的影响，稳定性差。

（2）GSM 短信数据传输方式，一般不建议采用，原因如下：

①技术上停留在点对点短信息，不是真正意义上的网络；

②较 PSTN 的传输方式要智能化，但其成本较高（0.1 元/条）；

③对传输数据的容量有限制（最大不超过 160 Byte）；

④实时性与安全性较低，可能出现延时或乱码。

（3）ADSL 数据传输的方式，可采用。

①有线的 IP 传输方式，传输可靠；

②成本相对较高，不易实现。

（4）GPRS/CDMA 数据传输方式，建议采用。

①是无线与有线结合的 IP 网络，具有良好的可扩展性；

②永远在线，只要激活 GPRS 应用后，将一直保持在线；

③按量收费，GPRS 服务虽然保持一直在线，但只有进行数据传输时才计费；

④高速传输，目前 GPRS 可支持 40～53.6kbps 的峰值传输速度；

⑤CDMA 传输更可靠，更稳定。

第三节 在线监测系统

一、水质自动监测系统

（一）系统简介

水质在线自动监测系统是一套以在线自动分析仪器为核心，运用现代传感技术、自动测量技术、自动控制技术、计算机应用技术、通信网络以及相关的专用分析软件所形成的一个综合性的在线自动监测系统。

各水质监测子站对地表水断面水体自动取样，并利用监测仪器进行检测分析，将采集到的水质监测数据通过采集、存储、传输、统计和分析等处理后，以图形和报表的形式，通过网络及时、准确地传给环境监督管理部门，为其提供准确、可靠的决策依据。另外，通过环境质量信息发布软件可将地表水水质信息及时发布，便于公众实时了解与自身关系紧密的地表水水质状况，为地表水水质的不断改善提供监测管理、评价与公众自觉维护、监督的平台。

实施地表水责任目标断面自动监测，可以实现地表水水质的实时连续监测和远程监控，达到及时掌握主要流域重点断面水体的水质状况、预警预报重大或流域性水质污染事故、解决跨行业行政区域的水污染事故纠纷，以及监督总量控制制度落实情况和排放达标情况等目的。

（二）系统架构

本系统是一个分布式网络结构的数据采集和监控系统。它是在开放系统结构（open systems architecture）设计思想的指导下开发的新一代环境监测系统。

在系统中，监控中心站通过有线、无线网络实现对各监测子站的实时监视、远程控制及数据传输功能。每个监测子站由采样系统，预处理系统，检测仪器系统，PLC 控制系统，数据采集、处理与传输子系统及远侧数据管理中心，监测站房或监测小屋组成，其系统整体架构图如图 8-4 所示。

（三）系统组成

系统包括采水单元、配水及预处理单元、分析单元、控制单元（包括通信与数据采集）以及辅助单元等，并提供配套的现场监控组态软件及中心站软件，实现现场及远程的通信和控制功能。系统具有很强的开放性和可扩充性，可以很方

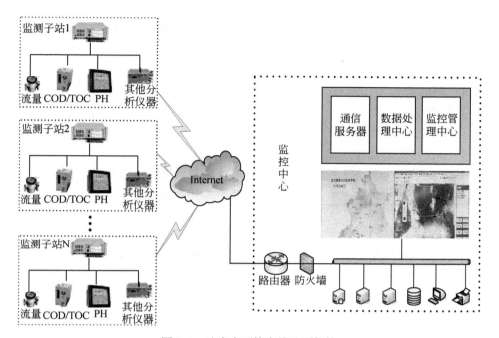

图 8-4　地表水环境在线监测架构

便地外设其他标准分析设备，以满足客户的不同需要。

1）采水单元

采水技术方案需要结合大量的水站建设经验，不仅是在大江、大河上的采水工程经验，还有在市区内河流、径流较小河流、湖泊水库和北方寒冷地区取得的特点性很强的采水工程经验，提出经济适用的采水方案。不仅从采水的形式上提出合理设计，而且也要充分考虑材料设备的选型（如采水泵、管路的选择）、安全防护等因素，能够确保采水系统达到预期的功能和效果。

2）配水及预处理单元

配水及预处理技术方案需要充分考虑实现自动监测的需要，对配水管路、预处理装置、清洗装置、排水方式和废液分离处理等进行专门的自动化、流程化设计，能够确保系统的稳定运行。

3）控制单元

控制技术方案要求以系统的实用性、稳定性、可靠性、功能性、合理性和开放可扩充性等各方面为核心进行设计。不仅注重电气设备、元器件等硬件设备的选型，而且在实施过程中通过进行设备的实验室检测、出厂前的严格测试来保障质量，以确保系统在无人值守的条件下或在恶劣的环境中能稳定运行。

4）分析单元

分析仪器配套方案以仪器实用性、稳定性、准确性和经济性等多方面为依据进行选型，使分析仪器的选型真正适用于地表水的水质状况，同时降低现场维护人员的日常工作量。

5）辅助单元

为保障水质自动监测站安全、稳定运行，特别是在无人职守的环境下能够稳定、连续地进行水质监测任务，需要为水质自动站配备辅助设施。

6）站房及配套设施

站房及配套设施的技术方案根据不同的建设现场情况进行设计，涉及内容包括主体结构、供电、给排水、通信、道路及周边环境等。

（四）系统功能

布置于环境监控中心的水质自动监控软件系统需要具备以下功能。

1）数据采集、校验

对数采仪上传的数据能进行采集、校验和存储等。

2）站点信息显示查询

能够浏览该监测站的基本信息，包括编号、名称、地址、流域名称、断面编号、断面名称、排污口信息设备参数信息及安装时间等。

3）数据显示

能够通过地图上选择监测站点、监测参数，用瞬时曲线显示污染源的瞬时监测数据，并且能够用1、4分屏瞬时曲线显示不同监测参数；还能够选择点位、时间段对历史数据进行查询。

4）统计报表

可以根据监测数据，按照预定义的格式生成日报、周报、月报、季报和年报，为日常工作节省时间，提高工作效率。

5）生成报告书

可以根据监测数据，按照预定义的格式生成报告书，报告书内统计图、统计数据表和结论性描述相结合，图文并茂，为环境监测研究提供帮助。

6）超标报警

根据设定的超标标准，如果监测数据超标，系统会自动记录超标信息，并在系统登陆时自动弹出超标信息，系统用户可便捷地看到监测数据的超标状况，并立即处理超标信息。如果用户没有此权限，系统就不会弹出此超标信息。

7）数据管理

数据管理包括日常水质监测数据和日常管理数据，并具有手工录入和文件导入功能。系统可以适应当前环境监测部门所做的多种手工监测的业务需要，安全、可靠地处理手工监测的环境质量和污染源数据，并将其和在线监测的数据有机整合，反映出当前环境质量和污染源的管理信息。

8）信息维护

完成对水质监测站的添加、信息修改、删除和定位等功能。根据用户需要选择不同的监测站，并在界面上显示该监测站的基本信息；无论用户在地图上选择监测站还是在监测站列表项中选择，都要保持数据的同步性，这样可以方便地对监测站进行增加、编辑、删除和定位等日常维护工作。

二、城市空气环境质量在线监测

（一）系统简介

本系统是利用现代传感技术、自动化监测分析技术、通信技术和计算机及其网络技术而构成的空气质量自动监控系统。环境空气质量监测系统可集氮氧化物、一氧化碳、二氧化硫、硫化氢、臭氧、甲烷/非甲烷碳氢化合物和氨气等多种气体监测于一体。系统的前端设备装在一个机柜内，包括分析仪模块、校准模块、采样系统、数据记录器、无纸表格记录器及通信系统等，通过多种通信手段均可远程获取空气质量数据，易于操作与管理。

此外，某些系统还可设置背景点自动监测站（大气环境背景自动监测），能够详细地分析出该区域空气的基础条件状况、大气环境因子的浓度等情况；或者还可设置超级自动监测站（特殊监测因子自动监测），在区域内各自动监测子站的基础上增加几十种监测项目，如 H_2O_2、HNO_3、VOCs、OVOC、UV 辐射、$PM_{2.5}$、颗粒物粒径分布和颗粒物光学性质等在线监测设备，使环境空气的监测数据更加科学和详细。

环境空气质量自动监控系统将实时采集的空气质量监测数据通过采集、存储、传输、统计、比对和分析等处理后，以图形和报表的形式，通过网络及时准确地传给环境监督管理部门，为其提供准确可靠的决策依据，以便实时监测城市空气质量。

（二）系统架构

环境空气质量自动监控系统由背景自动监测站、超级自动监测站、空气自动监测子站、数据通信网络及环节监控中心组成，其系统架构如图 8-5 所示。

（三）系统组成

环境空气质量自动监控系统由背景自动监测站、超级自动监测站、若干个空

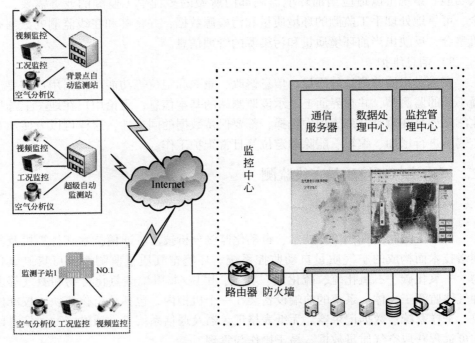

图 8-5 城市空气环境质量在线监测架构

气监测子站、通信网络（ADSL/光纤/GPRS/CDMA 等）、监控中心和其他配套设备组成。

背景自动监测站、超级自动监测站、空气自动监测子站主要由空气数据采集单元、控制单元（数据预处理计算机）、有线或无线通信传输模块构成。

空气状态通过数据采样传输到数据预处理计算机，经过数据分析、统计、存储等预处理后传送给通信数据模块单元，并自动将数据传送给监控中心。

在空气监测子站中运用的设备包括分析仪采样过滤器、采样管路、吹扫单元、日常量程检查器件和审核标定系统。标定系统的设备中包括一些用于标定的零气发生器，日常标定可完全自动化标定，审核标定需要用计算机一起来标定。

（四）系统功能

本系统以 GIS 为平台，在城市电子地图上标注出各监测子站的位置以及基本信息，并将空气子站采样到的空气样本分析数据，通过有线网络或无线网络传输到服务器，在数据库系统中进行永久存储，通过采集、存储、传输、统计、数据修正和分析等处理后，以图形和报表的形式，通过网络及时准确地传给环境监督管理部门，为其提供准确可靠的决策依据。其主要功能如下：

（1）一体式空气质量监测系统；

（2）可监测多种气体如 NO_x、SO_2、O_3、CO、HC、H_2S 及 NH_3 等；

（3）外部设备接口，用于 PM_{10} 和气象参数传感器；

（4）数据存储和图表记录功能；

（5）完备的诊断测量和记录功能；

（6）通过固定或移动通信实现远程控制；

（7）能判断空气质量是否符合国家制定的环境质量标准，及了解当前的污染状况。

（8）能判断污染源造成的污染影响，确定控制和防治对策，评价防治措施的效果。

此外，系统还能收集空气背景及其趋势数据，由所累积的长期监测数据结合流行病学调查，为保护人类健康、生态平衡，制定和修改环境标准提供可靠的科学依据。研究空气扩散的数学模式，并为污染危险天气以及空气污染短期、长期预报提供信息资料。

三、废水排放自动监控系统

（一）系统简介

废水排放自动监测系统是实现对各污染源排放废水的 COD、氨氮、重金属、石油类和总磷等各项指标进行自动监测的系统。系统以自动分析仪器为核心，通过数据采集系统将监测数据上传至环境监控中心，通过系统数据处理后存储指定的监测数据及各种运行资料，并可利用废水自动监控软件系统，实现监测项目超标及子站状态信号显示、报警，各项运行数据及统计图表的打印输出等功能。整套系统具有自动运行、停电保护和来电自动恢复等功能。

（二）系统架构

废水排放自动监测系统由排放参数（流速、流量、水温等）子系统、各废水污染因子（化学需氧量、pH、氨氮、六价铬、石油类、总磷、浊度和总有机碳等）监测子系统、系统控制及数据采集等子系统组成，即自动分析仪能依靠有关的采样、样品处理及分析、信号转换器、显示记录、数据处理和信号传输等单元，通过采样方式或非采样方式，测定各类污染源的浓度，同时测定废水温度、流速或流量、采样分析体积等参数，计算污染源排放变化率、排放量，显示和打印各种参数、图表，并通过数据、图文传输系统将其传输至管理部门。

系统框架如图8-6所示。

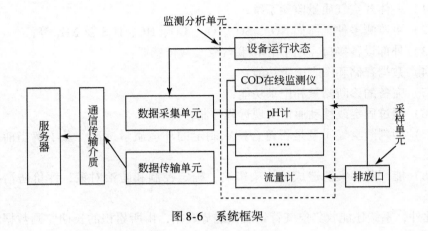

图 8-6 系统框架

(三) 前端系统组成

本系统前端按功能可划分为采水单元、水样预处理单元、控制单元、分析单元和数据传输单元。为了提供系统运行所需条件，还配备了监测站房、温度调节单元、电力保障单元和防雷单元等子单元，各单元协同工作，共同完成自动监测任务。

取水系统设在流路的中央部，采水的前端设在下流的方向，取水位置设在排污口采样断面的中心。在控制单元的控制下，水样在管路压力或泵的作用下进入采样管路，采样管路分出两支路分别送至 COD 分析仪和氨氮分析仪，多余的水样则通过站房排水管排回外排口，形成一个封闭的采样回路。流量计和 pH 计直接安装在取水口，进行连续测量。

监测器安装在城市污水出口排放监测点上，用于实时监控污水处理之后的排放情况。数据采集单元实时采集各监测仪器的数据，并将其实时上传至环保局监控中心，监控中心平台软件应用强大功能对传输数据以数字报表、图片、曲线、音频和视频等多种形式展现，实现实时、直观、动态和可视化的环境监控功能。其主要设备包括：

1. 流量计

流量计负责完成计量污水排放量的工作，目前主要有两种类型的流量计：超声波明渠流量计和电磁管道式流量计。

1) 超声波明渠流量计

(1) 基本功能要求。

①可适用于不同流量槽（堰）的测量；

②具备齐全的显示功能，可显示瞬时流量、累计流量、液位、过流时间和断

流时间。

③具有失电记忆功能；

④输出方式为模拟信号 4～20mA 或 RS-232/RS-485；

⑤具有电源防雷和信号防雷能力，避免雷电对仪器设备造成损坏。

（2）技术要求。

①测量范围：流量 0～15 000m³/h；

②测量误差：液位 ±0.5%；流量 ±3%；

③环境温度：传感器 –10～+70℃仪表 –10～+55℃；

④相应湿度：90%RH 以下；

⑤仪表外壳防护等级：IP65。

2）电磁管道式流量计

（1）基本功能要求。

①具有 RS232 或 RS485 数字通信信号输出接口；

②含数字处理器，抗干扰能力强，测量可靠、灵敏，时程比宽；

③具有自诊断故障能力、故障报警能力和超限报警能力；

④能记录和显示瞬时流量和累计流量。

（2）技术要求。

①测量范围：0.3～12m/s；

②测量精密度：≤5.0%；

③环境温度：传感器 –10～+70℃，仪表 –10～+55℃；

④相应湿度：90%RH 以下。

2. pH 计

pH 是水质的一项重要指标，主要表示水的酸碱程度。一般采用玻璃电极法检测，即以玻璃电极为测量电极，以银电极或饱和甘汞电极为参比电极，组成复合电极，样品在复合电极上产生电位差。变送器将测量的电位差值转换并经过温度补偿，转为 pH 显示，并进行标准输出。

1）仪器性能要求

（1）pH 电极应有防水性能，具有不因水的浸湿、结露等而影响自动分析仪运行的防护性能；

（2）当 pH 超出测量范围时，具有报警的功能；

（3）具有同步温度测试功能，配置有温度补偿传感器，自动校正系统能进行电极自动清洗、自动校准功能。

2）仪器分析技术指标

（1）测量范围：0～14；

（2）响应时间：30s 以内；

（3）温度补偿精度：±0.1pH 以内。

3. COD 分析仪

COD 为水样中有机物含量的测量指标，一般采用重铬酸钾法。即在酸性条件下，将水样中有机物和无机还原性物质用重铬酸钾氧化的方法检测，检测方法有光度法、化学滴定法和库仑滴定法等。

1）基本功能

（1）具有时间设定、校对和显示功能；

（2）具有自动零点、量程校正功能；

（3）具有测试数据显示、存储和输出功能；

（4）在意外断电且再度上电时，能自动排出系统内残存的试样、试剂等，并自动清洗，自动复位到重新开始测定的状态；

（5）具有故障报警、显示和诊断功能，并具有自动保护功能，并且能够将故障报警信号输出到远程控制网；

（6）具有限值报警和报警信号输出功能；

（7）具有接收远程控制网的外部触发命令、启动分析等操作的功能。

2）一般技术指标要求

（1）测量范围：10~1000mg/L；

（2）重复性误差：≤ ±5%；

（3）零点漂移：≤ ±5% F.S.；

（4）量程漂移：≤ ±6% F.S.。

4. 氨氮在线仪

氨氮分析仪主要测量水样中氨氮的含量。目前氨氮在线分析仪主要有气敏电极法、比色法两种测量方法。气敏电极法是采用氨气敏复合电极，在碱性条件下，在水中氨气通过电极膜后对电极内液体 pH 的变化进行测量，以标准电流信号输出。比色法是在水样中加入能与氨离子产生显色反应的化学试剂，利用分光光度计分析得出氨氮浓度。其基本功能为：

（1）具有时间设定、校对和显示功能；

（2）具有断电保护和来电自动恢复功能；

（3）具有故障报警、显示和诊断功能，并具有自动保护功能，并且能够将故障报警信号输出到远程控制网；

（4）具有限值报警和报警信号输出功能。

5. 水质自动采样器

水质自动采样器主要完成水质超标时自动采集水样的功能。一般采用蠕动法，

— 216 —

即采用进口计量蠕动泵由控制系统控制水样采入采样瓶中，通过恒温系统将水样温度恒定在5℃，从而完成水样的自动采集、自动恒温保存过程。其基本功能为：

（1）具备采样管空气反吹及采样前预置换功能；

（2）具有控制器自诊断功能：自动测试 RAM、ROM、泵、显示面板和分配器；

（3）可按时间、流量和外接信号设置触发采样的功能；

（4）具备泵管更换指示报警功能和具有样品低温保存功能。

（四）系统功能

该系统实现对重点污染源废气的在线监测，并对监测的数据进行统计分析、生成统计图表和报告书等功能。

按照系统的建设目标，可以认为系统的建设分为数据采集与传输、视频监控、污染源监控和在线设备反控等内容，其中，数据采集与传输是系统的数据基础和数据来源，而数据展现（基于地理信息系统）和信息发布则是数据面向用户的重要接口和界面。以下各节分别对上述内容加以阐述。

1. 污染源信息查询

能够浏览污染源的基本信息，包括编号、名称、企业性质、地址、设备信息、安装时间、图片和实时视频等；并可快捷地查看企业的瞬时数据和历史数据信息。污染源基本信息见图8-7。

图 8-7　污染源基本信息示意图

1）瞬时数据

通过在地图上选择监测站点、监测参数，用瞬时曲线显示参数的瞬时数据，并且能够用1、4分屏瞬时曲线显示各个大气质量的选择的各个参数。瞬时数据曲线显示见图8-8。

图8-8　瞬时数据曲线显示

多画面显示如图8-9所示。

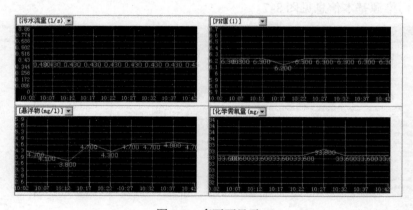

图8-9　多画面显示

2）历史数据查询统计

通过选择污染源和时间段，显示统计各个监测点的小时平均流速、最高流速、小时平均流量、小时最高流量、最高值出现时间、小时平均 pH、小时最高 pH、小时平均化学需氧量和小时最高化学需氧量等信息。统计结果以统计图和统计数据表格两种形式展示，并且统计结果可以导出到 Excel 中。还能够通过选择站点和时间段，查询该站点小时平均值的超标情况，并可以将超标数据以统计图和统计数据表格两种形式展示，能够导出到 Excel 中。

可以选择点位、时间段，有选择地显示小时平均流速、最高流速、出现时间、小时平均流量、小时最高流量、出现时间、小时平均 pH、小时最高 pH、出现时间、小时平均化学需氧量、小时最高化学需氧量、出现时间、小时平均电导、小时最高电导、出现时间、小时平均溶解氧、小时最高溶解氧、出现时间、小时平均总磷量、小时最高总磷量、出现时间、小时平均氨氮量、小时最高氨氮量、出现时间、小时平均电极电位、小时最高电极电位、出现时间、小时平均六价铬量、小时最高六价铬量、出现时间、小时平均动植物油量、小时最高动植物油量、出现时间、小时平均悬浮物量、小时最高悬浮物量、出现时间，或者以上全部信息。查询结果用表格、曲线形式表现，并可以导出到 Excel 表中。查询方式选择界面、监测数据检索分别见图 8-10。

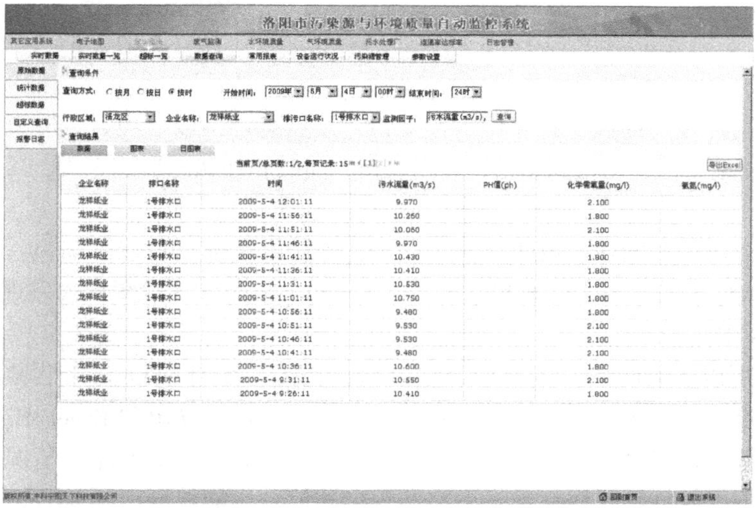

图 8-10　监测数据检索

（1）可以选择点位、时间段，统计比较以上各个参数的日均值、日最高值和出现时间，并以表格、曲线和柱状图形式表现，可以导出到 Excel 中。

（2）可以统计比较每个点位历年每月的以上各个参数的月均值、月最高值和出现时间，并以表格、曲线和柱状图形式表现，可以导出到 Excel 中。

（3）可以统计比较每个点位历年相同月份的以上各个参数的月均值、月最高值、出现时间和月总量，并以表格、曲线和柱状图形式表现，可以导出到 Excel 中。

(4) 可以统计比较在各个点位之间相同时间段、年份、月份的以上各个参数的日均值、日最高值、出现时间、日总量、月均值、月最高值、出现时间、月总量、年均值、年最高值、出现时间及年总量，并以表格、曲线和柱状图形式表现，可以导出到 Excel 中，如图 8-11 所示。

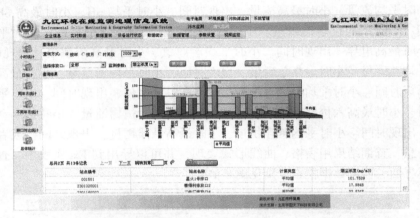

图 8-11　柱状图显示

(5) 可以按时间段、按年份、按月份，按点统计出以下项目：以上各个参数的最大值、最小值、均值和总量，并以表格、曲线和柱状图形式表现，可以导出到 Excel 中。

(6) 可以按时间段、按年份、按月份，统计出全部点位以下项目：以上各个参数的最大值、最小值、均值和总量，并以表格、曲线和柱状图形式表现，可以导出到 Excel 中。

(7) 可以按时间段、按年份、按月份，按点位统计出以上各个参数的日均值超标记录，并以表格、曲线和柱状图形式表现，可以导出到 Excel 中。

还能够通过选择站点和时间段，查询该站点小时平均值的超标情况，并可以将超标数据以统计图和统计数据表格两种形式展示，能够导出到 Excel 中。

2. 统计报表

可以根据监测数据，按照预定义的格式生成日报、周报、月报、季报和年报，为日常工作节省时间，提高工作效率。

3. 超标报警

对每个污染源监控点的每个污染物指标设置最高或最低门限值作为报警依据，当系统接收到数据后与此数据进行对比，如果发现异常情况则进行报警。报警提供的报警内容包括实时流量超标事件、实时排污指标超标事件；同时实现对废水多种污染源的监控功能。

4. 数据查询

本系统除业务数据查询外，还包含复杂的空间查询，查询方式多样化。

1）模糊查询

类似 Google、百度的检索功能，用户只需要在文本框中输入关键字，系统便可以对与关键字相关的内容进行匹配，查询出用户所关心的各种信息，并以表格、图表和曲线等多种形式展示。

2）快速查询

把用户使用最为频繁的查询方法提取出来，做成若干个固定的查询式样，其中的查询步骤、条件、结果的表现形式都是根据用户的需求事先做好的。用户只需输入相应的查询条件，如开始时间、结束时间、监测点、污染物种类及是否超标等，就可以得到相应的结果。

3）自定义查询

自定义查询又称组合查询，这种查询更为灵活，用户自己可以设计查询样式。用户可以使用系统提供的查询条件构造器，构造合乎需要的查询条件，并且，用户还可以将构造好的查询条件保存成模板，以备以后使用或者与别人共享重复使用。

数据查询功能是对外的"窗口"，几乎所有的数据都是经过这个"窗口"被发送给用户，因此，对查询功能的权限控制尤为重要。本系统可以让管理员按照查询的内容、格式和结果类型等分配权限到用户或者用户组，并且可以设置以用户所属的地区为条件，限制用户只能查询本地区的数据。

5. 数据管理

数据管理包括日常监测数据和日常管理数据，并具有手工录入和文件导入功能，可适应当前环境监测部门所做的多种手工监测的业务需要，安全、可靠地处理手工监测的废水污染源数据，并将其和在线监测的数据有机整合，反映出当前水环境质量和污染源的管理信息。

四、废气排放自动监控系统

（一）系统简介

废气排放自动监控系统是利用现代传感技术、自动化监测分析技术、通信技术和计算机及其网络技术而构成的空气质量自动监控系统。通过本系统的实施，在环境综合整治重点区域建设空气质量自动监控站，实时采集该区域的空气质量进行监控。空气一旦出现被严重污染的情况，系统将可在第一时间迅速发出污染预警信号，锁定涉嫌违法排污的企业，快速通知相关环境管理人员赶赴现场处理。

（二）系统架构

本系统由前端采集监测子站、数据通信网络和监控管理中心组成，其系统架构图见图8-12。

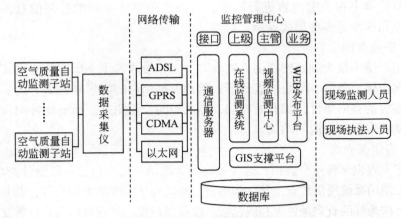

图8-12　废气监测系统架构

（三）系统组成

本系统由若干个空气监测子站、通信网络（ADSL、光纤、GPRS、CDMA等）、监控中心和其他配套设备组成。

空气自动监测子站由采集单元、控制单元组成。

监控中心由通信服务器、数据处理中心和监控管理中心组成。

在空气监测子站中运用的设备包括分析仪采样过滤器、采样管路、吹扫单元、日常量程检查器件和审核标定系统。标定系统的设备中包括一些用于标定的零气发生器，日常标定是完全自动化标定，审核标定需要用计算机一起来标定。

采样过滤器与零气清洁器在机柜内封闭面板的后面，无需打开主分析仪和电路系统即可对其维护。控制用的计算机单独放置在其他地方，主系统内嵌一个独立的数据缓冲器，用于保护计算机发生故障时的数据安全。

（四）系统功能

本系统实现对重点污染源废气的在线监测，并对监测的数据进行统计分析、生成统计图表和报告书等功能。

污染源监测子系统包括气污染源监测模块、污染治理设施运转状态监测模块等内容。系统可将各污染源瞬时监测数据传送到监控中心数据库中，在排除瞬时数据中的异常数据后将数据传入管理数据库中。

该模块实现对气污染源的在线监测、数据分析，以及生成统计图表和报告书等功能。

1. 污染源信息显示查询

能够浏览污染源的基本信息，包括编号、名称、企业性质、地址、设备信息及安装时间等；并可快捷地查看企业的瞬时数据和历史数据信息。

1）瞬时数据显示及查询

能够通过在地图上选择监测站点、监测参数用瞬时曲线、表格显示污染源的瞬时监测数据，并且能够用 1、4 分屏瞬时曲线显示不同监测参数。超标数据自动变红。单画面显示如图 8-13 所示。

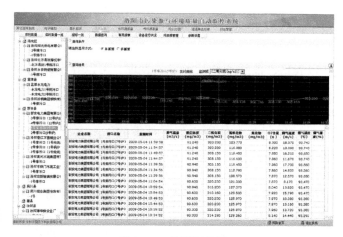

图 8-13　单画面显示

2）历史数据查询与统计分析

可以选择站点、时间段，可选择显示小时平均二氧化氮量、小时最高二氧化氮量、出现时间、小时平均氮氧化物值、小时最高氮氧化物值、出现时间、小时平均一氧化氮量、小时最高一氧化氮量、出现时间、小时平均一氧化碳量、小时最高一氧化碳量、出现时间、小时平均臭氧量、小时最高臭氧量、出现时间、小时平均颗粒物量、小时最高颗粒物量、出现时间，或者以上全部信息。查询结果用表格、曲线形式表现，可以导出 Excel 中，如图 8-14 所示。

还能通过选择污染源和时间段，查询该污染源各个监测参数小时平均值的超标情况，并可以将超标数据以统计图和统计数据表格两种形式展示，能够导出到 Excel 中。

（1）可以选择点位、时间段，统计比较以上各个参数的日均值、日最高值

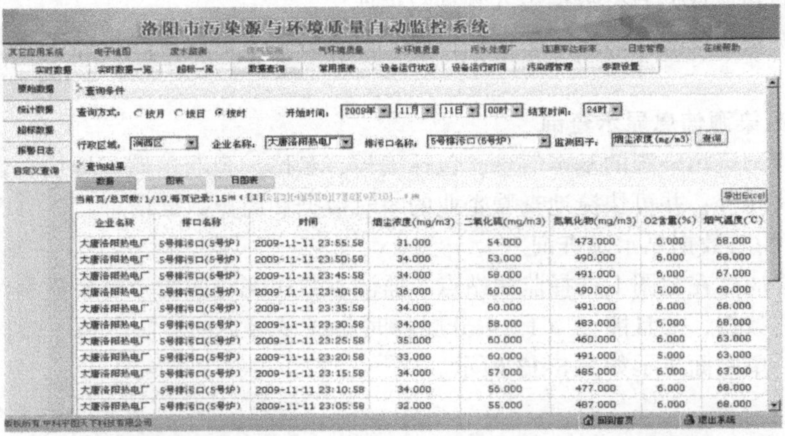

图 8-14　历史数据查询

和出现时间，并以表格、曲线和柱状图形式表现，可以导出到 Excel 中。

（2）可以统计比较每个点位历年每月的以上各个参数的月均值、月最高值和出现时间，并以表格、曲线和柱状图形式表现，可以导出到 Excel 中。

（3）可以统计比较每个点位历年相同月份的以上各个参数的月均值、月最高值、出现时间及月总量，并以表格、曲线、柱状图形式表现，可以导出到 Excel 中。

（4）可以在各个点位之间选择相同时间段、年份、月份比较以上各个参数的日均值、日最高值、出现时间、日总量、月均值、月最高值、出现时间、月总量、年均值、年最高值、出现时间、年总量，并以表格、曲线和柱状图形式表现，可以导出到 Excel 中。

（5）可以按时间段、按年份、按月份、按点位统计出以下项目：以上各个参数的最大值、最小值、均值和总量，并以表格、曲线和柱状图形式表现，可以导出到 Excel 中。

（6）可以按时间段、按年份、按月份统计出全部点位以下项目：以上各个参数的最大值、最小值、均值和总量，并以表格、曲线和柱状图形式表现，可以导出到 Excel 中。

（7）可以按时间段、按年份、按月份、按点位统计出：以上各个参数的日均值超标记录，并以表格、曲线和柱状图形式表现，可以导出到 Excel 中。

2. 统计报表

可以根据监测数据，按照预定义的格式生成日报、周报、月报、季报和年报，为日常工作节省时间，提高工作效率。生成统计报表示例见图 8-15。

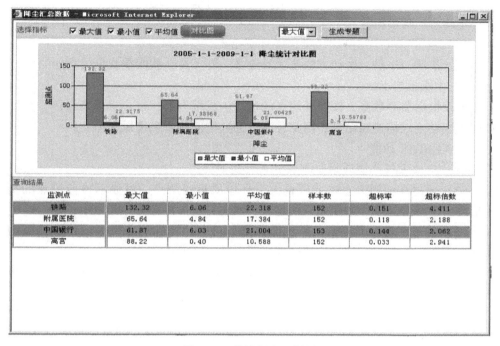

图 8-15　统计报表示例图

1）污染物分析报表

（1）年度污染物日均值频数分布报表。

统计条件：年份。统计方法：限定条件，求和。把污染物的日均浓度值分为 n 段，如 SO_2 可分为 0.001～0.038，0.038～0.076，0.076～0.114，0.114～0.150，0.150～0.250，0.250～0.380 以及 0.380 以上，分别统计每个段值对应的记录的个数。

统计结果见 2006 年度污染物日均值频数分布。同时采用频数分布直方图，一目了然。

（2）年度污染指数统计报表。

统计条件：年份。统计方法：求和（综合污染指数 P3 等于各污染物分指数之和），求平均值。分指数的计算方法：SO_2 分指数 ＝ SO_2 浓度/0.06，NO_x 分指数 ＝ NO_x 浓度/0.08，TSP 分指数 ＝ TSP 浓度/0.1，或 TSP 分指数 ＝ TSP 浓度/0.2。

统计结果包括辖区内空气污染物的分指数，同时对每个区域的污染物分指数进行汇总求出综合指数，对综合指数进行排序。

（3）分指数季节统计报表。

统计条件包括监测项：二氧化硫（mg/m³）、二氧化氮（mg/m³）、可吸入颗粒物（mg/m³）和统计年份。统计结果为辖区内季、年均值，辖区内不同地域的季、年均值，污染指数。

（4）年度空气中污染物污染程度月变化表。

统计条件为年份，统计方法是：对比冬、春、夏、秋四季，具体功能同上。

2）生成报告书

可以根据监测数据，按照预定义的格式生成报告书，报告书内统计图、统计数据表和结论性描述相结合，图文并茂，为环境监测研究提供帮助。

3. WEBGIS 功能

（1）生成大气环境质量监测点分布专题图层；

（2）通过在地图上点击或框选大气环境质量监测点，可显示该监测点的基本信息，包括经纬度、监测设备信息等，同时可将该污染源放大显示；

（3）通过在地图上点击或框选监测点，可有选择性地分类显示该监测点的瞬时监测数据，数据可分别以数字和折线图的形式显示；

（4）可通过监测点名称、编号、监测数据定位查询该监测点的位置，并可在地图上居中高亮显示；

（5）可进行监测数据超标查询，通过输入选项参数、日期查询日均值超标的监测点位，并将其高亮红色显示（正常情况下为绿色），并可生成超标报表，可导入 Excel 中；

（6）生成统计专题图，可根据以上统计数据生成二维直方图饼图、三维直方图饼图，并结合监测点分布图生成统计专题图，可直观地显示各行政区间大气环境质量监测数据间的关系（图 8-16）；

（7）能将生成的专题图导出为 jpg、bmp 格式的图片。

4. 数据超标控制

1）排污监测类型和指标设置

对每个污染源企业设置其排污监测的类型，包括 COD、废水流量、pH 和监测设备运行状况等，并对每个污染源企业的每种排污类型设置其警戒值、最高值及最低值等指标。

2）超标报警

根据设定的超标标准，如果监测数据超标，系统会自动记录超标信息，并在系统登陆时自动弹出超标信息，系统用户可便捷地看到监测数据的超标状况，并立即处理超标信息。如果用户没有此权限，就不会弹出此超标信息，如图 8-17 所示。

系统在运行过程中，如果某一监测点的某一监测项超标，系统会在右下角以 DIV 的形式弹出小窗口，提示用户，如图 8-18 所示。

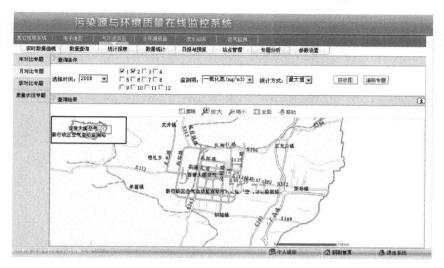

图 8-16　专题图示例

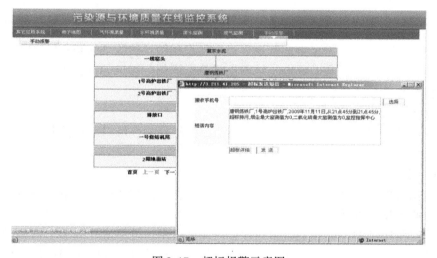

图 8-17　超标报警示意图

3）故障报警

当 GPRS/CDMA 数据采集终端发生故障，数据接入服务器无法与其建立数据传输链路时，或者在线监测仪器发生故障时，自动引发故障报警。为了准确阐明故障产生的原因，报警的方式主要包括以下几种：

（1）发光报警，超标报警图标红、绿交替闪烁；

（2）声音报警，可以为不同企业分别设定报警声音；

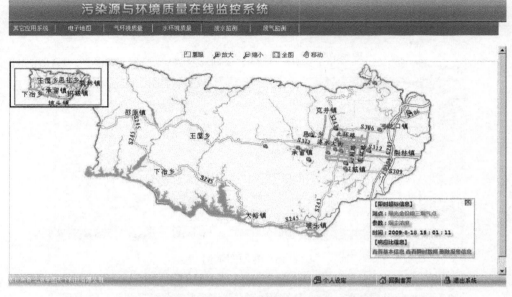

图 8-18　超标报警显示

（3）短信报警，将报警的信息通过短信发送给环境管理人员；

（4）地图报警，在 GIS 电子地图上显著标识超标污染源的位置，并显示相关超标信息。

5. 超标自动取样留样

在设备反控模块中，当系统监测到的数据超标时，可以远程控制现场仪器进行采样分析，但该命令必须由设备支持才能使用。

6. 数据管理

数据管理包括日常监测数据和日常管理数据。监测数据包括空气在线监测与手工监测数据，以及集成重点废气污染源的在线监测数据。系统可以适应当前环境监测部门所做的多种手工监测的业务需要，安全、可靠地处理手工监测的环境质量和污染源数据，并将其和在线监测的数据有机整合，反映出当前环境质量和污染源的管理信息。

7. 远程控制

能够通过监控中心对各类检测参数进行编辑、设置和修改，如修改通信密码，确定 SO_2、NO_2、NO_x 等污染因子的采样频率和时间，修改污染因子排放标准等，如图 8-19 所示。

图 8-19　远程控制

五、放射源自动监控系统

（一）系统简介

放射源自动监控系统综合运用了 GPS 技术、Web Service 技术、GIS 技术、数据库技术、无线通信技术及自动控制技术等现代信息技术，实现了放射源监控从放射源的生产、交易、使用、存储直至废弃的全过程的数字化管理，全面提高了放射源管理的技术和水平，给环保部门放射源的管理提供了崭新的思维和手段，为人民的幸福生活和社会的安定提供了有力的保障。

（二）系统架构

放射源监控系统总体架构如图 8-20 所示。

辐射环境质量及放射性污染源自动监控系统由两部分组成：前端的监控设备和监控指挥中心。前端的监控设备产生监控数据并通过有线或无线的方式，将监控数据发送到监控中心；监控中心将对监控数据进行解码验证，确保监控数据的真实性，从而实现了对放射源的监控。

系统以放射源监控为核心，同时将当前环保部门的放射源日常管理工作纳入到系统中，通过信息化提高了日常管理工作的效率，减轻相关工作人员的负担。

（三）系统组成

放射源自动监控系统的组成是根据对放射源的监控方式确定的，主要包括辐

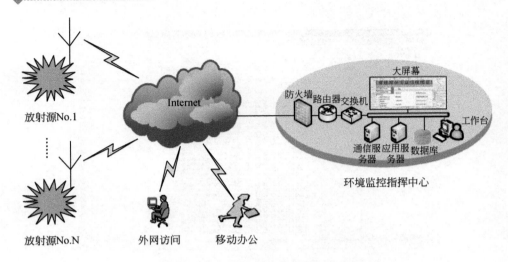

图 8-20　放射源监控系统总体架构

射剂量监测设备、定位设备。

1）剂量监测设备

在放射源存储罐表面或使用环境安装剂量监测终端，完成环境剂量监测以及与监控中心的数据传输和控制等。

2）定位器

所选择的 GPS 定位器应具有精确的跟踪定位功能，当监控中心向定位器发出定位指令时，定位器能够快速获取定位结果并显示在电子地图上。定位器应支持连续定位和单次定位，能够通过监控中心设置定位时间间隔。

3）视频监控设备

在放射源工作或废弃堆放场所安装视频监控设备，防止放射源丢失或非工作人员误入。

（四）系统功能

结合放射源目前监控管理方面的需要，且最大限度利用现有资源，合理进行资源调配和管理，软件应具有如下主要功能：

（1）实现辖下所有放射源属性信息的统一管理；

（2）分配不同等级的系统使用权限，实现放射源的分级管理；

（3）建立放射源应急处理预案库，当发生放射源丢失或泄漏时，生成应急处理方案和报表；

（4）统一管理放射源各相关数据库，建立统计申报机制，并生成相应的业务数据报表；

（5）各数据库均可实现数据导出功能，各种数据报表可以以 Word 或 Excel 表格的格式输出；

（6）实现放射源的在线监测，能够监测放射源的位置及辐射强度；

（7）在全市电子地图上直观地显示放射源当前所处的位置，方便用户对有关信息进行查询、管理和监控；同时用于精确定位每个放射源的位置和移动状态。

六、声环境质量监控

（一）系统简介

目前，国内噪声监测是采用人工手持式仪表测量方式，这种方式测量精度低、劳动强度大，并且由于噪声取样的不连续性，导致无法客观地统计和分析数据，其监测手段和测量水平已经远远不能适应形势发展的需要。环境噪声自动监测系统具有无人值守，一周 7×24h 连续运行的特点，而且安装、部署、维护简单，为我们各大中型城市实施安静工程提供了及时、准确的监测数据，为环境噪声的评价和环境噪声的治理提供了有效的依据，满足了客户迫在眉睫的全天候监管、全功能化展现的需求，实现了办公的网络化、自动化。

（二）系统架构

环境噪声自动监测系统的主体功能是通过噪声子站采样到噪声数据，通过有线网络或无线网络将其传输到服务器，在数据库系统中进行永久存储，通过数据处理系统进行数据动态显示和统计分析报表生成，如图 8-21 所示。

（三）系统组成

噪声自动监测系统的监测子站包含噪声监测单元、气象监测单元和交通流量监测单元，能够实现对噪声数据及其影响因素，如车流量、气象等数据进行全天候自动采集、传输及存储，可以为环境质量评价提供大量、全面且准确的监测数据。噪声监测子站还包括频谱分析单元、噪声录音单元，能够对噪声特性数据进行采集、传输和存储，为分析噪声的来源、治理的方法提供基础数据支持。

1. 子站性能要求

子站性能要求符合标准如下。

（1）IEC61672—2002 声级计（国际标准）；

（2）JJG188—2002 声级计检定规程；

（3）JJG778—2005 噪声统计分析仪检定规程；

（4）测量参数：Leq、LN（5.10.50.90.95）、LE、Lmin、Lmax、Ld、Ln、

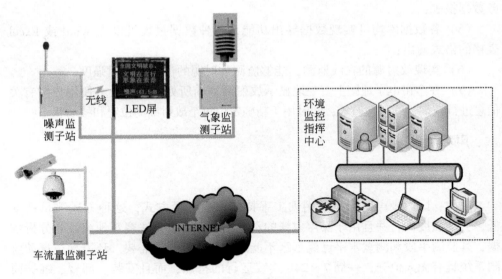

图 8-21　声环境质量监控系统架构

Ldn 和 SD 等；

（5）动态范围：110dB（28～138 dB）；

（6）频率计权：A、C 和 Flat；

（7）时间计权：快、慢和脉冲；

（8）超标报警：噪声超标自动判断、自动报警（报警类型为中央电脑操作中断、终端被非法侵入、终端停止响应、终端校准异常和电力、通信、网络故障）。

2. 子站功能要求

（1）自动校准，自动校时；

（2）终端子站可保存 10 天的原始数据；

（3）可与监控中心自动补齐缺失数据（当发生通信短时故障时）；

（4）噪声采样时间、统计时间及计权切换均可远程遥控；

（5）超标自动判断并报警；

（6）子站安全防护具有开门远程报警功能；

（7）子站防护箱符合 IP55 标准，箱内具有恒温控制；

（8）电能控制器保护蓄电池充放电安全，停电时子站可工作 24 小时。

3. 网络简介

一般系统可支持以下多种传输方式：

（1）无线方式：GPRS、CDMA 和 RF；

（2）有线方式：光纤、ISDN 和 ADSL；

（3）自建网方式：无线微波、数传电台。

（四）系统功能

1. 通信服务器

通信服务器主要通过网络接收各噪声自动监测子站传输过来的数据，根据协议对数据进行解析，将数据分别保存进入数据库。通信服务器同时负责和噪声自动监测子站维持联络，实现对噪声自动监测子站的直接控制，如设置参数和查询子站现有设置和运行状态。

2. 监测管理中心

监测管理中心主要由数据通信计算机、数据管理计算机和网络设备构成。数据管理中心是连接噪声自动监测子站与数据处理中心的桥梁，也是本系统的管理核心。数据管理中心完成的主要功能有三大块：对噪声自动监测子站的管理；对数据的管理和备份；根据不同的环境管理部门传送相应的数据。数据管理中心与噪声自动监测子站的通信采用有线或无线公用通信网，数据管理中心与数据处理中心采用互联网通信。

3. 数据处理中心

数据处理中心主要由数据处理计算机、监视器和打印机等构成。数据处理中心是为环境监督管理部门开发设计的，从数据管理中心接收数据并确认。本地噪声数据库仅存储该地区环境管理部门范围内的数据。数据处理中心的核心功能是数据处理，处理中心平台需要有几个支撑软件作基础：数据库软件、地理信息系统软件和统计分析软件。数据处理中心完成的功能有：所有监测点噪声数据动态显示（波形图）、噪声统计分布（正态分布或偏态分布）、相关性检验、期望值和标准差、噪声趋势预测、噪声超标报警及现场录音回放、噪声频谱分析、空间数据的地理信息演示，各种统计、报表输出等。

七、烟气黑度监控系统

（一）系统简介

烟气黑度监控分析系统根据城市烟囱点位的分布情况，在各排放烟气监控点安装摄像机，采用云台水平扫描355°，竖直90°，监控半径根据现场需要配备不同范围的合理的光学镜头，以实现对监控区域内各监控点监控的目的。采用白天/黑夜彩色/黑白自动转换低照度摄像机，可以实现黎明、傍晚及某些夜晚监控的需求。前端视频设备支持80个云台镜头精确预置位，方便监控操作，轻松实现对监控区域内排污情况的视频监控，实现了对城市烟囱排放情况进行全面、实时和有效的监控，现已在多处环保部门被采用。

该系统结合了数字视频技术、计算机多媒体技术、计算机网络技术、数字通信技术和现代控制技术等目前国内最为先进的监控系统。架构于计算机网络之上，烟气黑度监控信息通过各种传输介质被发送到远程计算机上，远端监控中心可智能化管理，并且可以与原有信息管理系统融合在一起，合理利用有效的网络资源，提高管理水平和工作效率。

（二）系统架构

黑度监控系统架构如图8-22所示。

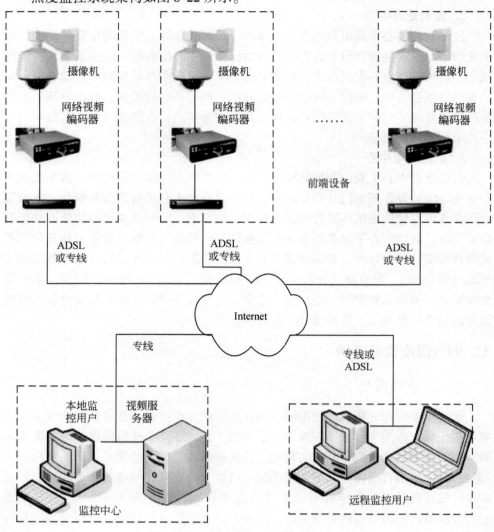

图8-22　黑度监控系统架构

（三） 系统组成

烟气黑度监控系统主要由前端设备、传输设备和监控中心等组成。

1. 前端设备

前端设备包括摄像机、镜头、防护罩、云台（内置解码器）、电源、安装支架、防雷及接地装置等。

枪型摄像机部件安装分解如图 8-23 所示。

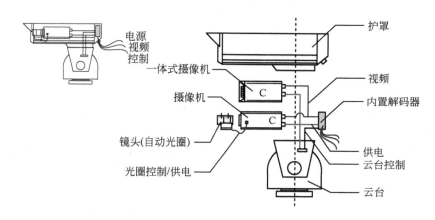

图 8-23　枪型摄像机内部部件安装分解图

1）摄像机

摄像机是监控系统的眼睛，作为前端的监控设备，它采用先进的摄像机制造技术和 CCD 芯片；适应超低照度及逆光环境；采用高速电子快门；具有彩色转黑白模式，可在夜间清晰拍摄图像；要求能完全实现 24 小时全天候监控的目的。

2）镜头

摄像机镜头是烟气黑度系统的最关键设备，它的质量（指标）优势直接影响摄像机的整机指标，同时也影响黑度分析效果。因此，摄像机镜头的选择是否恰当既关系到系统质量，又关系到工程造价，主要根据观测点的远近即焦距来确定。

3）云台

本系统中需要配置带预置位云台，云台是承载摄像机进行水平和垂直两个方向转动的装置；同时由于室外摄像机需要带雨刷等功能，所以要求云台内置解码器。它具有以下功能：一般解码器的功能；过流及过压保护功能；还可在一定程度上防止浪涌的冲击和干扰；通信部分采用了隔离电路，抗干扰能力强等。

2. 传输设备

传输设备主要通过视频服务器，将模拟信号进行编码压缩转换成数字信号后进行传输。

视频服务器采用高性能、功能强大的可编程媒体处理器；支持优化的 H. 264 或 MPEG4 等压缩算法，方便在窄带上实现高清晰的图像传输，节省存储空间，支持双码流；采用最先进的网络转发服务器技术，轻松实现多用户访问、多级用户密码权限管理。

3. 监控中心

监控中心由矩阵、大屏显示设备、服务器及应用软件等组成。

（四）系统功能

系统提供烟气黑度监控基本功能。烟气黑度分析采用林格曼黑度分析算法，准确计算出黑度等级，并在超标时实现自动报警。

1）地图位置

选择任一监控点后，可以将选中的摄像头在地图上高亮显示。

2）监控点信息

可以修改监控点信息，包括所属单位、监控点名称、经度、纬度和控制黑度等。

3）实时黑度监测

系统显示当前监控点实时数据曲线图和时间数值表，当实时黑度值超过报警值时产生报警信息，同时在黑度报警栏输出，如图 8-24 所示。

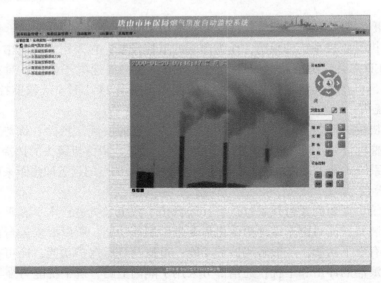

图 8-24　实时黑度监测

4）林格曼黑度自动分析、记录和报警

对实时监视图像采用格林曼黑度分析，准确地计算出黑度级，实时显示黑度值，并把分析得出的黑度数据入库。

检查分析黑度是否超标，若超标，在发出报警的同时进行录像，登记报警信息并入库；并对历史录像、数据进行黑度分析。

第九章　环境应急监控指挥体系

第一节　体系概述

一、背景简介

改革开放以来，我国经济快速发展，随着人民生活水平的不断提高，各种突发环境事件也频繁发生。2005年11月13日，中石油吉林石化公司双苯厂发生爆炸事故，引发重大水环境污染，此次污染的影响震惊了世界。自此，环境风险管理、环境应急管理开始引起国家重视。国务院于2005年12月3日发布了《国务院关于落实科学发展观加强环境保护的决定》（简称《决定》），明确提出了到2010年我国环境保护工作的主要任务及相应政策措施。这个《决定》把生态安全作为一个重大任务提了出来，并特别强调水污染事故的预防和应急处理，确保群众饮水安全，要把淮河、海河、辽河、松花江、三峡水库库区及上游、黄河小浪底水库库区及上游、南水北调水源地及沿线、太湖、滇池和巢湖作为流域水污染治理的重点。2006年1月，国务院召开常务会议，原则通过了《国家突发公共事件总体应急预案》和25件专项预案、80件部门预案，共计106件，其中包括《国家突发环境事件应急预案》，以其来指导我国各级环境管理机构合理应对突发环境事件应急管理工作。这些重大举措清楚地表明，突发环境事件的合理应对及环境应急管理开始成为环境管理的重要内容之一。

综合分析近年来环境污染事故特别是突发性事件不断发生的原因，主要有三个方面：第一，对环境污染尤其是突发性环境污染事件的估计和准备不足，国家和地方政府均没有建立健全的突发性环境事件应急机制和应急预案。由于没有系统的防范和应急措施，发生事件后往往手忙脚乱，不知所措。第二，缺乏严格的规章制度，企业管理松弛，跑、冒、滴、漏现象十分普遍，而这又往往是造成泄漏事故的重要原因。少数地方政府和企业只顾眼前利益，不重视生产设备和工艺技术的更新改造，很多设备长期处于陈旧和带病运转状态，这是酿成重大环境污染事故的温床。第三，工业企业的布局严重不合理，很多具有严重潜在污染危害的工厂建在了环境敏感区，如许多有毒有害化工类企业建在城市居民稠密区、重要饮用水源地附近等。吉林石化公司双苯厂造成的松花江严重污染事件就充分说明了这一点。类似吉林石化公司这样的不合理布局在其他地区也多有存在。

要遏制环境污染特别是突发性环境事件，就必须认真贯彻落实《国务院关于落实科学发展观 加强环境保护的决定》和《国家突发环境事件应急预案》，把建立环境事件应急监控和重大环境突发事件预警体系提上各级政府的重要工作议程。凡事预则立，不预则废。要做好预防和处置突发环境事件的思想准备、组织准备、物质和技术准备；建立健全的预警体系和应急机制，切实提高预防和处置突发环境事件的能力。

在环境应急预警体系与应急机制建设中，需要对风险隐患进行严密监控，在发生问题时能快速准确地报告所发生事件的情况，并在事件发生时能快速组织人力、资源进行科学、高效的应对，将事件损失降到最低。

二、突发性环境污染事件防范与应急体系

突发性环境污染事件防范与应急体系包括五个阶段，分别是：环境污染事件风险项目建设环境管理、日常防范、事件应对准备、事件应急和事后管理。其中，环境污染事件风险项目建设环境管理目前主要体现在环境影响风险评价；日常防范包括环境风险源识别与评估、环境风险源动态数据库、监测、监控和预警；事件应对准备包括应急装备、专家库和应急预案；事件应急包括应急指挥、应急监测及应急处置；事后管理包括环境恢复、环境影响预测与评价，以及跟踪监测。

1. 环境风险评价

环境风险评价目前成为环境影响评价制度的重要组成部分之一。原国家环境保护总局于 2004 年颁布的《建设项目环境风险评价技术导则》（HJ/T169—2004）要求对涉及有毒有害和易燃易爆物质的生产、使用、储存等的新建、改建、扩建和技术改造项目在进行环境影响评价时进行环境风险评价。环境风险评价的目的就是分析和预测建设项目存在的潜在危险、有害因素，建设项目在建设和运行期间可能发生的突发性事件（不包括人为破坏及自然灾害），引起有毒有害和易燃易爆等物质泄漏所造成的人身安全与环境影响和损害程度，提出合理可行的防范、应急与减缓措施，以使建设项目的事故率、损失和环境影响达到可被接受的水平。

2. 环境风险源识别与评估

环境风险源识别与评估是做好突发性环境污染事件日常防范的第一步，需要在识别可能发生突发性环境事件的危险源或风险源的基础上评估其危险性及事故发生的可能性，从而对具有特大、重大、较大及一般环境污染事故发生可能性的环境风险源分别采取有针对性的监控和预防措施。

3. 环境风险源动态数据库

环境风险源动态数据库建设与维护是做好环境风险源监控与预防工作的基础，涵盖环境危险源或风险源所在企业信息（地点、规模、生产状况、储运状况和事故易发环节等）、源本身信息（理化性质、毒性毒理、环境行为、监测方法和应急处置方法等），以及源管理相关信息（监测、监控和监察等相关信息），同时具有对这些信息的管理、检索、统计及分析等功能，为事件防范和应急提供信息服务。

4. 环境风险源监测、监控和预警

环境风险源监测、监控和预警就是对风险源的发展变化过程进行观察，对产生的事故苗头提前发出警报，以便主管机构或相关企业能及时采取措施对环境风险源进行整改，避免突发性环境污染事件的发生或降低其发生风险。

5. 应对准备

做好环境污染事件应对准备可在事件发生时及时、高效地提供必要的物力、人力等资源，高效、有序地调配资源，组织应急处置工作，从而减轻事件危害。应急装备主要是对应急相关车辆、器材等物资的筹备及管理，以备应急之需；专家库建设是对各种不同领域专家资料的搜集整理，在应急处置时能及时咨询或请专家到现场协助等，以便污染事件应急工作能更加科学合理；应急预案对各项应急准备工作、不同级别事件的上报流程、应急组织机构及人员职责等都有明确规定。根据应急预案可进行应急演练，通过演练使每一个参加应急的工作人员都熟知自己的职责、工作内容和周围环境，在事件发生时，能够熟练按照预定程序和方法进行处置和救援。

6. 应急指挥

按照《国家突发环境事件应急预案》规定，按突发环境事件的可控性、严重程度和影响范围，突发环境事件的应急响应分为特别重大（Ⅰ级响应）、重大（Ⅱ级响应）、较大（Ⅲ级响应）和一般（Ⅳ级响应）四级。Ⅰ至Ⅳ级响应分别由国家、省、市、县的相关部门成立环境应急指挥部，负责指导、协调突发环境事件的应对工作。环境应急指挥部指挥协调的主要内容包括：①提出现场应急行动原则要求；②派出有关专家和人员参与现场应急救援指挥部的应急指挥工作；③协调各级、各专业应急力量实施应急支援行动；④协调受威胁的周边地区危险源的监控工作；⑤协调建立现场警戒区和交通管制区域，确定重点防护区域；⑥根据现场监测结果，确定被转移、疏散群众的返回时间；⑦及时向国务院或地方政府报告应急行动的进展情况。

7. 应急监测

应急监测是环境污染事件应急中不可缺少的组成部分。应急监测的基本任务

包括编写应急监测预案、确定监测范围、布设监测点位、现场采样、确定监测项目、现场与实验室监测、监测结果与数据处理、监测过程质量控制，以及监测过程总结等。

8. 应急处置

应急处置是针对引发环境污染事件的源头在第一时间采取应对措施的过程。应急处置得当，将大大有利于对事件的控制，化险为夷；但若处置不当则很可能引发更大范围的污染，因此应急处置是突发性环境污染事件防范与处置工作的重中之重。

9. 事后管理

事后管理是指突发性环境污染事件应急处置工作停止后评估事件影响、消除或减轻事件影响，以及吸取经验和教训而采取的一系列工作。环境恢复是指采取措施消除或减轻事件对社会、环境和生态所造成的影响；环境影响预测与评价是评价事件对环境所造成的污染和危害程度，确定经济损失，预测事件污染所造成的中长期影响，并提出相应的舒缓及保护措施；跟踪监测是在事件影响范围内监测环境质量，以评价环境恢复或环境保护措施所产生的效果。

三、环境应急监控指挥体系总体设计

环境应急监控指挥体系是信息技术在突发环境事件防范与应急工作中应用的集合体系，是做好环境事件防范和应急工作的技术保障。

按照国务院发布的《国家突发公共事件总体预案》的要求，结合各级管理部门危险化学品安全生产应急救援体系建设工作的需要，根据"平战结合"的总体思想，环境应急监控指挥体系需坚持"安全监管、应急救援"并重的原则进行建设。为保证所建成的体系能够充分支持突发性环境污染事件防范与应急工作，发挥日常环境风险源监控、预警、事件应急救援指挥调度和决策支持等功能，环境应急监控指挥体系建设需要统一规划、整体设计和分步建设。

（一）环境应急监控指挥体系与公共应急监控指挥体系关系

各类突发公共事件往往是相互交叉、相互关联的，某类突发公共事件可能和其他类别的事件同时发生，或引发次生、衍生的其他类型事件。生态环境管理涵盖城市发展所需的所有支撑体系，包括水、土、气和生态环境等资源，是实现城市可持续发展的基础。环境污染事件的影响范围将随着水、气、生物等介质的传播而迅速扩大，并随时可能引发火灾、疫情等其他类型的公共突发事件，所造成的影响可能具有不可恢复性。从突发事件对社会的影响这一角度来说，生态环境突发事件要比其他类型的突发事件影响更为深远，具有持续影响大、修复时间长、花费代价高等特点，有的甚至对人类的生存乃至后代产生严重影响。

环境应急监控指挥体系是公共应急监控指挥体系不可分割的一部分，因此，在系统设计时需充分考虑环境应急指挥上下级系统的衔接，以及与公共应急指挥体系的衔接。环境应急监控指挥体系与公共应急监控指挥体系间的关系如图9-1所示。

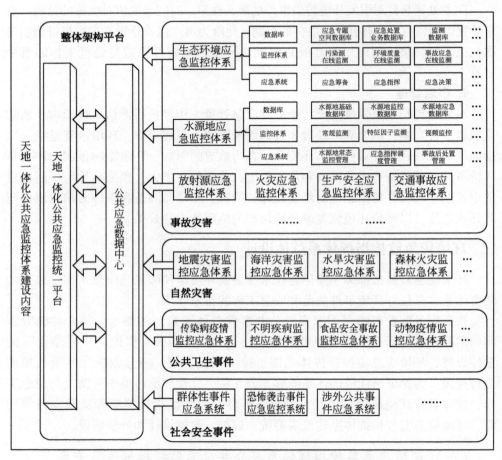

图 9-1　环境应急监控指挥体系与公共应急监控指挥体系关系图

（二）环境应急监控指挥体系架构

环境应急监控指挥体系集软硬件于一体。其基础硬件包括环境风险源监控、应急监测、指挥调度、环境应急网络和环境应急监控中心建设等；软件包括基础软件环境、环境应急监控指挥信息共享平台、应用软件和统一门户等。整个体系按照有序的组织架构系统集成在一起，从而为突发性环境污染事件防范与应急工作提供环境风险源的申报与管理、隐患分析和风险评估、突发事件的信息在线获取与分析、灾害事件的发展预测和影响分析、预警分级与发布、人群疏散与避难的评估、应急方案的优化确定与启动、现场与应急的信息实时获取、协同指挥与会商机制、动态的应急决策指挥和资源配置、应急行动的总体功效评估和应急能力评价，以及模拟演练等信息化管理功能。环境应急监控指挥体系架构如图 9-2 所示。

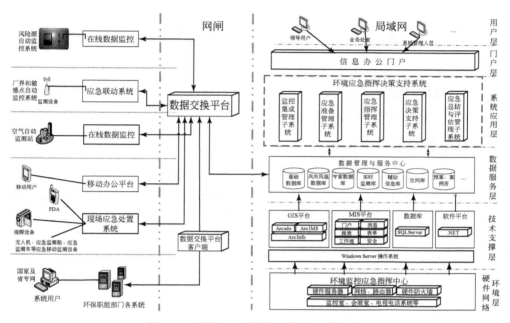

图 9-2　环境应急监控指挥体系总体架构

　　硬件网络环境层主要包括环境风险源监控、应急监测能力建设以及监控中心建设两大部分。环境风险源监控、应急监测为整个体系提供监控及应急现场实时信息，以供事故预警、报警；应急监测指通过无人机、应急监测车、船、环境应急监控终端和 PDA 等手段采集事件现场信息，以供指挥中心应急处置、指挥调度的决策使用。

　　基础软件环境层主要提供系统开发建设工具、GIS 软件平台和数据库软件。

　　数据服务层是系统的数据支撑层，包括了系统的数据资源及数据资源管理功能，为系统提供基础数据支持。

　　应用平台层主要是由一组地理信息系统和管理信息系统的中间件构成，是整个系统的业务逻辑集中点，直接为应用系统层提供服务，在整个系统总体架构中处于非常重要的地位。

应用系统层是系统各个功能模块的整合与实现，它包括突发性污染事件应急系统、污染源数据及视频监控报警系统、环境监察移动执法管理系统、环境质量监测数据管理系统、环境监察业务综合管理系统，以及二次开发国发核心应用软件六大主体应用模块。

门户层是系统各个功能模块的入口整合界面。

用户层是系统针对决策者、各业务处室等用户定制的功能与界面的整合。

第二节　环境应急体系基础设施建设

根据突发性环境污染事件防范与应急工作的需要，环境应急基础设施建设包括日常防范监控能力建设、环境应急监测能力建设、环境应急监控指挥中心建设，以及环境应急网络建设。

一、日常防范监控能力建设

日常防范监控能力建设的核心思想是：通过应用信息技术实现对重点污染源、风险源和环境质量的在线监控、监测，在出现异常状况或事故苗头时能自动预警、报警，它是做好环境事件应急工作的基础。

目前重点污染源监控针对废水、废气污染源可提供多种污染指标监控。废水污染源可在线监控的指标包括 pH、高锰酸盐指数、氨氮、溶解氧、浊度、总磷、总氮、总有机碳、六价铬及氰化物等；废气污染源可在线监控的指标包括烟尘、二氧化硫、氮氧化物、一氧化碳、硫化氢和一氧化氮等。

环境风险源监控主要针对放射源、放射性废源库、危险气罐和油罐提供多种监控方式，包括视频、定位、辐射剂量（污染物浓度）、门禁和红外线等。

环境质量的在线监测主要针对重点污染源、风险源周边的水、空气和饮用水源地进行监测，在出现异常状况时提供报警，根据信息追踪相应的环境风险源，补充源头监控的不足。

环境应急体系中的重点污染源监控数据可采集应用环境监测与监控系统中的数据，在进行分析后提供应急预警与报警。

二、环境应急监测能力建设

环境应急监测能力包括现场信息快速获取能力及污染物快速分析能力。

现场信息快速获取能力指应用无人机、车、船等交通工具能在发生事件的第一时间奔赴现场，并能将现场信息以视频、声音和数据等形式传输至监控指挥中心，或在现场进行监测分析后将分析结果报告给监控指挥中心或应急指挥部，为应急指挥提供决策支持。目前存在的主要研发和生产成果有：环境应急监测无人机、环境应急监测车、环境应急监测船、环境应急监控终端，以及各种水、气应急监测设备等。

环境应急监测无人机是 20 世纪初诞生的无人驾驶飞机（unmanned aerial vehicle）在环境应急中的应用，主要由飞行器（小型无人直升机、大型无人直升机、固定翼无人机、大型固定翼无人机等）、任务载荷（数码相机、设备改装（云台）摄像机、设备改装（云台）环境空气质量测量设备、传感器等）和软件系统（飞控与数据处理软件系统）组成。环境应急监测无人机可实现地质灾害现场勘查、监测与评估、生态监测、水环境污染范围监测、大气环境质量监测、污染事件空中全景展现及事故现场有毒气体监测等功能。

环境应急监测车是一种适用于突发环境污染事件情况下的应急响应监测的工具和手段。环境应急监测车不受地点、时间和季节的限制，在突发性环境污染事件发生时，监测车可迅速进入污染现场，监测人员在正压防护服和呼吸装置的保护下可立即开展工作，应用监测仪器可在第一时间查明污染物的种类、污染程度，同时结合车载气象系统确定污染范围以及污染扩散趋势，为政府管理部门的应对措施、预警机制决策以及环境管理需求提供技术支持。常见的环境应急监测车主要包括大气应急监测车、水质应急监测车，以及集成了大气应急监测和水质监测功能的大气、水质应急监测车。此外，还有一些专用监测车，如用于放射源泄露等辐射环境污染事件现场的应急监测的辐射应急监测车。环境应急监测车通常由车体、车载气象参数测试系统、车载环境污染自动监测系统、应急软件支持系统、车载实验平台、GPS 定位系统、车载电源和应急防护设施等组成。

环境应急监测船主要由船（快艇、轮船等）、实验室和自动监测分析仪等组成，集流动监测、水上实验、快速预警等功能于一体，可现场快速测定水中的藻密度、溶解氮、叶绿素、BOD、有机污染物和金属污染物等若干项关键指标，监测数据可通过无线网络与省厅、市环保局联网，并及时上报。另外，船上还可设置会议室，兼顾数据综合分析、办公及公务接待。

环境应急监控终端由移动视频采集系统和视频显示、无线数据传输系统、无线定位系统、无线语音传输系统及监控中心后台管理系统组成。实现将被监控的现场实时图像通过嵌入式系统进行视频高码流压缩，同时通过无线多路集群传输，将数据传输到指挥中心，视频无线传输高达 20FPS，使指挥机关和领导能在指挥中心或在办公室中甚至首长车内看到实时传输的现场图像，达到实时指挥效果，提高决策系统的快速准确性，增强快速反应能力、指挥能力和突发事件的处置能力，同时可作为事件资料保存。

三、环境应急监控指挥中心建设

各级环境保护职能机构一般都将环境应急监控指挥中心与环境监控中心合建在一起，以方便重点污染源的日常监控与突发环境事件应急的管理工作。环境应急监控指挥中心的硬件环境主要由基础硬件设施、显示系统、视频会议系统、网络及安全系统、数据存储备份系统等部分组成，为环境应急监控指挥体系提供硬件支撑，为环境应急指挥决策系统的部署创造环境。

基础硬件设施包括应急监控中心的土建、服务器（数据库服务器、应用服务器、数据传输服务器、GIS 服务器、域控制服务器、防病毒及备份域服务器等）、客户端（工作站、台式机、笔记本）及机柜等。

显示系统包括大屏幕单元、投影单元（大屏控制器、大屏幕支架）、控制系统（中控主机、触摸屏、电源控制器、音量控制器和灯光控制器等）、矩阵切换系统（RGB 矩阵、AV 矩阵）及音响系统（功放、调音台、麦克风、音箱和 DVD 等）。

视频会议系统包括 MCU、双流盒、视频会议终端、视频会议摄像头、应急电话系统和会场工作站等。

网络及安全系统包括无线网络（卫星网、GPRS/CDMA/3G、对讲机）、有线网络（ADSL、专线、光线）、网络基建（路由器、网络交换机、UPS）和网络安全（硬件防火墙、网络入侵检测系统）等。

数据存储备份系统包括光纤交换机、阵列柜（阵列柜主机、阵列柜硬盘）和磁带机（磁带机、磁带）等。

第三节　环境应急指挥信息管理与共享平台建设

环境应急指挥信息管理与共享平台主要是实现对环境风险源日常监控数据信息的实时传输，利用数据库及环境信息管理系统对环境应急相关数据进行统一的维护和管理，实现相关环境应急数据在同部门不同网络间、不同系统间、同级不同部门间、不同层级部门间的相互传输及信息共享。

环境应急指挥信息管理与共享平台的建设基于环境应急网络建设，主要建设内容包括基于环境数据中心的环境应急数据库、环境应急数据交换能力等。

一、环境应急数据库建设及维护

环境应急数据库建设可基于环境数据中心建设，由环境数据中心为环境应急监控指挥决策支持系统提供数据支撑，也可面向环境应急监控指挥决策支持系统建设，通过数据交换为其他系统服务。不论是哪种方式，环境应急所涉及的数据库一般包括元数据库、环境应急业务数据库及环境应急空间数据库。对于元数据库，第六章已进行了详细介绍，在此不再赘述。

（一）环境应急业务数据库

环境应急业务数据库对应急所需的各种属性数据按照突发环境污染事件防范与应急工作的要求进行数据关系梳理，建立的数据库种类包括但不限于：监测、危险源管理、化学危险品、应急资源管理、应急专家、环境标准、生态敏感区、应急预案、应急案例、模型模拟、应急处置和指挥调度等。

1. 日常监测、监察数据库

该数据库实现对重点污染源、环境风险源、环境质量的在线监控，监测实时数据的管理以及相关监察信息，包括实时监测的水、气、噪声和放射源等污染源排放数据；实时监测的大气、水体、噪声环境质量数据；排污口拍摄的实时视频图像、重点污染源和风险源的监察执法记录等。

2. 环境风险源管理数据库

环境风险源管理主要是对风险源单位信息的管理，包括单位名称、地址、单位类型、周边信息情况，以及所存危险品种类、数量、存放位置、负责人和联系方式等信息，系统应提供对这些信息的增加、删除、修改、查询、专题制图和统计汇总等管理方法。

系统应可管理每个风险源发生事件的时间、地点、原因、次数、当时的天气情况，以及事件解决方案、解决时间等信息，以便日后统计分析及处理；应用GIS系统，显示城市地理位置图、污染源分布图；可以建任意级别的专题图目录，以发布、删除或重新发布专题地图；在地图上添加、删除、调整点位，这些变动都会改变污染源调查表中的数据。

拟建系统实现档案的建立、档案的查询，并提供污染源专题地图，以便于了解企业的位置信息，示意界面如图9-3所示。

地图定位	危险源	行业类别	经度	纬度	地址	联系人	联系电话	详细	修改	删除
	大庆开发区润源化工有限公司	原油加工及石油制品制造			铁人社区居委会中三路99号	程丽娜	13555510755			删除
	大庆市萨尔图京山试剂加工厂	化学试剂和助剂制造			登峰社区居委会中三路	王茂喜	5091620			删除
	大庆市萨尔图区勇峰化学添加剂厂	化学试剂和助剂制造			登峰社区居委会登峰南路	岳松滨	5800428			删除
	大庆市萨尔图区利达油田化学试剂厂	与石油和天然气开采有关的服务活动			绿洲社区居委会	虞浙霞	5859056			删除
	大庆市中北润滑油品厂	原油加工及石油制品制造			火炬社区居委会中兴北街66号	王敏	5872766			删除
	大庆华科股份有限公司聚丙烯二厂	原油加工及石油制品制造			炼厂社区居委会	代文军	13845995540			删除
	中国石油大庆石化公司炼油厂	原油加工及石油制品制造			炼厂社区居委会	何敬菊	6757757			删除
	大庆市龙凤区塑龙石化有限公司	化学试剂和助剂制造			新兴社区居委会	谭明忠	13936859703			删除
	大庆华科股份有限公司	原油加工及石油制品制造			新兴社区居委会	张振亮	4596286141			删除
	大庆开发区路通润滑油有限公司	原油加工及石油制品制造			新兴社区居委会	刘长福	6767058			删除
	中国石油天然气股份有限公司大庆石化分公司	化学原料及化学制品制造业			新兴社区居委会	董文霞	6760822			删除
	大庆石化公司热电厂	火力发电			新兴社区居委会	邢桢玲	6762922			删除
	大庆富杰化工有限公司	化学农药制造			新兴社区居委会	刘志远	6256931			删除
	大庆高新区龙华祥化工有限公司	专项化学用品制造			新兴社区居委会	张丹丹	6707646			删除
	黑龙江龙徽化工有限公司	专项化学用品制造			新兴社区居委会 兴化园区	周金红	15845848548			删除

1 2 3 4 5 6 7 8

图9-3 危险源信息列表

3. 化学危险品数据库

化学危险品数据库信息包括各种危险品的理化性质、毒性和防护措施等，见图9-4。根据输入条件的不同可进行查询，并同时支持化学危险品的添加、删除和编辑；实现对化学危险品设置其自身的所属种类，可选种类通过列表维护；对化学危险品的初始量、使用量和目前存储量等进行维护管理。

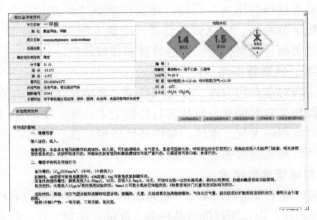

图 9-4　化学危险品的物理化学性质

4. 应急资源管理数据库

应急资源管理数据库信息包括各种应急设备或应急资源的使用状态、损耗情况和存放地点等。应急设备主要包括：环境应急无人机、环境应急车、环境应急船、应急监测设备、个人防护设备、泄漏控制设备、通信设备、照明设备、消防设备及医疗设备等。系统需要提供对这些设备信息的增加、修改、删除、检索专题制图和统计汇总等管理功能。应急资源管理数据库可方便管理人员及时对设备进行更新维护。

5. 应急专家及人员数据库

应急专家及人员数据库收录相关应急专家和应急人员的信息，包括专家的基本信息、应急联系方式、专长以及应急人员的基本信息、应急联系方式、应急任务等。应急人员包括：应急指挥中心人员、应急办公室人员、现场指挥部人员及各个应急救援队伍等应急组织人员。系统应提供对这些人员信息的增加、修改、删除等管理功能，以及相关的查询检索功能。

6. 环境标准规范数据库

环境标准规范数据库信息包括环境应急涉及的国家法律、行政法规、规范性文件、环境保护标准，以及其他环境管理相关政策等数据，提供信息查询、检索及管理功能。

7. 生态敏感区数据库

生态敏感区数据库信息包括自然保护区、生态脆弱区、学校、机关、医院、居民点及水源地等。这些敏感区分层存储，在发生环境污染事件之后，该数据库可以自动检索出事件周围设定距离范围内的敏感点，为事件处置方案的制订及敏感点的防护提供帮助。

8. 应急预案数据库

应急预案是在贯彻预防为主的前提下，对风险源可能出现的事故制定的为及时控制其危害、抢救受害人员、指导居民防护和组织撤离而组织的环境事件处理和救援活动的预想方案。应急预案的建立过程也是对事故隐患、工程项目应急措施、工厂的应急措施以及社会救援应急行动的分析，不仅可以为风险源单位提供有价值的安全防范具体操作，使得风险源单位更加理解自己的安全状况，同时在发生突发事件的时候人们可以直接调用预案，并把它用作当时应急对策的参考，以提高应急处理的效率。

预案的制定有几个原则：应急预案应针对那些可能造成企业人员死亡或严重伤害、使设备和环境受到严重破坏的突发性灾害，如火灾、爆炸、房屋倒塌、毒气泄漏、核泄漏及腐蚀性物质泄漏等；应急预案要最大限度地减少人员和环境损害；应急预案要考虑到应急的多种场景，从难、从严、从实战出发，并结合实际，制定措施明确，可操作性强；应急预案要根据实际情况有所改变。

预案基本上可以分为三类：固定风险源预案、流动风险源预案及污染源不确定预案。对固定风险源预案要建立"一厂一档"；对流动风险源应该备案，对运输过程中的易燃易爆、有毒有害物质的毒害、破坏程度和防护距离进行研究和建立档案管理；对污染源不确定的预案要制定好应急监测执行方案，以便快速定位污染源，确定污染性质，再启动相应的应急预案。

应急预案可以通过自动、半自动或手工等形式编制完成。由于应急预案管理子系统是建立在危险品管理、风险源管理、应急监测执行方案管理的基础上的，同时预案可以通过参照案例的解决问题流程，所以可形成更贴近实际操作的预案。

9. 应急案例数据库

案例是某种决策成功与否的例子，是对以往经验知识的归纳整理，为达到某种目标所需要借鉴知识的记录，具有内容的真实性、决策的可借鉴性及处理问题的启发性等特点。应急案例管理具有一般案例管理的特点，同时也有案例管理的行业特色。与传统用纸质文档管理案例不同，应急案例数据库应利用案例推理和规则推理的方法来构建环境突发事件应急案例管理系统，并通过数据挖掘技术从案例库中提出有价值的信息为环境应急服务。环境突发事件应急案例管理子系统的主要数据构成包括案例中问题定义数据、问题解决方案数据、问题评价数据、风险源基本情况数据、风险源危险品情况数据、风险源危险品目标情况数据、危险品理化情况数据、采样方法数据、分析方法数据、应急监测人员及值班人员数据、应急监测组织情况数据、应急监测仪器设备情况和功能数据、危险品应急处理处置方法数据和事故现象数据等。

10. 模型模拟数据库

模型模拟数据库信息包括水和气等污染扩散模型、爆炸模型等模型信息，参数信息，事件发生地周边的地质、地貌情况、河床情况、水流速度、风速和风向，周边的社会经济指标数据、危险源数据，以及模型模拟信息等。模型模拟数据库为突发性环境污染事件应急工作提供事故模拟的数据支撑。

11. 应急监测数据库

应急监测数据库信息包括不同种污染物的监测方法、监测设备、对应监测人员，根据应急事件中确定的污染物，可以有针对性地快速进行环境应急监测。

12. 指挥调度数据库

指挥调度数据库信息包括参加应急人员、负责工作、车辆、仪器使用状况、事件报告和部门间应急工作协调等指挥调度中的工作记录。

（二）环境应急空间数据库

环境应急空间数据库用于组织和存储环境应急所涉及对象的地理位置、地理分布和尺寸信息，此类对象又可以分为三类：与基础信息数据库相关联的对象、与安全信息数据库相关联的对象及只有地理信息的对象。环境应急空间数据库由多个图层（一组用于存储地理信息的数据表）组成。

环境应急空间数据库的基础地图数据应该根据重点污染源区域、城区、郊县城区等不同层次的环境保护工作的需要，采用不同比例尺的基础地图数据。中心城区比例尺不小于 1∶5000，市县城区不小于 1∶10 000，辖区不小于 1∶50 000。图层至少包括商场、宾馆酒店、餐饮场所、党政机关、医疗卫生机构、教育机构、企业、公共场所、交通枢纽、居民小区、地物、加油站、旅游景点、公路、大小河流和村庄等。基础地图数据应该采用基础地图和高分辨率遥感图像（如 Quick-Bird 数据，见图 9-5）相结合的方式，通过两种数据源的优势互补生成地图要素最全、最新的基础数据。

（1）基础地理信息图层，用于描述城市的基本面貌；

（2）道路图层，用于存储城市的路段信息，类型为线图层；

（3）危险源图层，用于描述环境危险源的位置、形状、组成等信息，图层类型为面图层；

（4）重点防护和保卫目标图层，用于描述重点防护和保卫目标信息，图层类

图 9-5　QuickBird 影像

型为面图层；

（5）一般防护和保卫目标图层，用于描述一般防护和保卫目标信息，图层类型为点图层；

（6）应急救援力量图层，用于描述城市应急救援力量的分布情况，图层类型为点图层；

（7）应急救援力量辖区图层，用于描述城市应急救援力量的分布情况，图层类型为面图层；

（8）安全规划分区图层，用于描述城市安全规划分区情况，图层类型为点图层；

（9）事故地点图层，用于描述城市中事故发生地点的信息，图层类型为点图层。

由于本系统涉及的信息量巨大，所以合理的分层管理是提高系统响应速度的关键。我们建议将数据分为以下几类，即基础底图数据、道路数据、点位数据和部门特殊需求数据。将每一类数据根据详细程度再进行分级，一般为二到三级。根据地图显示的视野，系统能自动选择显示相应级别的数据。尽管在数据库里的图层很多，但要保证系统在任何时候显示的地图图层数量都被控制在 10 层左右，从而有效地降低负载，保证系统的响应速度。

1. 基础底图数据

基础底图数据实际上是基础地形图数据，包括行政区域、湖泊、河流、居民区和公共建筑物等，它们主要是面类数据。

2. 道路数据

严格来讲，道路数据和点位数据也属于基础底图数据。但为了体现这两类数据在系统中的重要性，故需单独处理。道路数据包括路面数据和路网数据，特别是对路网数据，要进行特殊的处理。路面数据是以面的形式所表现的道路，这种方式的优点在于美观和直观，但是不利于分析。对于环境应急系统来说更重要的是路网数据，即道路要进行分段处理，形成路网。道路的属性包括道路等级、道路长度、宽度、线形、路面性质、道路编码、路段隔离设施、车道划分、设计车速和容量等。

3. 点位数据

点位数据在系统中占有很重要的地位，在很多情况下它都是很重要的定位参考点。点位数据分为两大类：一类是公共性点位数据，如党政首脑机关；企事业单位；公共电汽车站点；客货交通类，包括长途汽车站、火车站、航空港、货运站等；大型公共建筑，包括体育场馆、医院、急救站；标志性建筑，包括火车站、机场、天塔、大型商场、大型国家机关等。另一类是特殊点位数据，这些数据可能不显示，但却是对系统重要的定位参考数据，如门牌号码地址分布点位、电话号码分布点位。这些数据的收集工作量也非常大，但对于系统来说是必不可少的，故也需要仔细规划。

如果条件允许，对于重点监控管理的危险源还应制作三维地理信息系统，以弥补二维数据的不足，使应急工作更直观、有效。

（三）环境应急数据库管理

环境应急数据库的建设，是将环保局内各业务数据、监测数据、环保领域知识信息及其他类型的所有数据均整合起来，分类存储，实现数据的统一存储、备份/恢复、复制、数据迁移、归档、辅助决策分析、存储资源管理，为环境应急监控指挥系统提供一个统一的数据支撑。

1. 数据安全处理

数据安全处理主要包括 DAC、验证、授权等能力，详见第四章第三节。

2. 数据备份与恢复

从逻辑形式上分，数据库的备份主要分为两种：一种是物理备份，主要是对数据库的数据文件、日志文件、控制文件进行备份，它需要通过使用数据库的备份工具，如 Oracle 的 RMAN 等；另一种备份为逻辑备份，是表一级的备份。通常情况下，大型数据库的备份以物理备份为主，逻辑备份为辅，因为物理备份/恢复的速度快。物理备份又分为在线备份和脱机备份两种，在线备份是在数据库运行的情况下实施的备份，而脱机备份则是在数据库关闭的情况下进行的，对于 7×24 的数据库只能进行在线备份。系统还应具有从崩溃的系统中完整恢复数据的能力。

3. 用户权限分配与管理

管理员可以对不同的用户分配不同的数据读写及管理权限，系统自动根据用户权限对其数据库操作加以限制。

二、环境应急数据交换能力建设

数据交换能够在技术上提供一个统一标准的平台，建立安全、高效的信息传递和管理体系，整合现有以及将来源源不断的环保数据资源，为环境应急监控指挥系统提供信息交换的主干道，实现各种应用系统、异构数据库、不同网络系统之间的数据交换，各个业务科室都可以利用这个统一的数据交换平台，实现对应用系统透明的跨操作系统、跨数据库以及跨应用系统和跨管理域的信息交换。

（一）数据交换的方式

可以用于新建欲挂接上该接口配置管理的系统或模块的接口部分的开发，也可以用于开发已建系统与使用该接口配置管理的系统间接口适配器的开发。主要包括：接口文档模板、编译注册器、消息格式转换服务、接口文档管理、数据源管理、数据路由管理、接口查询发布和 API 服务。接口开发支持功能主要为整个应用整合、数据共享平台的建设和二次开发服务，通过接口开发支持数据交换平台的建设者或其他第三方建设者，很容易开发出接入数据交换系统的适配器（接口已具有个性化数据集成功能），从而把自己的应用系统和数据交换系统进行集成，进而完成和其他系统的数据交换和共享。

（二）数据交换的技术实现

数据交换平台分为分中心和中心两个子系统，两个子系统安装在两个不同的环境中，主要通过预先配置好的数据规范进行数据转换和数据传输，数据传输的格式一般采用 XML 格式。

分中心系统采用.NET 的 Window 服务开发，每隔一段时间产生任务，任务先保存到任务队列数据库中，队列中的任务按照先进先出的规则执行，系统执行任务来查询数据库，将查询出的数据通过分中心的数据规范配置表转换成符合中心数据规范的 XML 数据包，最后通过调用中心的数据交换服务向中心发送数据，如图 9-6 所示。

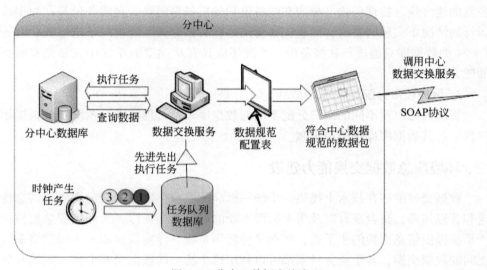

图 9-6　分中心数据交换实现

中心系统使用 IIS + Web Service 开发，通过 SOAP 协议来交换数据，传输数据是 XML 格式。为预防许多分中心同时发送数据造成的网络堵塞，服务中需要设置流量控制。因为分中心传送过来的数据已经被转换成中心的数据规范，所以可以直接入库。中心的结构见图 9-7。

通过数据交换平台，一方面保证环保机构原有业务系统的照常使用，另一方面也使数据中心的数据能充分汇集各业务系统的实时更新数据，从而使数据中心能真正涵盖所辖区域所有管理业务所需数据。

从严格意义上说，数据交换的数据接收端本身就是环境数据中心提供的一套数据服务集。

（三）数据交换的性能要求

数据交换的性能要求分为两个方面：一方面是在平时的情况下，需要能在非工作时间内完成大批量的数据交换任务；另一方面是在应急的情况下，需要保证小批量数据的不间断交换，主要是现场的监测数据，要求至少每秒能完成 512K 的数据交换量。

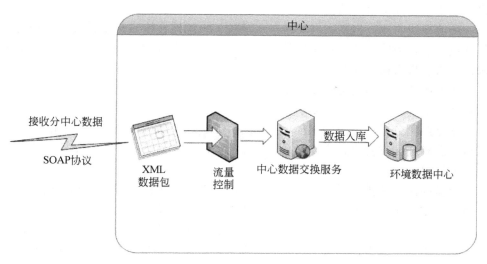

图 9-7　中心数据交换实现

第四节　环境应急指挥决策支持系统

　　环境应急指挥决策支持系统是辅助环境管理部门进行突发性环境污染事件防范与应急管理的决策辅助系统。系统应用计算机信息技术、3S 技术、移动通信技术和模型模拟分析技术等实现事件发生前、中、后不同需求的决策支持功能。

　　环境应急指挥决策支持系统在功能设计上需体现三部分内容，即应急管理的平时准备、事件应急战时响应处置，以及应急事后管理的突发环境事件防范与应急管理的决策支持功能。功能模块包括监控集成管理子系统、应急准备管理子系统、应急指挥管理子系统、应急决策支持子系统和应急总结与评估管理子系统等。

一、监控集成管理子系统

　　监控集成管理平台将所有在线监测、监控系统进行集成，实现所有在线监测数据、视频等数据的上传、存储、管理、查询、业务分析及预警报警等功能，包括：重点污染源在线监控、环境在线监测、放射源监控和遥感监测分析等功能模块，通过接警及自动监控系统的自动报警实现突发环境事件的预警和报警。

（一）监测与监控数据集成

　　重点污染源在线监控：包括废水、废气、烟气黑度在线监测子系统，实现对废水、废气污染源的基本信息、实时数据查询、设备状态、监测数据统计分析、报表输出和监控报警等功能。

环境在线监测：包括大气环境、水环境、水源地在线监测子系统，实现对大气环境、水环境监测站、水源地基本信息、实时数据查询、设备状态、监测数据统计分析、报表输出和监控报警等功能。

放射源监控：通过定位器、视频、射频标签和辐射剂量率等监控手段实现对固定放射源和移动放射源的多手段监控。

遥感监测分析：将地表水环境遥感应用分系统、环境空气遥感应用分系统、区域生态和环境灾害遥感应用子系统等遥感监测分析系统结果进行集成，提供查询、分析等功能。

总量控制与减排：对污染源总量控制减排业务整个流程实现自动化管理，并对减排计划制定、审核和工程管理等过程提供决策支持。

环境风险源监控系统由前端监控设备、数据采集传输系统、数据处理中心与应用系统组成。其中，监控平台是建立在应急数据库的基础之上，它除了达到风险源监控的目的，还可以扩展到事件应急的整个决策支持系统中。

（二）预警

1. "12369" 预警

"12369" 预警程序如图 9-8 所示。

在接到 "12369" 报警后，应问清事件发生的时间、地点、原因、污染物种类、性质、数量、污染范围、影响程度及事发地的地理概况等情况，并立即向应急监测总指挥汇报。

应急联动中心的接警员接取警情的事件内容、时间和准确地址等信息，并将事件分派给不同调度中心的调度机进行调度处理。计算机辅助系统自动将打入的报警电话送至空闲的接警员处，该接警员与报警员通话，同时，计算机自动识别报警人的电话号码及其所在位置，终端电脑自动生成并存储标准化的事件记录。

2. 污染源在线监控

当污染源在线监控系统接收的实时数据满足一定规则（如连续多组数据超标达到 30% 以上），即可启动应急系统。

3. 其他监测、监控预警

监测、监控预警模块的主要工作是主动或被动地从各类环保监测信息中获取实时监测数据，并对于各类环境污染事件根据既定的各类预警条件或预案，由系统自动提请进行事态评估，或者由环保工作人员手工进行事态评估，确定所发生环境事件的预警级别。

4. 预警管理

预警规则管理：根据突发环境事件类型、波及范围、涉及人数和死亡人数

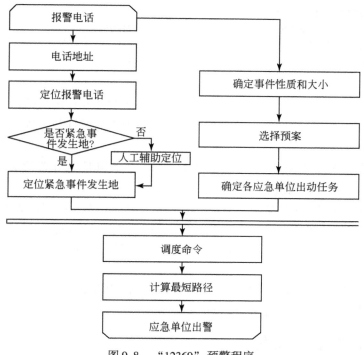

图 9-8　"12369" 预警程序

等，新增一条应急事件预警规则，并对生成的预警规则进行查看、修改和删除等操作。

预警方案管理：组合已经存在的预警规则，输入预警级别和描述生成一条预警方案，并可对其进行查看、修改和删除等操作。

系统预警：对系统自动生成的预警事件进行查看和查询。

预警定义：对已经达到规定条件的事件进行预警，包括严重程度预警、累计事件数预警，并对各种预警条件达到时的预警展示方式进行定义。系统能够按照突发事件的严重性、紧急程度和可能波及的范围进行四级预警，预警级别由低到高颜色依次为蓝色、黄色、橙色、红色，并可根据事态的发展情况和采取措施的效果，对预警颜色进行升级、降级或解除。

预警展现：GIS 展示预警。

预警的展示条件设定：根据预警的区域、日期时间、预警类型的条件设定，使预警信息可以进行综合性展示、分类展示。

系统开发报警分析模块，对错误冗余信息自动屏蔽，当信息量满足预警条件时，系统启动自动预警模块，以短信方式通知责任人。

二、应急准备管理子系统

应急准备管理子系统主要包括风险源综合管理、危化物应急处置信息管理、应急设备管理和应急预案管理等模块，是为应对事件的发生做好准备工作及物资管理工作，以降低事件发生所带来的损失。

风险源管理：将已经纳入环保监管范围的企业和具有环境风险的排放源、存储源，进行完整的信息登记，建立相应的空间数据库与属性数据库，并实现两者的联动查询、分析。

危化品应急处置信息管理：对危化品的理化特性和应急处置的信息能快速查询，内容丰富并一览无遗。

应急预案管理、应急演练评估：提供应急预案信息库、典型污染事件信息库、应急专家库和环境保护文献库等日常状态下的信息储备及维护，另外提供应急训练和应急演习等功能模块，一方面完善应急预案，另一方面加强非常态下的应急演习。

应急资源保障：提供环境应急车、船及应急监测设备的在线日常管理，保证事件发生时能及时、有效地调用这些资源。

三、应急指挥管理子系统

利用应急指挥中心系统、应急指挥车系统、现场监测系统三个系统模块及完善的信息交互，实现应急状态下应急决策者、环保部门、公安部门和医疗部门等相关单位的联动协调，完成突发事件的应急指挥。

从"12369"报警或监测、监控报警系统得到事件报警信息，在系统进行接警登记，快速核实事件，在确认事件后，系统通过应急监测预案管理平台的风险源信息库、危险品信息库、专家信息库和指挥系统平台的决策辅助系统，制定处理污染物、控制污染扩散、疏散受影响人群的应急方案，并可通过快速查询模块查出相应指挥和监测车辆、仪器设备、监测专业人员和处理专家等信息，同时可利用 GIS 了解事发地点的基本情况。

实现当现场监测人员监测到现场环境污染数据和图片时，能及时地通过GPRS/CDMA 无线网络将这些数据和图片传送到应急指挥中心。而指挥中心的指挥调度中心也要及时地将数据的分析结果传到现场的指挥人员和监测人员，使得各处理措施得到及时有效的执行，环境污染事件能尽快受到控制，以减小对环境的危害。

环保局环境应急指挥中心与上下级应急协作部门能进行统一联动、指挥协调。上对应急指挥中心进行应急情况、事故发展进行汇报，接受应急指挥中心的调度，下对各辖市局、各县级局的人员、监测车辆等设备进行指挥调动。能在直观的界面上显示各部门在响应出动、实时通信、协作等方面情况的综合信息。

（一）应急监测管理功能

当出现了环境应急事件，现场应急小组在到达现场后，按照指挥中心的统一指令，对现场数据进行采样监测。

环境应急监测是突发事件安全应急系统的重要组成部分，承担着判明污染物种类、分析污染物的可能来源、预计污染扩散范围和可能造成的危害程度等重要任务，直接为环境事件应急指挥部提供科学决策的依据。突发性环境事件往往具备污染因素较多和表现形式多样的特点，需要环境应急监测系统快速准确地判断出污染物种类、污染浓度、污染范围和可能发生的危害，这就要求应急监测系统必须配备先进的分析仪器、设备和多种监测手段。为保持"常备不懈、平战结合"，可通过担负日常环境监控任务促使应急监测始终保持良好运转。根据近年来应对环境事件的实践，适当增设环境应急监测项目，以便为监测仪器的科技进步留有补充、完善和及时更新的余地。采取简易定性分析与仪器半定量、定量的监测方式，监测覆盖环境污染、危害人民健康的优先项目，定性监测爆发环境突发事件几率较低的项目，尽可能扩大环境应急监测的覆盖范围，降低投资和运行成本。

由于有毒有害和危险化学品种类繁多、性质复杂，爆发环境突发事件的类型多种多样，实现全面覆盖环境应急监测项目是很不现实的要求。在考虑环保能力建设资金、有限的应急监测车空间和监测仪器水平等制约条件的基础上，按照环境突发事故应急监测的一般特征，重点实现以下两大功能：

（1）能够尽快到达事件现场，具备快速的应急反应能力；

（2）能够分析污染物的种类性质、识别污染源，确定影响范围，具备一定的现场监测水平。

与常规环境监测设备相比，应急监测设备应具有如下性能要求：

（1）分析方法应快速，分析结果应直观、易判断，最好具有快速扫描功能，具有较好的灵敏度、准确度和再现性，分析方法的选择性和抗干扰能力要好；

（2）监测器材轻便、易于携带，分析操作方法简单，试剂用量少，稳定性要好，不需点源或可用电池供电。

1. 应急监测向导

根据初步确定的监测项目，系统自动从专家知识库里选定监测分析方法，从监测仪器数据库中确定相应的监测仪器和采样设备，从应急专家库中选择针对该监测项目的应急专家，从应急监测人员数据库中调出应急监测仪器维护人员的联系方式，快速生成应急监测指导书。

2. 现场周边分析

根据系统文字屏上显示相应警情的发生地，在图形屏上显示起警情点位置指定范围内的详细地图，譬如，500 米以内的详细地图，对敏感点在图形屏上突出显示，支持地图打印功能。联机打印事故地周边的详细地图，用于指导事故应急监测，如图 9-9 所示。

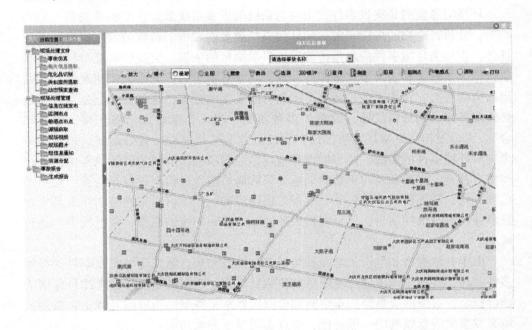

图 9-9　现场周边信息提取图

3. 应急监测布点

根据污染情况初步确定监测点位的布设，在地图上标出应急现场监测点的布置情况，确定采样方式和频次，见图 9-10。

4. 应急监测数据分析

将现场采集回来的数据录入到系统中，系统在地图上标出监测点实时监测的值。以浓度变化折线图预测污染物浓度变化的趋势。

5. 应急监测管理

在现场监测数据汇总后，可以生成相应的应急监测报告书。

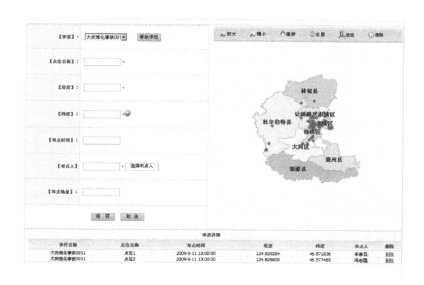

图 9-10　应急监测布点

（二）应急调度功能

应急指挥调度模块提供应急指挥与调度系统中指挥命令的传输功能，通过网络向指挥大厅和辅助大厅的指挥工作终端提供信息和处理信息，可以在指挥中心和其他的各个机构之间传递信息。包括以下几种方式的信息传输：指令传输、文书传输、传真传输和邮件传输。应急指挥命令系统示意图见图 9-11。

1. 指令传输

指令下达模块提供指令录入界面和接收单位列表，系统操作人员通过录入指令的相关内容，然后选择发送对象并进行发送。

指令查询模块提供按照查询条件进行指令的查询。通过该查询模块，可以根据用户要求定制查询条件。

指令反馈模块提供指令反馈录入界面，用以记录下达指令的反馈结果，并提供指令反馈的查询界面，可以根据用户要求定制查询条件，查询到用户所需要的结果。

指令管理模块提供对指令基本属性的维护管理，包括指令的增加、指令的修改、指令的删除等操作，并可以把操作的结果存入数据库中。

2. 文书传输

文书拟制模块提供文书的录入界面，可以进行新建文书的拟制。可以将拟制人、文书内容等相关资料在数据库中进行保存。

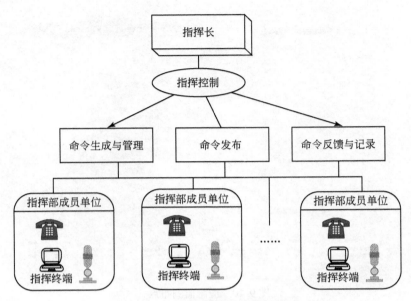

图 9-11　应急指挥命令系统示意图

文书发送模块提供文书的发送界面，选择发送对象进行发送，可将该文书发送到发送对象所在机器，并可以将发送地址、接收地址、发送内容等相关资料在数据库中进行保存。

文书接收模块提供文书的接收界面，可以接收到发送到本机的文书。

文书查询模块提供列表显示已经发送和接收到的文书。可以根据用户要求定制查询条件，查询已有的文书。

3. 应急指挥调度

应急指挥调度模块提供应急指挥与调度系统中指挥命令的传输功能。通过网络向指挥大厅和辅助大厅的指挥工作终端提供信息和处理信息；在指挥中心和其他各个机构之间传递信息；根据现场监测与监察的数据，在决策支持系统的帮助下制定污染处置方案，并报送现场指挥部批准。调度功能包括：

（1）在中心监控站关机后，重新启动时只需打开电源就可直接进入监控界面；

（2）调度室既能群呼所有车台，又能单呼指定车台、无人机或船；

（3）同时跟踪多辆车、机或船，能够监控指定区域的车、机或船，不显示轨迹，只显示位置；

（4）轨迹重放时，显示车台、无人机或船的轨迹和公里数；

（5）可设置每隔多少秒传送车台、无人机或船的位置、状态、经度、纬度、速度和方向信息；

（6）中心能对每个车台、无人机或船进行速度设置；

（7）中心能对每个车台、无人机或船进行状态颜色设置，报警为红色，正常行驶为绿色，停止为黄色；

（8）具有对车台、无人机或船的管理功能，能录入、修改、列表查找编号、使用状况、修理状况和驾驶员信息等；

（9）能够按车辆编号、日期、工作区域的任意组合查找和打印有关信息；

（10）每个窗口只显示所属车台、无人机或船的信息和位置，所在位置用特定的图形显示，并能同时显示编号及运行方向；

（11）主控窗口显示所有车台、无人机或船的跟踪点；

（12）能够测量任意折线的距离；

（13）可以随时查询某日某台车台、无人机或船的历史数据。

四、应急决策支持子系统

由于突发环境污染事件种类繁多，不同种事件所产生的影响及应对策略都有所不同，这就要求应急系统能针对不同种致灾因子、不同种风险源、不同种污染因子能提供不同的应对处置办法，可在事件发生前、中、后针对管理人员需求提供相应的决策支持功能。

（一）知识库

知识库主要在突发环境事件发生时为应急指挥者及参与应急人员提供专业及业务知识的支持功能。知识信息主要包括：各种环境突发事件案例；各监控项目的监控指标及指标体系；评价导则与标准；监测数据误差限值；专业规律指标；专家知识经验；环保法律、法规，行业规程、规范的有关条款；危险化学品信息等。系统能提供关键字查询、搜索和信息打印等功能。

（二）模型分析

在实现环境污染数据的地图化、可视化的基础上，进行环境污染数据的检索、查询、分析，依据污染事件爆发点的情况，生成扩散模型，分析污染扩散模式，输出周边高危影响（范围）分析信息。这些环境分析模型主要包括：有毒气体泄露与扩散模型、河流水污染扩散模型、爆炸模型等。

1）大气污染扩散模型系统

采用多烟团模式、分段烟羽模式、气体扩散模式等计算有毒有害物质在大气中的扩散模拟情况。

2）河流中污染物扩散模型

针对河流中污染物的扩散情况进行模拟分析，预测污染物在河流中的扩散情况。具体模型包括：河流完全混合模式、二维稳态混合模式、稳态混合累积流量模式、S-P模式、二维稳态混合衰减模式和一维日均水温模式等。

3）湖泊或水库的污染物扩散模型

湖泊完全混合平衡模式和卡拉乌舍夫模式等对污染物在湖泊或水库中的扩散情况进行模拟分析。

通过模型演算确定事件影响范围，进行环境影响分析，确定可能造成的影响与危害，形成简单的分析报告，为应急指挥者提供决策支持。

五、应急总结与评估管理子系统

该子系统在应急结束后，在环境应急指挥部的指导下对突发环境事件进行总结管理，通过应急监测数据和事件处理结果，对环境事件产生的影响进行量化评估，为应急预案进行有效性评估，并对善后方案制订提供决策支持。

（一）环境影响评估

在环境突发事件应急处置后进行环境影响评估的目的，是掌握环境突发事件对环境的影响，为环境的恢复提供依据。包括以下功能：

环境数据处理：首先通过应急环境监测评价及辅助决策支持系统完成环境数据的采集，应用数学模型对环境数据进行分析和处理，并提供对处理后数据的查询功能。

环境影响评估：根据环境相关的评估指标体系，对经环境数据处理得到的数据进行定量的评估，也可由不同领域的专家根据相关的专业知识来对应急处理后的环境影响进行评估，这两种评估方法可以综合进行。

评估结果调阅：提供环境影响评估结果的查询和评估报告生成功能。

（二）应急处置效果评估

在环境突发事件应急处置后进行应急处置效果评估的目的，是通过对应急处置的效果进行分析评估，总结经验教训，以形成新的处置预案或对原有的处置预案进行改善，为避免同类应急突发环境事件和处置类似的突发环境事件提供决策依据。包括以下功能：

应急处置情况调阅：提供对应急处置过程中各阶段的环境影响数据、应急处置方案、方案的实施情况等信息的调阅功能。

应急处置评估：根据提供的相关的数学模型和方法对应急处置过程记录的数

据和状态进行分析和处理，并根据应急处置方案、应急处置相关的评估指标体系进行定量的评估；也可由不同领域的专家根据相关的专业知识来对应急处置的情况进行评估，这两种评估方法可以综合进行。

评估结果调阅：提供应急处置评估结果的查询和评估报告生成功能。

（三）善后方案制订

善后方案是对突发环境事件应急处置后善后工作的计划和部署，是化学和核突发环境事件后评估系统的关键部分。善后方案主要包含以下几方面的内容。

（1）适用范围：定义对怎样的突发环境事件处置后进行善后时才启用该方案，如什么类型什么级别的事件、什么时间什么地方发生的事件等；

（2）组织结构：定义善后工作的组织结构和人员，如善后工作实施所涉及的部门和人员及其职责；

（3）资源：善后方案实施过程所涉及的对象集合，这些对象的状态或状态变化是善后方案实施所关注的，可能会引起对善后方案的修订；

（4）方案的其他内容：包括方案目标、方案原则等其他说明。

善后方案拟制后通过审核才能启动实施，在方案的实施过程中需要对实施的情况进行监测、评估，以便及时修改方案。善后方案制订为善后方案的拟制、管理、审核及实施提供了电子化的实现手段，包括以下功能。

（1）方案拟制：提供新建善后方案的功能，可结合突发环境事件的性质和级别、应急处置效果，以及对环境造成的影响，生成相应的善后方案。

（2）方案管理：提供对现有的善后方案的修改、查询、删除及文档生成等功能。

（3）方案审核：提供对现有善后方案进行审核的功能，可记录审核意见、修改建议、审核结果及是否启用等信息。

（4）方案实施：提供对方案实施情况进行监测、评估的功能，将结果作为修改方案的依据。其具体的监测和评估由应急环境监测评价及辅助决策支持系统完成，本模块实现数据的导入。

（四）评估报告归档管理

为了保存和利用历史资料，系统需要具备档案管理系统的部分功能。在归档组织上需体现文件资料之间的历史联系和技术联系，同时也体现文件组成的逻辑层次和逻辑关系。在系统的功能设计中，当一个项目的文档资料在收集时，即同步完成卷内目录的编制工作，用户可以把卷内目录打印输出，以便形成实物案卷的卷内目录，方便业务人员的组卷工作。

第十章 数字环保典型案例

第一节 案例一：洛阳市环境自动监控中心

一、项目概述

洛阳市环境监控中心建设在全市"数字环保"规划前提下，采用"整体设计，分步实施"、"分层设计，模块构建"的建设理念，集3S技术、计算机技术和网络通信等相关技术于一体，实现全市环境管理数据的统一管理，实时、直观、动态、可视化的在线监控，以及综合业务办公自动化。

二、项目特点

(1) 以全市"数字环保"为基础框架，保证全市环保系统建设统一规划，避免重复建设；

(2) 以数据资源管理应用为建设核心，实现环境业务数据统一管理基础上的整合、共享与挖掘；

(3) 实现 MIS 与 GIS 在功能上的无缝对接，用户能够直接在地图上浏览、分析环保业务信息；

(4) 综合业务系统实现人性化灵活定制；

(5) 基于 Web 运行环境，在 .NET 环境下开发，系统各个模块之间以数据接口为纽带，共同连接成一个开放式体系结构的松散耦合系统，确保系统的可扩展性。

三、软件建设内容

(一) 环境数据中心

环境数据中心平台为环保综合信息应用系统的基础数据平台，用于统一组织、存储和管理环境保护部门的全部工作数据，从底层实现环保基础数据、地理信息数据和业务数据的共享。环境数据中心符合环境保护部数据中心建设的总体要求，遵循《环境数据库设计与运行管理规范》的相应要求。采用 Web Service

数据访问技术、ETL 数据加工分析技术、数据仓库技术等整合环境管理各项业务数据，并通过对数据的整理、加工、挖掘和分析，提取综合、有效的环境数据结果，为环境数据的发布提供支撑，为环境管理决策提供数据支持。环境数据中心功能如下。

（1）数据采集与建库：数据的采集、整合、校核、分析、归类和建库；

（2）空间信息库管理：地图数据配置管理、图层管理、地图浏览和专题图制作等；

（3）业务数据库管理：在线监测、应急资源管理、监察、规范标准等数据库数据维护、数据查询和数据统计等；

（4）数据库综合管理：数据配置服务、数据安全处理、数据备份与恢复；

（5）数据交换：实现不同地区、不同业务、不同网络和不同应用系统间的数据交换。

（二）环境地理信息平台

环境地理信息平台建立基于 GIS 技术的环境应用支撑平台，采用 ArcGIS Server 进行二次开发，为本项目所开发的各应用系统提供 GIS 技术支持，建成一个通用的环境地理信息应用中间件平台，提供包括查询、图表分析、渲染图分析等 GIS 功能接口，当各种应用系统需要时调用该平台接口即可实现地理信息功能，实现环保业务可视化，并支持将来对 GPS 和 RS 的扩展。

环境地理信息平台通过实施可视化的在线监控、报警、投诉、执法车辆指挥调度，提高监督执法能力和应急指挥能力；通过对监控、污染报警点相关污染源、环境质量等信息和周边背景信息的查询、统计分析、模型预测，提高环保决策的科学性。该平台主要支持包括地图基本操作及查询功能（点选、多边形选择、缩放、移动、动态增删标注、图层控制、地图量算、查询和统计、地图编辑及输出等）、最佳路径分析、地图信息多媒体演示、在线监控管理、污染源管理、应急调度、环境信息查询及环境趋势分析等功能。

（三）环境自动监控信息系统

环境自动监控信息系统包括污染源自动监控和环境质量监测监控两个子系统。

污染源自动监控子系统可实现污染源管理、信息查询，以及污染源在线监控数据的实时接入、存储、展现、统计分析、超标报警和数据上报，在满足国家对重点污染源监控的要求的基础上，实现水、气污染源监测设备的运行状态监控、报警，监测点位的管理，并可在线生成报告。

环境质量监测监控子系统可实现地表水水质监测、空气质量监测和噪声监测数据的接入、存储、展现、统计分析和超标报警，实现相应监测设备的监控、反控及异常状况报警，并可在线生成各种统计报表，通过环境模型分析可实现水质、大气环境质量的预测模拟及水、气环境容量核算。

（四）环境管理综合业务平台

环境管理综合业务平台包括日常办公系统、环境监察管理系统、环境质量监测管理系统、建设项目审批管理系统、环境统计管理系统、环保执法管理系统、污染源调查及管理和环境信访管理等功能模块。

日常办公系统实现日常办公、公文管理、档案管理、人事信息管理、工资管理、规划财务管理和法规稽查管理等自动化办公。

环境监察管理系统实现行政处罚、现场监察、案件统计、环境监管、排污收费、监察稽查和防污设备管理等业务管理自动化。

环境质量监测管理系统实现各种环境质量监测信息管理、各种综合分析、比较，以及统计分析图表的制作。

建设项目审批管理系统实现建设项目申报、监测、审批等全过程自动化办公，以及建设项目环境监测及项目管理的在线办公。

环境统计管理系统实现所有环境管理信息的不同路径查询及不同口径的统计、分析。

环保执法管理系统实现现场执法地图查询、路径分析等辅助决策功能，以及执法案件管理全过程办公自动化。

污染源调查及管理实现污染源"一源一档管理"。

环境信访管理实现信访信息的登记、查询、统计及信访热点、趋势分析等信访管理自动化功能。

（五）环境专题地图

环境专题地图可实现洛阳市污染源大气环境、地表水、地下水、城市饮用水源地、环境风险源和放射源等信息专题图在线制作、打印。

四、系统集成效果

采用先进、成熟、稳定的技术和设备建设完成整个环境监控中心的综合布线、大屏显示系统、视频会议系统以及机房建设，建成效果见图10-1、图10-2。

图 10-1　洛阳市环境自动监控中心外墙

图 10-2　洛阳市环境自动监控中心视频会议室

第二节　案例二：焦作放射源监控管理系统

一、引言

随着社会的不断发展，放射源在民用领域的应用日益广泛。但同时，因管理不善、监管不严等造成的放射源丢失、被盗事件也在不断增加，导致多起放射性污染事故,严重威胁着人民群众的生命健康。

本系统是以遥感、地理信息系统、全球定位系统等空间信息集成技术为核心支撑,集成计算机网络、数据库、多媒体于一体的放射源监管系统,方便监管部门及时、直观、形象、准确地了解辖区内各放射源的基本状态,以远程定位、视频监控、剂量率监控和自动报警等功能方式,实现对在用放射源的实时监控,为放射源使用单位和政府监管部门提供较好的监控工具,保障放射源的安全使用和公共安全。

二、系统结构

焦作市放射源监控管理系统采用 B/S 和 C/S 相结合的架构,并使 B/S 和 C/S 系统共享数据库服务。C/S 架构软件主要用来采集、处理、存储前端设备上传的实时数据信息,完成复杂的数据处理和高效的数据库管理工作,并且判断是否触发报警;B/S 架构软件充分利用数据库资源,实现不同的人员从不同的地点以不同的接入方式访问和操作共同的数据库,有效地保护数据平台和管理访问权限。这种 B/S 和 C/S 相结合的架构管理软件使放射源监控管理更方便、快捷和高效。

三、系统功能

(一)地图管理

地图管理模块能够直观地展示辖区内各放射源点的位置和状态,并且通过图层接口,还可以实现专题图分析展示等功能,并可实现地图缩放、漫游、图层管理等功能。在点击放射源单位时,能自动结合 GIS 地图,搜寻该单位的位置并放大至合适比例显示,同时单位图标还提供详细信息图框,功能截图如图 10-3、10-4 所示。

(二)空间分析

空间分析的功能提供给用户丰富的监控点周边信息,方便地为管理人员提供决策参考。同时在对放射源进行跟踪监控时,能实时提供放射源的轨迹,并且能给出到达该监控点的最佳方案。

(三)放射源基本信息管理

系统将地理信息技术与数据库技术相结合,建立了集业务数据与空间数据于一体的数据库系统。用户在系统中能够方便地采用多种方式(地图查询、属性查询等)查询和管理放射源的信息。用户可以方便地查看指定放射源的属性信息和地理信息,所管辖区内放射源的种类、数量、分布,以及相关的行业、企业等信

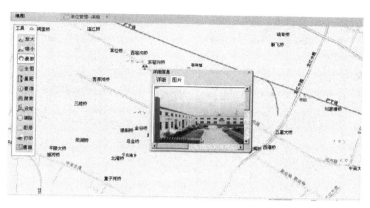

图 10-3　焦作市放射源监控管理系统地图管理功能截图

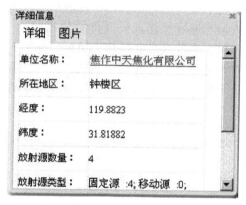

图 10-4　焦作市放射源监控管理系统地图管理详细信息查询功能截图

息。另外建立放射源应急处理预案库，当发生放射源丢失或泄漏时，实现及时调用查看。统一管理放射源各相关数据库，建立统计申报机制，并生成相应的业务数据报表。放射源基本信息管理功能截图如图 10-5 所示。

（四）放射源定位监控与报警

系统将全球定位技术、地理信息系统技术、遥感技术与最新的通信技术相结合，做到了不论在室内还是室外都能精确定位。下端设备实时上发放射源的位置信息，中心处理上发的信息并判断监控源是否存在异常，如果存在，则通过定制的预案进行报警处理。系统同地理信息技术相结合，能够直观地将监控源的轨迹信息展示到多维的地图上。系统在放射源上安装了定位器，定位器通过卫星和通信传输与定位系统，实现对放射源自动定位并判断其位置信息，放射源一经移动

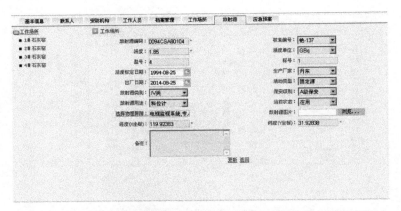

图 10-5　焦作市放射源监控管理系统放射源基本信息管理功能截图

并超出警戒范围，系统将实现自动报警，以手机短信的方式通知环境保护管理部门、企业等相关负责人员和实际操作人员（即短信报警），监控中心同时启动音频报警，使相关管理人员、监控人员和操作人员可以在第一时间得知放射源事故发生，并准确获取放射源的位置信息和移动轨迹，及时追回被盗放射源，避免因放射源丢失而造成严重事故。焦作市放射源监控管理系统放射源定位统计功能截图如图 10-6 所示。

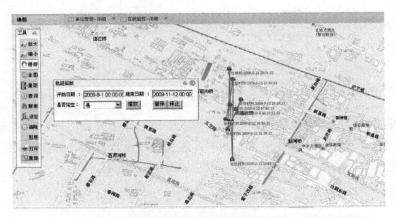

图 10-6　焦作市放射源监控管理系统放射源定位统计功能截图

（五）放射源视频监控与报警

系统将高清晰的视频技术与最新的通信技术相结合，监控中心能实时监控现场环境和放射源图像，并且下端设备将自动采集设备被侵入的图片发送回中心，中心监测到入侵信息后通过定制的预案进行报警处理。视频监控技术与动态侦测技术相结合，通过前端视频采集设备就能成功地实现设备的入侵报警功能，大大提高了设备的安全性。焦作市放射源监控管理系统视频监控与报警功能截图如图10-7所示。

图 10-7　焦作市放射源监控管理系统放射源视频监控功能截图

（六）放射源剂量率监控与报警

为了通过放射源对环境的"放射水平"（泄露量）的监测达到监控放射源的目的，我们在其他监控放射源监控的基础上，建立了以剂量率这一检测单元为基础的在线监测体系。将辐射防护检测技术与IT技术融合为一体，既实现了环保对放射源的监控技术要求，也实现了公共安全的监控追踪要求。

通过在工作场所安装剂量监测设备，监测放射源工作上错的剂量率水平，在设置正常阈值范围的基础上，实现超范围报警。可实现如下功能：

（1）实时监测工作场所的剂量率水平；

（2）对于因放射源离开工作场所或者屏蔽丧失而造成的剂量率异常报警；

（3）剂量率数据连续存储；

（4）报警声音定制：用户可根据自己的需要自行录制报警提示声音，保存为 wav 格式文件，使报警提示更加直接、明了。

焦作市放射源监控管理系统放射源辐射剂量率监控功能截图如图10-8、图10-9所示。

（七）用户的分级、分组管理

根据管理需要可将用户划分成不同级别，最上层是超级管理员。明确各行政

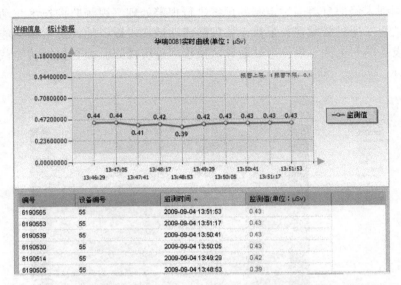

图 10-8　焦作市放射源监控管理系统放射源辐射剂量率监控功能截图 1

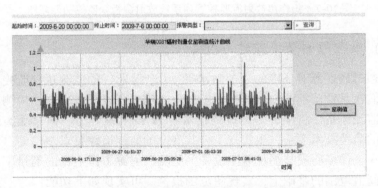

图 10-9　焦作市放射源监控管理系统放射源辐射剂量率监控功能截图 2

部门职能，分配不同等级的系统使用权限，实现放射源的分级管理。不同级别的管理员被赋予不同的权限。管理员可以创建用户，分配初始密码，也可以将用户划分为用户组进行管理。系统将控制权限分为多个等级，可根据需要灵活地分配给相应的用户和用户组。放射源监控管理系统用户管理功能截图如图 10-10 所示。

（八）系统工具

系统还提供扩展的子系统监控方式，如巡检子系统、射频标签子系统、移动源监控子系统等。

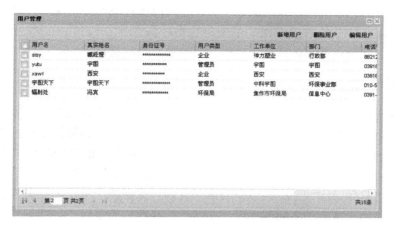

图 10-10　焦作市放射源监控管理系统用户管理功能截图

四、系统效益

在河南省焦作市环保局的应用实践表明，系统能实现对辖区内放射源的统一监管，有效提高环保部门的放射源监控管理水平和效率，为放射源的科学管理提供可靠的技术手段，有利于降低放射源丢失、被盗等事故的发生几率，有利于保障用源企业工作场所的辐射安全，具有显著的社会效益、环境效益和经济效益。

第三节　案例三：南通环境管理综合信息平台软件系统

一、概述

南通市环保局是一个信息化建设比较早的单位，信息化基础设施比较完善。其已初步建立专业的业务软件、基本办公软件及外网门户系统，数据库也具有一定规模。但是由于缺少综合集成的信息平台，各系统之间独立运行、分散管理，数据经常被重复录入在不同的数据库中，给系统维护和数据分析造成了困难，一些关键和日常的业务还是通过传统的方式进行，南通市环保局希望通过信息化的技术手段来提高工作效率。

为了顺应"数字环保"的发展趋势，改进管理模式，统一信息管理平台，提高政府办公效率，建设监管与服务并举的专业政府部门，南通市环保局建立了一套覆盖整个市环保局及其下属单位的、集业务处理、日常办公、外网门户信息发布为一体的、具有一定的环境保护辅助决策能力的环境管理综合信息平台。

南通市环境管理综合信息平台是南通市环保局各部门及下属区县局进行日常

办公、业务信息管理的内外网统一平台，分为内部业务办公系统和外网信息门户系统。内部业务办公系统的使用范围是全市环保系统，包括一市六县（市）三区；外网信息门户系统是市环保局信息门户的升级改造系统。

二、设计重点

根据南通市环保局的应用需求，数据库系统采用集中式数据库布设模式，即所有的数据库放在中心数据库，由信息中心统一管理。中心数据库平台采用关系型数据库 SQLServer2005。数据的管理和批量维护工作由信息中心专人负责，日常中少量的数据变更由各个部门采用各个系统提供的系统数据维护工具提交数据。用户的数据访问权限由信息中心统一管理，根据各个单位和相关人员的不同级别赋予不同层次人员不同的权限，这些权限在相关的系统中同样起作用。这也就达到了统一权限管理的要求，避免了用户在各个系统中分散管理的麻烦，提高了系统的安全级别和管理效率。

三、系统特色

（1）系统中用到的业务材料、表单、流程、文号和时间限制都可以通过定制工具自行设定，系统截图见图 10-11。

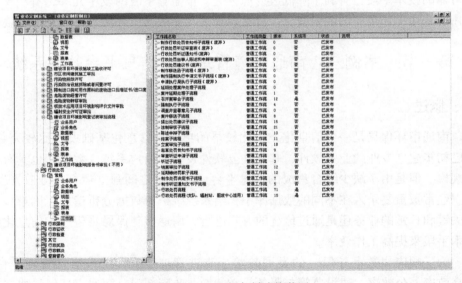

图 10-11　业务定制功能截图

（2）图形化的流程设计工具更加直观、方便、易用，系统截图见图 10-12。

（3）所见即所得的表单定制，系统截图见图 10-13。

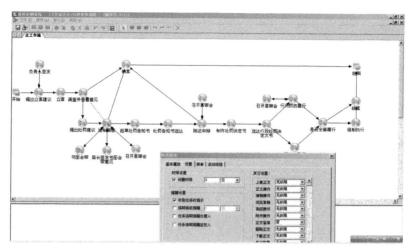

图 10-12　图形化的流程设计功能截图

图 10-13　所见即所得表单定制功能截图

（4）可以自行设置上下班时间、节假日时间、特殊工作时间等作为行政权力事项办理时限的计算依据，系统截图见图 10-14。

（5）可以从流程中选择一个或多个节点来进行统一的时限控制，全面满足各类承诺办理时限的控制要求，系统截图见图 10-15。

（6）统一及个性化常用审阅用语的设定，系统截图见图 10-16。

（7）自定义各种文号，允许年份、可选项、可选项统一及独立编号、空号

图 10-14 行政办事时限定制功能截图

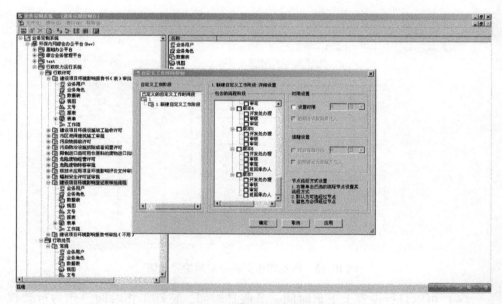

图 10-15 时限控制定制功能截图

处理等，系统截图见图 10-17。

（8）考虑到法律条文的变更，自由裁量计算规则也是可以自定义的。为了保证新的裁量计算规则不对以前的裁量结果造成影响，裁量计算规则定义支持版本控制，系统截图见图 10-18。

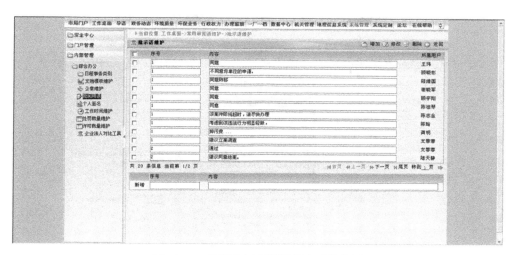

图 10-16　常用审阅用语的设定功能截图

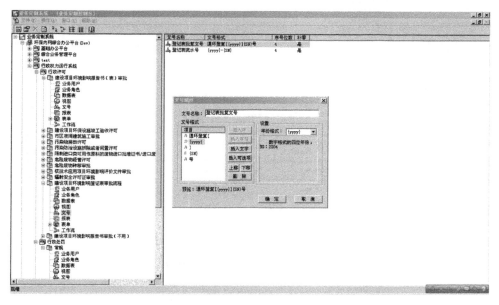

图 10-17　多途径定制功能截图

图 10-18　自由裁量计算规则功能截图

（9）许可裁量规则的定制，系统截图见图 10-19。

图 10-19　许可裁量规则定制功能截图

四、系统功能

(一) 数据中心子系统

数据中心可以将环保局的各种业务数据、空间数据整合起来,实现数据的统一存储、备份/恢复、复制、数据迁移、归档、辅助决策分析、存储资源管理和服务级的数据管理,解决了环保局以前数据存储杂乱、数据冗余、数据管理工作繁复等问题,实现了在网络环境下各主要业务系统的互联交换和资源共享。

根据环保业务管理特点,数据中心主要分解为元数据库、配置数据库、业务数据库和空间数据库四大类,分别存储元数据、配置信息、业务信息和空间地理信息,并通过四类数据库之间的联系建立统一的存储机制,用元数据和配置的方式驱动各类业务应用系统,建立适应动态变化的数据集成框架,为上层应用系统提供稳定的数据服务。

(二) 内网综合信息门户

门户是日常办公和业务工作过程中进行信息组织、信息发布、信息沟通的有效工具,也可以作为各类应用系统、模块的功能组织框架。在信息化建设还不十分完善的情况下,还可以利用门户的内容管理及发布功能,进行应用模块的结果性管理,作为逐级建设的一种过渡。

(三) 综合认证管理

综合认证管理是对整个环境信息综合管理系统(平台)所可能支持的所有认证方式进行统一的管理,对目前常用的数据库密码、USB Key、IC 卡、指纹、数字证书、AD 等认证方式都可以进行统一的定义、管理,对一些新流行的认证方式,如动态密码、身份证等,甚至根据用户需要的自定义的认证方式,都可以进行扩展和快速应用。它主要包括认证方式管理和认证方式规则定义,如图 10-20 所示。

(四) 环境监察之建设项目审批管理系统

建设项目审批管理系统,在建设项目(对环境有影响的)生命周期的各个环节,从环境保护的角度对其进行全过程的监控。对新建项目、扩建项目和技改项目等进行审批,并要求企业的污染处理设施与生产设施进行同时设计、同时施工、同时验收("三同时"建设),确保执法的有据可查,同时减轻执法人员的工作强度,加大建设项目的管理力度。办件监察功能示意见图 10-21。

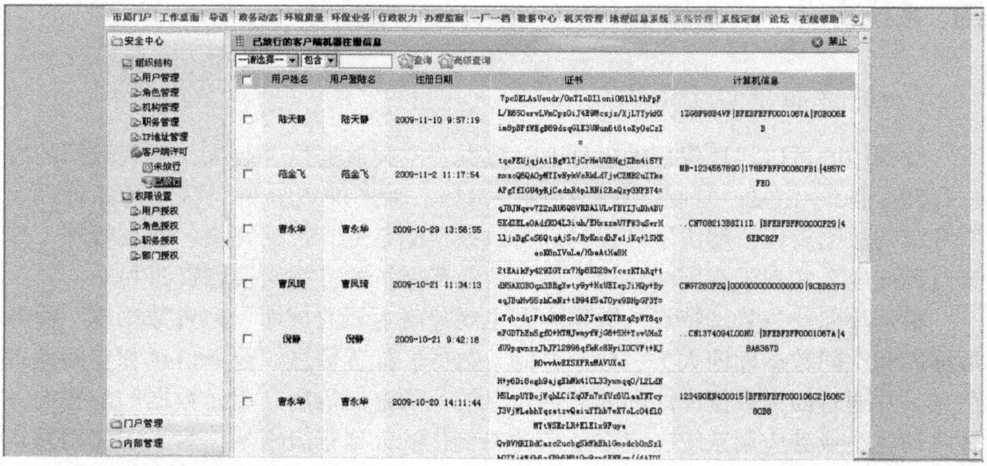

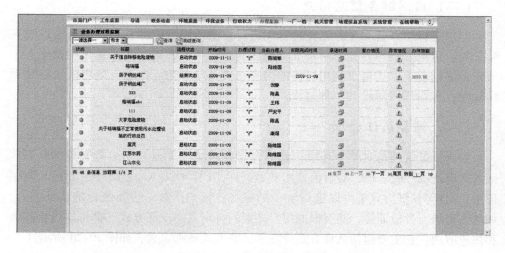

图 10-20　基于 PC 的身份认证管理功能截图

图 10-21　办件监察功能截图

（五）环境监察之排污许可证管理系统

排污许可证内容包括执行标准、废水排污口情况、水污染指标允许排放总量情况、废气排污口情况、气污染指标允许排放总量情况、固废污染无允许排放总量情况、噪声允许排放情况及其他污染情况等，示意截图见图 10-22。

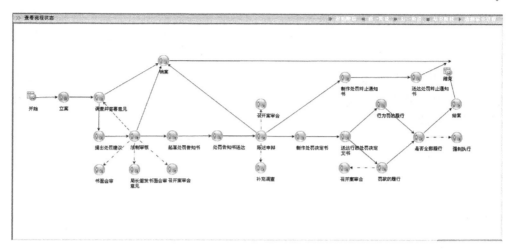

图 10-22 办理过程回放功能截图

第四节 案例四：江西污染源普查和总量减排综合管理系统

一、系统概述

为达到对全省普查数据进行科学、合理管理的要求，需要建立污染源普查数据库和开发全省污染源普查管理信息系统，在统一的技术框架下建立污染源信息的采集、传输、存储和开发利用，形成全省污染源本底数据库，以达到对污染源实施全面、动态监管的目的；通过整合全省污染源普查数据和其他相关环保业务数据，并进行深度开发，使各应用系统的数据能共享，实现对相关数据的动态查询、变化趋势分析、相关性分析和模拟分析等功能；同时，污染源普查数据也可以为总量减排工作提供更好的支持，通过建立总量减排数据库和项目管理台账，可以为全省主要污染物总量减排的核算和考核工作提供一个便捷、实用的工具和手段。

二、建设目标

"江西省污染源普查和总量减排综合管理系统"的总体建设目标，是高效利用全省污染源普查数据，为污染源动态管理和总量减排工作服务。具体包括：

（1）在污染源普查数据基础上，整合其他相关业务数据，建立污染源数据中心，实现污染源的"一源一档"管理；建立 GIS 系统，实现对全省生态环境背景与评价数据、污染源基础数据与统计分析数据、总量减排业务数据的关联整合和信息发布。

（2）建立污染源综合管理平台。对污染源普查数据和相关业务数据进行数据挖掘、比对分析和汇总呈现；建立污染源普查文档库和污染物产排量核算系统，实现污染源普查数据的动态管理。

（3）建立总量减排综合管理平台。围绕减排核算和减排项目管理两大核心内容，实现总量减排的目标计划、总量台账、总量核算、考核评价、决策支持及项目综合管理等功能，并建立与国家总量减排调度系统的数据接口。

（4）建立统一的信息门户。门户是污染源普查和总量减排综合管理系统的入口，提供用户一站式登录，整合本系统所有功能，并实现污染源普查和总量减排的政策动态、工作进展、重要统计结果的发布展示。

三、总体设计

（一）系统设计原则

在设计系统时，除应遵循系统的安全性、灵活性、实用性以及可扩展性原则外，还应遵循以下原则：

（1）从系统建设整体出发，做好系统建设的长远规划，明确近期和长期目标，突出重点，分步实施；

（2）采用成熟、先进的技术和开发平台，兼顾未来的发展趋势；

（3）注重系统的整体性、实用性、高效性、高可靠性、经济性、兼容性和资源共享性；

（4）注重系统的可持续发展性，尽可能利用现有资源，避免系统的重复投资和建设；

（5）充分重视系统和信息的安全性，建立先进、科学的网络管理系统和安全管理系统，建立完整的信息控制和授权管理机制；管理运行体制与工程建设同步进行；

（6）采用原型法设计原则实施。

根据国内外相关系统建设情况和经验，该系统的建设在方法论上应采用"生命周期法"与"原型法"相结合的方法。在整个系统的建设中，在宏观上采用"生命周期法"，自顶而下，逐步求精；在微观上采用"原型法"，对某一个功能模块可先设计开发一个原型，然后与用户交换意见，逐步修改完善。根据上述方法，该系统的开发可分为四个阶段：

（1）系统需求调查与数据收集整理阶段；

（2）系统总体设计与详细设计阶段；

（3）系统开发实现与数据库建库阶段；

（4）系统运行与系统维护阶段。

根据"生命周期法"可以掌握系统建设的总体进度，但在具体的程序功能实现上，则采用"原型法"，根据对用户的初步调查，提出一个初始的原型，然后通过不断地与用户进行交互、磨合、改进，最终实现切合实际需要的系统。

（二）系统总体架构

系统将利用 GIS 技术、.NET 技术、数据库管理（RDBMS）技术以及计算机网络技术，采用 B/S 结构体系，实现实时、直观、动态、可视化的污染物排放监控、管理和督察；实现对各类环境综合信息的管理、数据资源共享、信息发布、数据查询、统计、历史对比分析、制图输出、报表生成及多种形式数据表现等多方面的应用。

系统总体架构如图 10-23 所示。

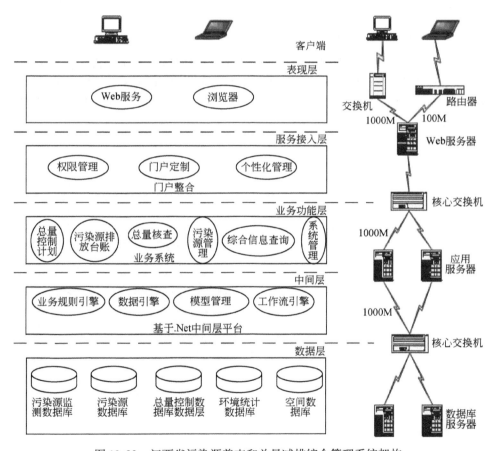

图 10-23　江西省污染源普查和总量减排综合管理系统架构

系统采用面向服务的体系架构，将业务功能按照适当力度划分成若干个服务，以便于日后功能在其他系统中重用，提高开发效率，减小资源消耗。程序结构上基于普遍的三层体系架构（数据层、业务逻辑层、表现层），并做了扩展，增加了支持二次开发的中间层和用于门户集成的服务接入层。

四、系统功能

（一）污染源数据中心

系统应提供污染源数据中心功能，建设污染源普查基础数据库、污染源基础数据库、污染源普查代码库、污染源普查数据汇总库、污染源普查文档数据库、总量减排数据库、社会经济数据库和 GIS 空间数据库等内容，实现污染源的"一源一档"管理。

（二）GIS 系统功能

使用 ARCGIS 平台，完成普查和减排数据的地理信息系统建设。应用 GIS 系统，显示呈现全省污染源普查、总量减排和生态环境评价各类专题信息。建立 GIS 地图发布管理平台，可以建立任意级别的专题图目录，发布、删除和管理各类专题地图，截图如图 10-24 所示。

图 10-24 江西省污染源普查和总量减排综合管理系统 GIS 功能截图

（三）污染源普查综合管理

系统提供与环境保护部总量调度系统的接口，系统数据能够为环境保护部总量调度系统提供基础依据。系统体现总量减排数据与污染源普查数据的关联。具体功能主要包括以下几方面。

1. 目标计划

根据国家和江西省局下达的减排指标，结合当地的经济发展特点和发展方向，通过系统平台，对当地的减排指标进一步分解和控制，系统应提供减排指标和控制性指标两个部分，提供二者的对比分析功能。目标计划制定功能见图 10-25。

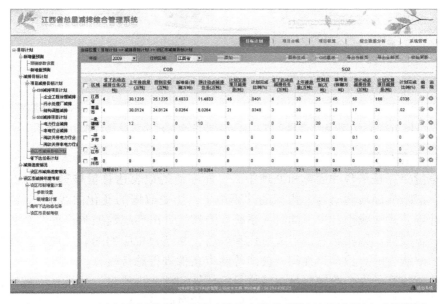

图 10-25　江西省污染源普查和总量减排综合管理系统目标计划制定功能截图

2. 总量台账

采用开放的 XML 交换标准和 Web Service 数据交换体系建立完善的数据采集、转换、导入、维护体系，对环境统计数据、污染源监测数据和总量核算数据进行对接和管理，形成容环境统计数据、监测数据和总量数据的管理和对比平台，方便用户的使用和数据查询。

实现环境统计数据查询、污染源监测数据台账、COD 新增量台账、COD 削减量台账（企业治理工程、结构调整削减）、二氧化硫新增量台账及二氧化硫削减量台账（电力企业、非电力企业、结构调整削减）等功能，见图 10-26。

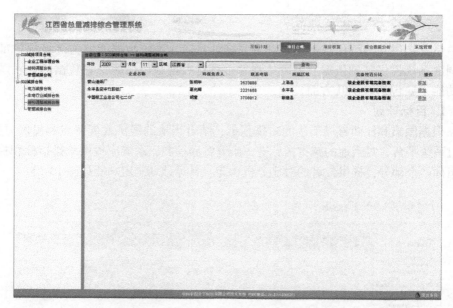

图 10-26　江西省污染源普查和总量减排综合管理系统总量台账功能截图

3. 总量核算

　　总量核算是平台的运算和处理中心，能够清楚地表达总量核算中用的指标、公式，清晰准确地输出各个指标的计算结果，历史数据的变化曲线和趋势状况，以及计算公式和减排台账。同时，系统应能够统计出环统数据和根据监测数据得出的核算数据，同核算总量形成对比和分析，并结合相应的图表展现。应按照环境保护部颁发的总量核算细则、公式等约束条件进行总量核算。

　　总量核算分为企业排放量、减排量的核算和社会排放量、减排量的核算，在企业基本信息页面，给出任何颗粒细度大小的时间段，可以根据企业的实时排放校核数据和经济参数，实时动态核算出在该时间段内企业的排放和减排情况，按不同时间轴生成数据曲线走势图。在核算的多个步骤中，每一个单项的核算数据和公式，都可以通过链接动态显示，结构明了清晰，见图 10-27。

4. 考核评价

　　考核评价分为对目标完成情况、环境质量情况、减排措施完成情况、管理体系建设和运行情况四大部分进行应用和分别考核，目标完成情况专门针对下级环保局的整体指标进行考核和评价，也可以针对重点污染源企业进行考核。

5. 决策支持

　　平台决策支持提供总量预测、企业排名、费用效益分析、产业经济分析和统计分析五个功能模块，总量预测可以根据总量核算的需要分为高、中、低三个不

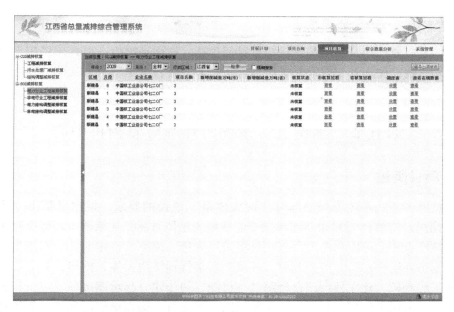

图 10-27 江西省污染源普查和总量减排综合管理系统总量核算功能截图

同层次的控制指标，设置预测参数，对主要污染物的排放量进行预测，根据预测结果调整减排计划。系统还提供费用—效益分析对减排工作的效能性进行考核，建立污染源排名，对于整体排放情况进行公示和比较，提高减排工作的积极性和公平性，基于历年数据的各种样式的列表、统计图、统计报表和模型模拟等表现形式，为环境业务管理人员提供统一的数据管理，以提高工作效率和环境管理水平。

6. 项目综合管理

由于当前国内减排工程通常以项目为基础，所以项目管理在系统中承担着比较重要的角色，通过对项目的管理，能够直观地看到减排工作的执行情况。项目综合管理以项目的时间、计划、实施进度、验收资料和减排效益核算等为主线，每个项目都可显示详细的资料，证明材料和验收的资料全部被纳入进来，形成统一、完整的"一项一档"的项目管理和档案管理相融合的总量项目管理体系，实现减排项目信息管理、项目进度情况管理、项目考核等功能。对于项目验收情况、主要设备设施照片和设备运行检修情况，可直观地在每个减排企业的基本信息中查看。对于设备进行严格管理，如设备设计处理能力不低于实际处理能力等，对于有问题的设备及时进行检修并且记录检修情况和解决方案，检修要有正式的检修文档记录，以备随时查看。

（四）信息服务门户

信息服务门户是污染源普查和总量减排综合管理系统的入口，提供用户一站式登录，建立用户及权限设置和信息发布管理，整合本系统所有功能，并实现污染源普查和总量减排的政策动态、工作进展和重要统计结果的发布展示。

第五节　案例五：承德市环境应急指挥中心

一、项目概述

按照国务院和环境保护部对"两大体系"建设的要求，根据承德市"十一五"国民经济整体规划和环境保护专题规划的总体目标，从承德市环境保护工作的区域特点和实际需求出发，该项目将采用先进、成熟、稳定的技术和设备，搭建承德市环境事件应急监控和重大环境突发事件预警两大体系框架，并夯实数字环保工程基础，建立环境信息资源共享机制，初步建立起承德市环境应急指挥中心，为环境保护管理工作提供科学的辅助决策支持，提高承德市环境监督管理能力和环境污染事件的应急处置能力，保障承德市环境保护与河北省及国家环保行政主管部门之间的信息沟通，为实现环保总体目标和城市的可持续发展提供重要的科技支撑。

二、工程特色

（1）全面、高效的应急决策支持；

（2）灵活的移动指挥，根据指挥需要可迅速赶往现场；

（3）集成环境模型库，提供事件发生后的仿真模拟；

（4）实现平战结合，在事件发生前、中、后提供管理决策支持；

（5）利用 GIS 系统展示管理地区风险源信息及周边信息，帮助对事件发生地的直观认识；

（6）向导式应急指挥，可根据事件实际状况快速生成应急指挥预案、监测预案和调度预案；

（7）高度集成，以先进的 GIS 技术为构架，集数据采集、传输、处理和应用于一体；

（8）全天候，适应各种气候条件，24 小时在线监控；

（9）强大的数据分析与决策支持，建立大气自动监测数据、常规监测、城市污染源、污染源污染情况的数据仓库，实现了环境监测数据的多维分析，为环境信息的辅助决策提供了基础；

（10）海量数据高效管理，具有强大的数据管理能力，单个文件的空间数据可高达2G，并能结合所有的环保信息数据库综合表现；

（11）底图库模糊查询定位，能在大面积的底图中迅速地对符合条件的图件进行定位查询，同时可浏览该图件的属性和参数。

三、软件系统

本工程项目的主题软件系统包括环境数据中心、环境质量管理、环境统计管理、排污申报管理、环境在线监测、环境事件应急处置系统和三维地理信息系统。

（一）环境数据中心

环境数据中心充分利用了大型关系型数据库SQL Server在性能、安全性、可靠性、数据一致性及分布式处理方面的优势，将各主要环境业务部门的数据集中管理起来，系统可以管理、查询、分析大量的环境数据，降低了环境数据管理的难度，提高了环境数据管理的水平。

环境数据中心可以管理大量的业务数据库、项目数据库，也可以修正现有数据，使环境数据符合标准规范；系统同时可以对各个业务、各个项目的环境数据进行有效的收集和整理，并把所有的数据通过本系统整合起来，形成一个环境数据的大集合，把集合的数据进行加工利用，制作各种通用环境报告和整合查询，从而实现环境数据的充分利用。

（二）环境质量管理子系统

环境质量管理子系统提供对水环境、大气环境质量监测瞬时数据的查询，瞬时查询结果以心脏图或数据表格展示，也可以以多画面形式展示。同时通过该操作界面，可以直接查看水质监测点以及大气环境监测点的基本信息以及视频信息。可以根据监测数据，按照预定义的格式生成日报、周报、月报、季报和年报，为日常工作节省时间，提高工作效率。同时，可对监测站位的信息及其属性、监测项目信息及其属性、设备信息、设备的通信通道、排口信息进行维护等。

（三）环境统计管理子系统

环境统计信息管理子系统以《"十一五"全国环境统计报表制度》为基础，各项功能紧密围绕报表制度，基本满足统计工作的需要。系统采用了先进的开发平台，具有实用、灵活、稳定的特点，可以保证规范的数据填报，可以实现灵活的数据传输和便捷的数据导入。系统主要包含数据管理、数据统计、信息查询、分析报告、报表输入、数据传输、系统设置及帮助等功能。

(四) 排污申报管理子系统

排污申报工作是对所有排污单位排放废水、废气、噪声、废渣、电磁与放射性辐射污染情况作全面申报登记。排污申报工作是环境管理的基础性工作之一，申报数据反映了污染源的基本情况和整体污染状况，为环境统计和城市环境质量综合考评提供了分析的基础数据，申报数据的准确性直接影响到各级环境管理部门的决策和管理工作。排污申报工作的开展有利于动态地掌握污染源地的分布状况，为环境管理提供高效、科学的技术支持。

通常情况下，市属以上企业的排污信息由市环保局向企业调查，企业直接向市环保局上报调查登记表；市属以下企业的排污信息，由区县环保局向企业开展调查，区县环保局向市环保局上报调查登记表和区县调查登记数据库，再由市环保局向省环保局上报市调查登记数据库。

(五) 环境在线监测子系统

系统以实时监控、预报预警、统计分析、地理信息系统表征、虚拟环境、网络管理、信息发布、有线和无线通信及视听集成控制等技术应用和功能为支撑，充分应用环境科学成果，实现基于数字地图的在线监控。紧密结合水、气、声等污染源在线监测设备，对超标排放、环境污染、设备异常等情况进行实时统计分析、趋势预测、超标报警，提高污染监控、污染事件应急反应速度，真正实现对环境污染预测、预警，为环境管理提供及时、准确、科学和有效的支持。

(六) 环境事件应急处置子系统

系统对各种监测数据进行实时监控，当监测数据超标时，即通过短信方式及时向负责人报警，提供对突发事件的监控报警；当发生突发环境事件时，进行应急监测布点分析、周边环境分析以为应急监测的指挥工作提供支持；提供化学品、专家以及政策标准等相关信息以及专业模型分析，为应急过程中的指挥工作提供决策支持；并提供事件后评估及善后。

(七) 三维地理信息子系统

承德市三维地理信息系统是采用国际主流地理信息平台美国 ESRI 公司的 ARCGIS9.0 和 3DMAX 技术进行开发，通过对各种遥感影像数据、航拍航测影像数据、矢量地图数据等进行加工处理，生成全三维解析的地形图，并可针对特殊需求，灵活定制开发的一款基于 GIS 空间分析技术、RS 遥感航测技术的多功能组合式地理信息系统。

四、硬件集成

承德市环境应急指挥中心硬件包括显示控制系统、服务器、存储备份、视频监控、会议系统、扩声系统指挥大屏、综合布线及网络安全等。通过功能集成、网络集成等多种集成技术，使各个分离的设备、功能和信息等集成到相互关联统一和协调的系统之中，使资源达到充分共享。

主要参考文献

常庆瑞等 . 2004. 遥感技术导论 . 北京：科学出版社 . 1 ~ 10.

承继成，郭华东，薛勇 . 2007. 数字地球导论 . 北京：科学出版社 . 1 ~ 2.

崔侠，孙群 . 2003. 信息技术在环境保护信息系统中的应用 . 环境技术，2：31 ~ 35.

邓菲 . 2006. 中国"数字环保"建设之展望 . 中国环境学会学术年会优秀论文集 . 北京：科学
    出版社 . 3095 ~ 3098.

杜亚宾 . 2001. 数字环保——发展中国环保事业的科学选择 . 科技纵横，6：30，35.

樊红，詹小国 . 1995. ARC/INFO 应用与开发技术（修订版）. 武汉：武汉测绘科技大学出版
    社 . 10 ~ 45.

富雪非，李刚 . 2002. 推进环境信息化　建设数字环保——哈尔滨市环境信息化工作构想 . 北
    方环境，4：18 ~ 20.

付朝阳，金勤献 . 2007. 环境应急管理信息系统的总体框架与构成研究 . 中国环境监测，23
    （5）：82 ~ 86.

宫学栋 . 2001. 环境管理学 . 北京：中国环境科学出版社 . 44 ~ 64.

郭诠水，王宝智 . 2001. 全新计算机网络工程教程 . 北京：北京希望电子出版社 . 34 ~ 56.

郭振仁，张剑鸣，李文禧 . 2006. 突发环境污染事故防范与应急 . 北京：中国环境科学出版
    社 . 2，15 ~ 24，83 ~ 84，217 ~ 218，237 ~ 250.

黄叔武，杨一平 . 1999. 计算机网络工程教程 . 北京：清华大学出版社 . 23 ~ 78.

琚鸿，张宝春 . 2002. "数字环保"战略探讨 . 重庆环境科学，24（2）：21 ~ 25.

赖明，闫小培 . 2007. 数字城市的理论与实践——第三届中国国际数字城市建设技术研讨会论
    文集 . 北京：中国城市出版社 . 34 ~ 35.

李莉 . 2007. 基于 3S 技术的数字环保 . 安徽农业科学，35（24）：7564 ~ 7566，7568.

林宣雄 . 2002. 构建中国数字环保 . 环境，3：6 ~ 7.

刘耀林等 . 2005. 环境信息系统 . 北京：科学出版社 . 202 ~ 270.

罗春等 . 2008. 突发性环境污染事件的环境风险评价和应急措施初步研究 . 资源环境与发展，
    1：17 ~ 18.

平震宇 . 2008. 网闸的基本概念及应用 . 网络安全，8：24 ~ 26.

卿松，张辉 . 2007. 网闸的基本原理及应用 . 新疆电力科技，2：64 ~ 67.

孙兴富 . 2007. 环境信息技术的应用及其展望 . 环境科学与管理，32（4）：16 ~ 19.

王圣杰 . 2002. 电脑网络与数据通讯 . 北京：中国铁道出版社 . 72 ~ 96.

王雁耕，林宣雄 . 2005. "数字环保"工程实施方法研究 . 环境保护，5：74 ~ 76.

王蓬 . 2006. "数字环保"——环境信息管理 . 中国资源综合利用，124（12）：33 ~ 34.

王桥等 . 2004. 环境地理信息系统 . 北京：科学出版社 . 84 ~ 85.

许晓宏 . 2008. 基于 GIS 的数字环保信息系统设计 . 计算机时代，2：32 ~ 33.

易建勋 . 2007. 计算机网络设计 . 北京：人民邮电出版社 . 15 ~ 45.

张宝春，琚鸿 . 2002. "数字环保"体系及战略意义探讨 . 广州环境科学，17（1）：38 ~ 41.

张杰，戴英侠，孟繁胜. 2002. 利用 VPN 协议实现网络的安全接入. 电信科学，7：51~52.

周发武，鲍建国. 2007. 环境自动监控系统——技术与管理（第一篇）. 北京：中国环境科学
　　出版社. 3~9.